入門講義
線形代数

足立俊明　山岸正和
共　著

東京 裳華房 発行

LINEAR ALGEBRA

by

TOSHIAKI ADACHI
MASAKAZU YAMAGISHI

SHOKABO
TOKYO

はじめに

「線形代数」はその名前が示すように，直線や平面・空間などのような「まっすぐな」ものを詳しく調べる学問／分野であり，高等学校の数学B・数学Cで学習したベクトル・行列はこの分野の内容である．「まっすぐな」ものはとても良くわかっているように思われるが，なぜさらに学習するのであろうか．日常現象の多くは曲がったものである．しかし，必ずしもこれらを曲がったものとして正確に理解しているわけではない．大地が曲がっていると普段は認識していないように，まっすぐなもので近似して把握することが多い．高等学校の数学II・IIIの「微分」の単元で，曲がっている関数のグラフを接線というまっすぐな物で近似して考察したように，まっすぐな世界で調べることは重要である．

座標平面上の直線が $ax+by+c=0$ という1次方程式で表現されたように，まっすぐな世界は1次式で表される世界である．2つの直線の交点という観点から連立1次方程式へとつながり，複数のまっすぐなものを比較するときの「曲げない」対応として，回転などを表現する行列へとつながる．これらの内容は応用範囲が非常に広く，例えば電気回路における電流・電圧の表現，グラフィックスの基礎，土木・建築における構造計算，経済における商品管理など，自然科学のみならず社会科学においても陰に陽に線形代数の理論が現れる．本書では著者の力量の面からもこれらの応用に言及することはできないが，将来の応用への希望を胸に線形代数の学習を進められることを希望する．

1年間の講義としては第7章までを目安とするが，高校教材として複素数を扱わなくなり，大学のカリキュラムによっては理系であっても複素数を学習する機会に恵まれない学生もいることから，次のステップへのつなぎとし

て残り2章をあてた．また，ストーリーの展開を重視したため重要な線形写像の像と核の項目を敢えて補遺におくことにした．姉妹編である「入門講義 微分積分」同様に各学習項目ごとに問題を配してその項目の理解の熟成をはかり，章末に多くの問題をおくことで理解度を確かめられるように工夫をしてある．[A]系列は本文に即した内容の基本問題を，[B]系列は本文よりも少し発展的な内容の問題を集め，[C]系列には本文で扱うことができなかった展開的な内容をあげた．読者の目的にあわせて積極的に挑戦してもらえれば幸いである．また，工科系や文科系の方には証明は不要という意見もあるが，単に線形代数の理解にとどまらず論理的な考察のトレーニングの第一歩としての意味合いももつことから，具体例で感覚を与えた後に証明もつけておいた．多くの場合証明を読まなくても良いように工夫したつもりではあるが，読者の必要に応じて参照してもらえればと思う．なお，本文内の $*$ 印のついた問題は考察問題でスキップしてよい．

最後に，本書を出版するにあたって細部にわたって原稿を見て下さった裳華房編集部の細木周治氏，また原稿の確認とともに $\TeX$ 原稿に手を入れて下さった同 新田洋平氏に，この場を借りて厚くお礼申し上げます．

2007年10月

著　者

目　次

第1章　ベクトルと行列
- §1.1　平面・空間上のベクトル ……………………………… 1
- §1.2　数ベクトル ……………………………………………… 6
- §1.3　直線と平面の方程式 …………………………………… 8
- §1.4　行列 ……………………………………………………… 16
- 演習問題 ………………………………………………………… 22

第2章　行　列　式
- §2.1　行列式の定義 …………………………………………… 25
- §2.2　行列式の意味 …………………………………………… 27
- §2.3　行列式の性質 …………………………………………… 30
- §2.4　行列式の展開 …………………………………………… 45
- §2.5　逆行列 …………………………………………………… 50
- 演習問題 ………………………………………………………… 55

第3章　連立1次方程式
- §3.1　正則な連立1次方程式 ………………………………… 61
- §3.2　行基本変形 ……………………………………………… 65
- §3.3　行列の階数 ……………………………………………… 72
- §3.4　一般の連立1次方程式 ………………………………… 78
- 演習問題 ………………………………………………………… 88

第4章　ベクトル空間
- §4.1　一次独立 ………………………………………………… 93
- §4.2　基底 ……………………………………………………… 99

§4.3　ベクトル空間 …………………………………………… 108
§4.4　内積 …………………………………………………… 115
§4.5　正規直交基底 ………………………………………… 120
演習問題 ……………………………………………………… 127

第5章　線形写像

§5.1　行列が定める線形写像 ……………………………… 133
§5.2　線形写像の行列表示 ………………………………… 143
§5.3　基底の取り替え ……………………………………… 148
演習問題 ……………………………………………………… 152

第6章　行列の標準形 I

§6.1　座標平面の線形変換 ………………………………… 157
§6.2　固有値と固有ベクトル ……………………………… 161
§6.3　行列の対角化 ………………………………………… 167
演習問題 ……………………………………………………… 175

第7章　行列の標準形 II ——対称行列——

§7.1　直交行列 ………………………………………………… 179
§7.2　実対称行列の対角化 ………………………………… 182
§7.3　2次形式 ………………………………………………… 186
§7.4　2次曲線と2次曲面 …………………………………… 191
演習問題 ……………………………………………………… 200

第8章　複素ベクトル空間

§8.1　複素数 …………………………………………………… 203
§8.2　複素数ベクトル空間 ………………………………… 208
§8.3　複素行列 ………………………………………………… 211
§8.4　正規行列 ………………………………………………… 215

演習問題 ……………………………………………………… 218

第9章　行列の標準形 III ——ジョルダン行列——
§9.1　ジョルダン行列 ………………………………………… 221
§9.2　広義固有空間 …………………………………………… 224
演習問題 ……………………………………………………… 230

補　　遺
§A　外積 ……………………………………………………… 231
§B　ブロック行列 …………………………………………… 233
§C　像と核 …………………………………………………… 238
演習問題 ……………………………………………………… 245

問題・演習問題略解 ……………………………………………… 248

索　　引 ……………………………………………………………… 289

━━━━━━ コ ラ ム ━━━━━━

グラフと行列 …………………………………… 92
線形結合と図形 ………………………………… 132
アフィン写像 …………………………………… 156
線形代数と符号理論 …………………………… 178
四元数と空間の回転 …………………………… 220

第1章
ベクトルと行列

§1.1 平面・空間上のベクトル

この節では，高校で学習した平面上のベクトルや空間内のベクトルについて簡単に復習しておこう．

◆ **有向線分とベクトル**　風などのように「向き」と「大きさ」をもつ量を**ベクトル**という．線分 AB において点 A から点 B への向きを考え，向きづけられた線分 AB を**有向線分**という．有向線分 AB は始点 A と終点 B とが定まっているが，位置を気にしないで向きと長さだけに注目するとベクトルになる．有向線分 AB が表すベクトルを $\overrightarrow{AB}$ と表す．2 つの有向線分 AB, CD について，これらが平行移動により一致するとき，これらの表すベクトル $\overrightarrow{AB}, \overrightarrow{CD}$ は同じベクトルを表しているものとし，$\overrightarrow{AB} = \overrightarrow{CD}$ と表現する．

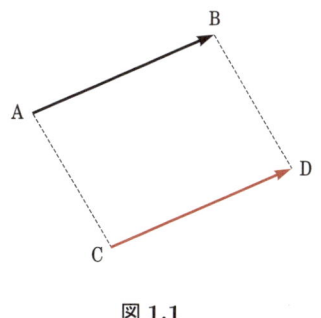

図 1.1

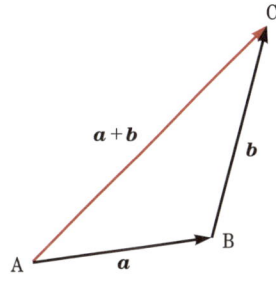

図 1.2

2つのベクトル a, b に対して $a = \overrightarrow{AB}$, $b = \overrightarrow{BC}$ となるように点 A, B, C を取り，ベクトル $\overrightarrow{AC}$ を a, b の**和**といって $a + b$ と表す．また，ベクトル a に対して，大きさが等しく向きが反対のベクトルを a の**逆ベクトル**といって $-a$ と表す．すなわち $a = \overrightarrow{AB}$ であれば $-a = \overrightarrow{BA}$ である．これら逆ベクトルの和を考えると

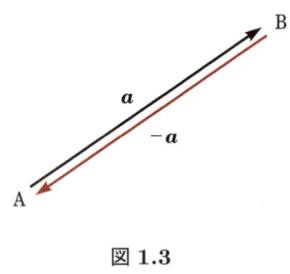

図 1.3

$$a + (-a) = \overrightarrow{AB} + \overrightarrow{BA} = \overrightarrow{AA}$$

という始点と終点が一致した特別な有向線分を表すことになる．これもベクトルと考え**零ベクトル**といい 0 と表す．

ベクトルの加法に関しては次の法則が成り立つ．
(i) $a + b = b + a$ 　　　　[交換法則]
(ii) $(a + b) + c = a + (b + c)$ 　　[結合法則]
(iii) $a + 0 = a$
(iv) $a + (-a) = 0$

2つのベクトル a, b に対して $a + (-b)$ を a から b を引いた**差**といい $a - b$ と表す．

ベクトルに対して，重さなどのように大きさだけをもつものを**スカラー**という．実数 k とベクトル a とに対してスカラー倍 ka を
（1） $a \neq 0$ のとき
　(i) $k > 0$ であれば，a と同じ向きで大きさが a の k 倍であるベクトル
　(ii) $k < 0$ であれば，a と逆向きで大きさが a の $|k|$ 倍であるベクトル
　(iii) $k = 0$ であれば，$0a = 0$
（2） $a = 0$ のとき $ka = 0$
と定めることにする．

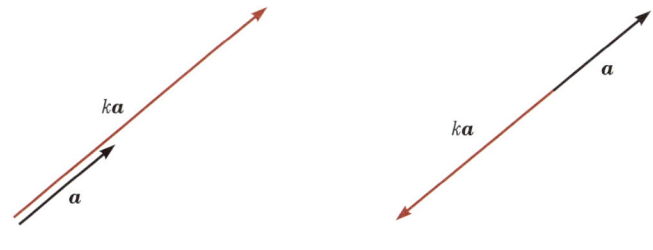

図 1.4　$k>0$ の場合　　図 1.5　$k<0$ の場合

スカラー倍については次の性質が成り立つ.

(ⅰ)　$k(\boldsymbol{a}+\boldsymbol{b})=k\boldsymbol{a}+k\boldsymbol{b}$　　　　　　［分配法則］

(ⅱ)　$(k_1+k_2)\boldsymbol{a}=k_1\boldsymbol{a}+k_2\boldsymbol{a}$　　　　［分配法則］

(ⅲ)　$(k_1k_2)\boldsymbol{a}=k_1(k_2\boldsymbol{a})$　　　　　　［結合法則］

(ⅳ)　$1\boldsymbol{a}=\boldsymbol{a},\quad (-1)\boldsymbol{a}=-\boldsymbol{a}$

2 つのベクトル $\boldsymbol{a},\boldsymbol{b}$ ($\boldsymbol{a}\neq\boldsymbol{0},\boldsymbol{b}\neq\boldsymbol{0}$) について，向きが同じであるか反対であるか，すなわち $\boldsymbol{b}=k\boldsymbol{a}$ となる実数 k があるとき**平行**であるといい，$\boldsymbol{a}/\!\!/\boldsymbol{b}$ と表す．また，$\boldsymbol{0}$ はすべてのベクトルと平行であると約束する．

◆ **ベクトルの成分表示**　2 点 A, B が座標平面上にある場合，それぞれを $A(a_1,a_2)$, $B(b_1,b_2)$ と座標で表したとき

$$\overrightarrow{AB}=(b_1-a_1, b_2-a_2)\quad\text{または}\quad \overrightarrow{AB}=\begin{pmatrix}b_1-a_1\\b_2-a_2\end{pmatrix}$$

のように表される．ベクトルを数の組として表すことをベクトルの成分表示という．上記の両者を区別して，左側を横ベクトル表示，右側を縦ベクトル表示ということもある．有向線分の始点を原点 O とすれば，$\boldsymbol{a}=\overrightarrow{OA}$ の成分表示に現れる数は点 A の座標と同じになる．

2 つのベクトル $\boldsymbol{a}=(a_1,a_2)$, $\boldsymbol{b}=(b_1,b_2)$ と実数 k とに対して

$$\boldsymbol{a}+\boldsymbol{b}=(a_1+b_1, a_2+b_2),\quad k\boldsymbol{a}=(ka_1,ka_2)$$

となる．また

$$\boldsymbol{a} = \begin{pmatrix} a_1 \\ a_2 \end{pmatrix}, \quad \boldsymbol{b} = \begin{pmatrix} b_1 \\ b_2 \end{pmatrix}$$

と縦ベクトル表示した場合でも

$$\boldsymbol{a} + \boldsymbol{b} = \begin{pmatrix} a_1 + b_1 \\ a_2 + b_2 \end{pmatrix}, \quad k\boldsymbol{a} = \begin{pmatrix} ka_1 \\ ka_2 \end{pmatrix}$$

となる.いずれの表示でもベクトル $\boldsymbol{a}$ の大きさ $\|\boldsymbol{a}\|$ は

$$\|\boldsymbol{a}\| = \sqrt{a_1{}^2 + a_2{}^2}$$

である.

2点 A, B が座標空間内にある場合,それぞれ A(a_1, a_2, a_3), B(b_1, b_2, b_3) と座標で表したとき

$$\overrightarrow{\mathrm{AB}} = (b_1 - a_1, b_2 - a_2, b_3 - a_3) \quad \text{または} \quad \overrightarrow{\mathrm{AB}} = \begin{pmatrix} b_1 - a_1 \\ b_2 - a_2 \\ b_3 - a_3 \end{pmatrix}$$

のように表され,3つの成分が必要になるだけで,他は2点が座標平面上にある場合と全く同じである.例えば $\boldsymbol{a} = (a_1, a_2, a_3)$ の大きさは

$$\|\boldsymbol{a}\| = \sqrt{a_1{}^2 + a_2{}^2 + a_3{}^2}$$

である.

◆ **ベクトルの内積** $\boldsymbol{0}$ ではない2つのベクトル $\boldsymbol{a}, \boldsymbol{b}$ に対して $\boldsymbol{a} = \overrightarrow{\mathrm{OA}}$, $\boldsymbol{b} = \overrightarrow{\mathrm{OB}}$ として,2本の半直線 OA, OB のなす角 θ ($0 \leqq \theta \leqq \pi$) をこの2つのベクトルのなす角という.なす角が $\dfrac{\pi}{2}$ のとき2つのベクトルは**直交する**といい,$\boldsymbol{a} \perp \boldsymbol{b}$ と表す.$\boldsymbol{a} = \boldsymbol{0}$ または $\boldsymbol{b} = \boldsymbol{0}$ のときにはなす角を測ることはできないが,この場合も直交するということにする.

一般に 2 つのベクトル $\boldsymbol{a}, \boldsymbol{b}$ に対して，これらの**内積**とよばれる量 $\boldsymbol{a} \cdot \boldsymbol{b}$ を

(i) $\boldsymbol{a} \neq \boldsymbol{0}, \boldsymbol{b} \neq \boldsymbol{0}$ のとき，2 つのベクトルのなす角を θ として
$$\boldsymbol{a} \cdot \boldsymbol{b} = \|\boldsymbol{a}\| \|\boldsymbol{b}\| \cos\theta$$

(ii) $\boldsymbol{a} = \boldsymbol{0}$ または $\boldsymbol{b} = \boldsymbol{0}$ のとき $\boldsymbol{a} \cdot \boldsymbol{b} = 0$

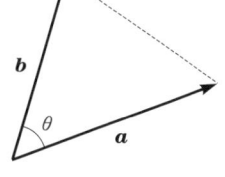

図 1.6

と定める．この定義から内積はベクトルではなく，次の性質を満たすことがわかる．

(i) $\boldsymbol{a} \cdot \boldsymbol{b} = \boldsymbol{b} \cdot \boldsymbol{a}$

(ii) $\boldsymbol{a} \cdot \boldsymbol{a} = \|\boldsymbol{a}\|^2$

(iii) $|\boldsymbol{a} \cdot \boldsymbol{b}| \leqq \|\boldsymbol{a}\| \|\boldsymbol{b}\|$ であり，等号は $\boldsymbol{a} /\!/ \boldsymbol{b}$ の場合に限る．

(iv) $\boldsymbol{a} \cdot \boldsymbol{b} = 0 \iff \boldsymbol{a} \perp \boldsymbol{b}$

2 つのベクトル $\boldsymbol{a}, \boldsymbol{b}$ が座標平面上のベクトルである場合，その成分表示を用いると内積は次のように成分同士を掛けて和をとるというように代数的に与えられる．

命題 1.1

$\boldsymbol{a} = (a_1, a_2), \boldsymbol{b} = (b_1, b_2)$ の内積は
$$\boldsymbol{a} \cdot \boldsymbol{b} = a_1 b_1 + a_2 b_2$$
である．

[証明] $\boldsymbol{a} = \overrightarrow{OA}, \boldsymbol{b} = \overrightarrow{OB}$ として三角形 OAB に余弦定理を適用すると
$$\|\overrightarrow{AB}\|^2 = \|\overrightarrow{OA}\|^2 + \|\overrightarrow{OB}\|^2 - 2\|\overrightarrow{OA}\| \|\overrightarrow{OB}\| \cos\theta$$
が成り立つので
$$(b_1 - a_1)^2 + (b_2 - a_2)^2 = (a_1{}^2 + a_2{}^2) + (b_1{}^2 + b_2{}^2) - 2\boldsymbol{a} \cdot \boldsymbol{b}$$
を計算することで結論が得られる． □

2つのベクトル $\boldsymbol{a}, \boldsymbol{b}$ が座標空間内にある場合も，これらのベクトルが作る三角形が含まれる平面を考えることにより，成分を利用して内積を与えることができる．すなわち $\boldsymbol{a} = (a_1, a_2, a_3)$, $\boldsymbol{b} = (b_1, b_2, b_3)$ の内積は

$$\boldsymbol{a} \cdot \boldsymbol{b} = a_1 b_1 + a_2 b_2 + a_3 b_3$$

である．

座標平面上や座標空間内のベクトルの内積について，その代数的な表示を利用すると次の性質が導かれる．

(i) $\boldsymbol{a} \cdot (\boldsymbol{b} + \boldsymbol{c}) = \boldsymbol{a} \cdot \boldsymbol{b} + \boldsymbol{a} \cdot \boldsymbol{c}$

(ii) $(\boldsymbol{a} + \boldsymbol{b}) \cdot \boldsymbol{c} = \boldsymbol{a} \cdot \boldsymbol{c} + \boldsymbol{b} \cdot \boldsymbol{c}$

(iii) $(k\boldsymbol{a}) \cdot \boldsymbol{b} = k(\boldsymbol{a} \cdot \boldsymbol{b}) = \boldsymbol{a} \cdot (k\boldsymbol{b})$

問題 1.1 次のベクトル $\boldsymbol{a}, \boldsymbol{b}$ について，内積とそれぞれの大きさを計算し，これらのベクトルのなす角 θ を求めよ．

(1) $\boldsymbol{a} = (2, 4)$, $\boldsymbol{b} = (1, -3)$ (2) $\boldsymbol{a} = (1, 4, 1)$, $\boldsymbol{b} = (2, 2, -1)$

§1.2 数ベクトル

前節で述べた平面や空間内のベクトルの一般的な取り扱いは第4章で行うことにするが，ここでは**数ベクトル空間**とよばれる空間を導入しておこう．

実数全体の集合を $\mathbb{R}$ と表すことにする．この集合の各要素である実数は，数直線上の点と1対1に対応させることができる．このような対応から，座標平面 $\mathbb{R}^2$ は2つの実数の組 (x, y) の集合であり，座標空間 $\mathbb{R}^3$ は3つの実数の組 (x, y, z) の集合である，と考えている．これらを一般化して n 個の実数の組

$$(a_1, a_2, \ldots, a_n)$$

全体の集合を $\mathbb{R}^n$ と表し **n 次元数空間**という．

平面ベクトルや空間ベクトルを考えたように，n 次元数空間の2点 A, B に対してベクトル $\overrightarrow{AB}$ を考えてみよう．2点を $A(a_1, a_2, \ldots, a_n)$, $B(b_1, b_2, \ldots, b_n)$

としたときに

$$\overrightarrow{AB} = (b_1 - a_1, b_2 - a_2, \ldots, b_n - a_n) \quad \text{または} \quad \overrightarrow{AB} = \begin{pmatrix} b_1 - a_1 \\ b_2 - a_2 \\ \vdots \\ b_n - a_n \end{pmatrix}$$

のように表示されることになる．平面ベクトルのときと同様に，始点を原点 $O = (0, \ldots, 0)$ に選ぶと，点 A の表示とベクトル $\overrightarrow{OA}$ の表示とは同じになる．そこで n 個の実数を横に並べた

$$\boldsymbol{a} = (a_1, a_2, \ldots, a_n)$$

を **n 次の横ベクトル**または**行ベクトル**といい，n 次の横ベクトル全体の集合，すなわち

$$\{(a_1, a_2, \ldots, a_n) \mid a_i \in \mathbb{R},\ i = 1, 2, \ldots, n\}$$

を $\mathbb{R}^n$ と表す．この集合においては，平面上のベクトルのときと同様に

$$(a_1, a_2, \ldots, a_n) + (b_1, b_2, \ldots, b_n) = (a_1 + b_1, a_2 + b_2, \ldots, a_n + b_n),$$
$$k(a_1, a_2, \ldots, a_n) = (ka_1, ka_2, \ldots, ka_n)$$

のように和とスカラー倍とが定義される．この和とスカラー倍とが約束された横ベクトルの集合 $\mathbb{R}^n$ を **n 次元数ベクトル空間**という．

また，n 個の実数を縦に並べた

$$\boldsymbol{a} = \begin{pmatrix} a_1 \\ a_2 \\ \vdots \\ a_n \end{pmatrix}$$

を **n 次の縦ベクトル**または**列ベクトル**といい，n 次の縦ベクトル全体の集

合，すなわち

$$\left\{\begin{pmatrix} a_1 \\ a_2 \\ \vdots \\ a_n \end{pmatrix} \middle| a_i \in \mathbb{R},\ i = 1, 2, \ldots, n \right\}$$

をも $\mathbb{R}^n$ と表す．この集合においても

$$\begin{pmatrix} a_1 \\ a_2 \\ \vdots \\ a_n \end{pmatrix} + \begin{pmatrix} b_1 \\ b_2 \\ \vdots \\ b_n \end{pmatrix} = \begin{pmatrix} a_1 + b_1 \\ a_2 + b_2 \\ \vdots \\ a_n + b_n \end{pmatrix}, \quad k \begin{pmatrix} a_1 \\ a_2 \\ \vdots \\ a_n \end{pmatrix} = \begin{pmatrix} ka_1 \\ ka_2 \\ \vdots \\ ka_n \end{pmatrix}$$

のように和とスカラー倍とが定義される．この和とスカラー倍とが約束された縦ベクトルの集合 $\mathbb{R}^n$ も **n 次元数ベクトル空間**といわれる．

　高校までの学習内容からは横ベクトルの方によりなじみが深いと思われるが，後で述べる行列を扱う場合には縦ベクトルの方が便利である場合が多い．そこで本書では数ベクトル空間としては，主として縦ベクトルの集合として扱うことにする．

§1.3　直線と平面の方程式

　前書きでこの本ではまっすぐなものを扱うと述べたが，曲がっていないものとは，例えば直線・平面である．この節では直線や平面を表す方程式を準備しておこう．

◆ **直線の方程式**　座標平面上の点 $\mathrm{P}_0(x_0, y_0)$ を通りベクトル $\boldsymbol{v} = (a, b)$ に平行な直線 l 上の点 $\mathrm{P}(x, y)$ を選ぶと $\overrightarrow{\mathrm{P}_0\mathrm{P}} /\!/ \boldsymbol{v}$ であるから

$$\overrightarrow{\mathrm{P}_0\mathrm{P}} = t\boldsymbol{v} \quad \text{すなわち} \quad \begin{cases} x - x_0 = ta \\ y - y_0 = tb \end{cases}$$

をみたす実数 t がある．逆にこの式をみたす点 P は直線 l 上にあるから，この式は t を媒介変数（パラメータ）とする直線 l を表す方程式である．ベク

トル v を直線 l の**方向ベクトル**という．

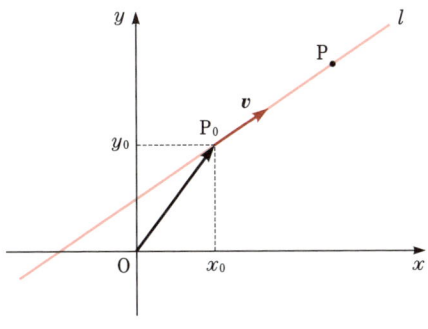

図 **1.7** 平面上の直線

中学のとき以来，直線は媒介変数を利用せずに表示してきたので，t を消去すると

$$(1.1) \qquad b(x - x_0) = a(y - y_0) \quad (= abt)$$

であり，$d = bx_0 - ay_0$ とおくと $bx - ay = d$ のように 1 次式で表される．もう少し変形してみると

（ⅰ）$a \neq 0$, $b \neq 0$ の場合

$$(1.2) \qquad \frac{x - x_0}{a} = \frac{y - y_0}{b} \quad (= t)$$

と表現することができる．すなわち $y = \dfrac{b}{a}(x - x_0) + y_0$ であるから，傾き $\dfrac{b}{a}$ の直線．

（ⅱ）$a = 0$ の場合は $x = x_0$（y は任意）であるから y 軸に平行な直線．

（ⅲ）$b = 0$ の場合は $y = y_0$（x は任意）であるから x 軸に平行な直線．

後の都合で (1.2) に (1.1) と同じ意味をもたせるために，$a = 0$ または $b = 0$ である場合に，(1.2) は (分母) $= 0$ であれば (分子) $= 0$ と考えると約束することにする．

逆に，1次式 $\alpha x + \beta y = \gamma$（$\alpha = \beta = 0$ではない）をみたす点 $\mathrm{P}(x, y)$ の集合を考えてみよう．

$$x_0 = \frac{\alpha\gamma}{\alpha^2 + \beta^2}, \quad y_0 = \frac{\beta\gamma}{\alpha^2 + \beta^2}$$

とおくと $\alpha(x - x_0) + \beta(y - y_0) = 0$ となるので，点 $\mathrm{P}_0(x_0, y_0)$ を通り $\boldsymbol{v} = (-\beta, \alpha)$ に平行な直線を表す．なお1次式の係数が作るベクトル $\boldsymbol{n} = (\alpha, \beta)$ は，$\boldsymbol{n} \cdot \boldsymbol{v} = 0$ をみたすことから，$\boldsymbol{v}$ と直交し法線方向のベクトルになる．

座標空間内の直線についても同じように考えよう．点 $\mathrm{P}_0(x_0, y_0, z_0)$ を通りベクトル $\boldsymbol{v} = (a, b, c)$ に平行な直線 l 上の点 $\mathrm{P}(x, y, z)$ をとると，パラメータ t を用いて

$$\overrightarrow{\mathrm{P}_0\mathrm{P}} = t\boldsymbol{v} \quad \text{すなわち} \quad \begin{cases} x - x_0 = ta \\ y - y_0 = tb \\ z - z_0 = tc \end{cases}$$

と表現される．これも媒介変数を使わないで表示すると

（i）$a \neq 0, b \neq 0, c \neq 0$ の場合

$$(1.3) \qquad \frac{x - x_0}{a} = \frac{y - y_0}{b} = \frac{z - z_0}{c} \; (= t)$$

（ii）a, b, c のうち1つが0である場合

例えば $a \neq 0, b \neq 0, c = 0$ であれば xy 平面に平行な平面に含まれる直線

$$\frac{x - x_0}{a} = \frac{y - y_0}{b} \; (= t), \quad z = z_0$$

（iii）a, b, c のうち2つが0である場合

例えば $a \neq 0, b = c = 0$ であれば x 軸に平行な直線

$$y = y_0, \quad z = z_0 \quad (x \text{ は任意})$$

となる．

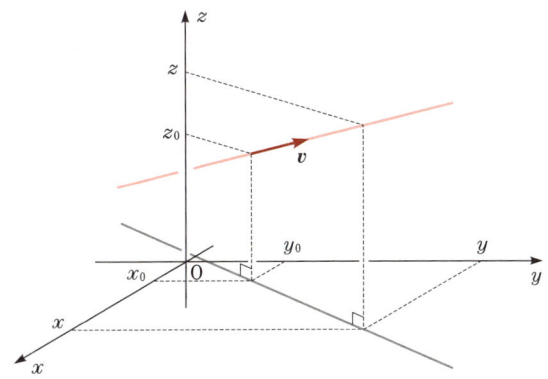

図 1.8 空間内の直線

座標平面上の直線の方程式と同様に，通常（ⅰ）以外の場合を含めて (1.3) で表示し，(ⅱ), (ⅲ) の場合には分母が 0 であれば分子も 0 であると解釈することにする．なお $\boldsymbol{v} = (a, b, c)$ を**方向ベクトル**という．

具体例をあげておくと，点 $\mathrm{P}(7, -1, 3)$ を通り $\boldsymbol{v} = (-2, 4, 5)$ を方向ベクトルとする直線は

$$\frac{x-7}{-2} = \frac{y-(-1)}{4} = \frac{z-3}{5}$$

すなわち

$$\frac{7-x}{2} = \frac{y+1}{4} = \frac{z-3}{5}$$

であり，$\mathrm{P}(7, -1, 3)$ を通り $\boldsymbol{u} = (4, 0, 5)$ を方向ベクトルとする xz 平面に平行な平面上の直線は

$$\frac{x-7}{4} = \frac{z-3}{5}, \quad y = -1$$

である．また，点 $\mathrm{P}(7, -1, 3)$ を通り $\boldsymbol{w} = (0, 1, 0)$ を方向ベクトルとする y 軸に平行な直線は

$$x = 7, \quad z = 3 \quad (y \text{ は任意})$$

と表される．

問題 1.2 次をみたす座標空間内の直線の（パラメータを含まない）方程式を求めよ．
(1)　点 P(3, −2, 1) を通り $\boldsymbol{v} = (-4, 1, 5)$ を方向ベクトルとする直線
(2)　点 P(4, −1, 3) を通り，直線

$$\frac{x-2}{7} = \frac{y+2}{3} = \frac{4-z}{5}$$

に平行な直線
(3)　2 点 P(3, 1, 2), Q(5, −2, 1) を通る直線

◆ **平面の方程式**　次に座標空間内の点 $P_0(x_0, y_0, z_0)$ を通る平面 π について考えることにしよう．平面はどういうベクトルで特徴づけられるであろうか．平面は直線とは異なり広がりがあるので，平面に沿った 1 つのベクトルで表現することはできない．しかし，2 本の座標軸を考えるように互いに平行ではない 2 つのベクトル $\boldsymbol{u}, \boldsymbol{v}$ を平面 π に沿うように（π に平行に）選んでみよう．これらを方向ベクトルとする点 $P_0(x_0, y_0, z_0)$ を通る 2 直線は平面 π 上にあり，それぞれの直線に沿って他方の直線を平行移動してもやはり平面 π 上にあることから，この平面 π 上の点 $P(x, y, z)$ は 2 つのパラメータ s, t により

(1.4) $$\overrightarrow{P_0P} = s\boldsymbol{u} + t\boldsymbol{v}$$

と表示することができる．

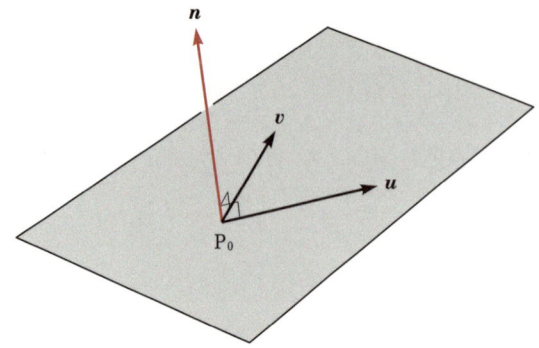

図 1.9　空間内の平面

§1.3 直線と平面の方程式

　直線のベクトル方程式から成分を用いてパラメータを消去したように，式 (1.4) からパラメータを消去することもできるが，ここでは別の考えをしてみよう．座標空間では3つの座標軸がとれるはずであるから，平面 π に垂直なベクトル $\boldsymbol{n} = (a, b, c)$ をとる．平面 π 上の点 $P(x, y, z)$ は $\overrightarrow{P_0P} \perp \boldsymbol{n}$ を満たすから

$$\boldsymbol{n} \cdot \overrightarrow{P_0P} = 0$$

が成り立つ．逆にこの式をみたす点 P は平面 π 上にあることから，この式が平面 π を表す方程式である．この方程式を成分を使って書くと

$$a(x - x_0) + b(y - y_0) + c(z - z_0) = 0$$

となる．座標平面内の直線の方程式と同様に $d = ax_0 + by_0 + cz_0$ とおけば

$$ax + by + cz = d$$

のように1次式で表すことができる．

　では座標空間内で1次式

$$ax + by + cz = d \quad (a = b = c = 0 \text{ ではない})$$

をみたす点 $P(x, y, z)$ はどのような集合になるであろうか．平面内の直線のときと同じように考え，

$$x_0 = \frac{ad}{a^2 + b^2 + c^2}, \quad y_0 = \frac{bd}{a^2 + b^2 + c^2}, \quad z_0 = \frac{cd}{a^2 + b^2 + c^2}$$

とおくと

$$a(x - x_0) + b(y - y_0) + c(z - z_0) = 0$$

となることから，点 $P_0(x_0, y_0, z_0)$ を通り $\boldsymbol{n} = (a, b, c)$ に垂直な平面を表す．このように平面は，それに対して垂直な1つのベクトルで向きが決まるが，このベクトル $\boldsymbol{n}$ を平面 π の**法ベクトル**という．

問題 1.3 次をみたす平面の（パラメータを含まない）方程式を求めよ．

（1）点 P$(1, -3, 5)$ を通り $\boldsymbol{n} = (4, 7, -2)$ に垂直な平面

（2）3 点 P$(1, 2, 3)$, Q$(2, 3, 5)$, R$(3, -1, 2)$ を通る平面

（3）点 P$(1, -3, 5)$ を通り，平面 $\pi : 2x - y + 3z = 7$ に平行な平面

◆ **直線や平面の位置関係**　平面内の 2 直線を描いてみると図 1.10 のように 3 通りに分類することができる．

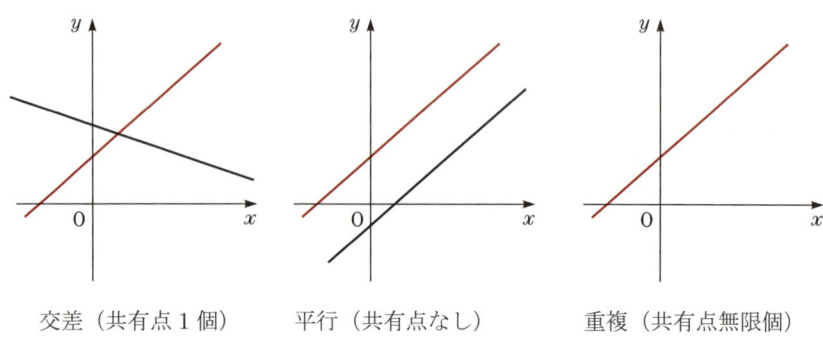

交差（共有点 1 個）　　平行（共有点なし）　　重複（共有点無限個）

図 1.10　平面上の 2 直線

重複した場合を平行の特別な場合と考えることにすれば，あたりまえではあるが位置関係は 2 直線の方向ベクトルの平行性として表現できる．また共有点に関しては，2 直線を表す方程式 $ax + by = c$, $a'x + b'y = c'$ から作られる連立 1 次方程式

$$\begin{cases} ax + by = c \\ a'x + b'y = c' \end{cases}$$

の解として与えられるから，この連立 1 次方程式の性質により図 1.10 の 3 種類は区別されるはずである．

では空間内にある 3 平面についてはどうであろうか？　一般の場合複雑になるので，まず 3 平面ともに原点を通る場合を考えてみよう．

§1.3 直線と平面の方程式

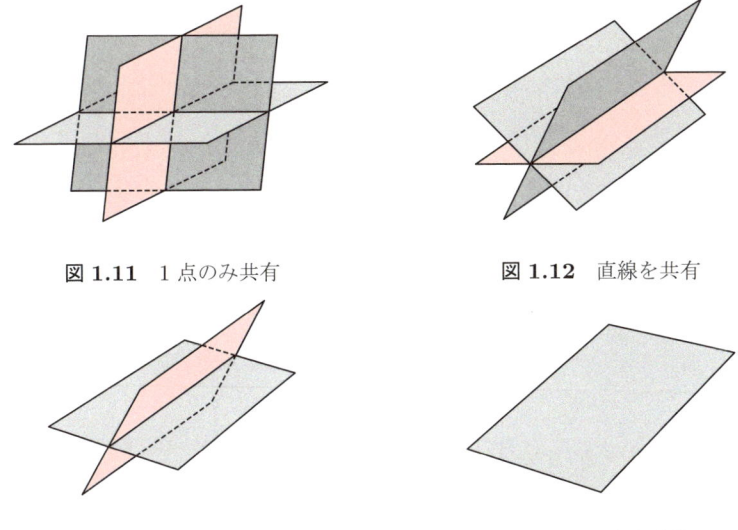

図 1.11　1 点のみ共有　　　　　図 1.12　直線を共有

図 1.13　直線を共有（2 平面重複）　　図 1.14　完全重複

これらの様子は 3 平面の法ベクトルのどのような性質に対応するのであろうか？ ここでは原点という定点を通るという条件をつけて考えたが，一般の場合には上図以外に次の図のようなタイプを考えることができる．これらの様子に関しては第 3 章において改めて考察することにしよう．

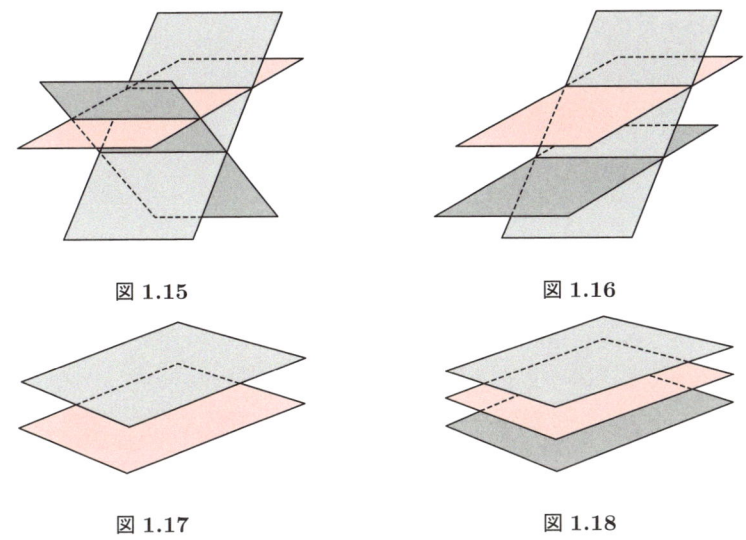

図 1.15　　　　　　　　　　図 1.16

図 1.17　　　　　　　　　　図 1.18

§1.4 行列

次に挙げるような数を箱に詰めたような形をしている

$$\begin{pmatrix} 1 & 2 \\ 3 & 4 \end{pmatrix}, \quad \begin{pmatrix} 1 & 2 & 3 & 4 \\ 5 & 6 & 7 & 8 \end{pmatrix}, \quad \begin{pmatrix} 1 & -2 & 3 \\ 5 & 6 & 7 \\ -8 & 9 & 0 \\ -1 & 2 & 8 \end{pmatrix}$$

を**行列**という．箱の形を詳しく述べて

$$A = \begin{pmatrix} a_{11} & a_{12} & \cdots & a_{1n} \\ a_{21} & a_{22} & \cdots & a_{2n} \\ \vdots & \vdots & & \vdots \\ a_{m1} & a_{m2} & \cdots & a_{mn} \end{pmatrix}$$

という形のものを $m \times n$ 行列とか (m, n) 型の行列とかいう．特に $m = n$ のときには A は n 次**正方行列**であるともいう．この行列 A に対して

$$(a_{i1} \quad a_{i2} \quad \cdots \quad a_{in})$$

を A の**第 i 行ベクトル**といい，

$$\begin{pmatrix} a_{1j} \\ a_{2j} \\ \vdots \\ a_{mj} \end{pmatrix}$$

を A の**第 j 列ベクトル**という．また a_{ij} を A の (i, j) **成分**という．なお，ベクトルでは各成分の後にコンマをつけたが行列ではつけないのが一般的である．したがって，横ベクトルとしての表示であればコンマをつけるが $(1, n)$ 型行列としてはコンマがないことになる．この辺りは混同しても差し支えがない．なお，行列 A をその (i, j) 成分で代表させて $A = (a_{ij})$ のように表記することもある．

ここで行列の演算を定義しておこう．まずベクトルの演算を一般化して和とスカラー倍を導入する．2 つの (m, n) 型行列

$$A = \begin{pmatrix} a_{11} & a_{12} & \cdots & a_{1n} \\ a_{21} & a_{22} & \cdots & a_{2n} \\ \vdots & \vdots & & \vdots \\ a_{m1} & a_{m2} & \cdots & a_{mn} \end{pmatrix}, \quad B = \begin{pmatrix} b_{11} & b_{12} & \cdots & b_{1n} \\ b_{21} & b_{22} & \cdots & b_{2n} \\ \vdots & \vdots & & \vdots \\ b_{m1} & b_{m2} & \cdots & b_{mn} \end{pmatrix}$$

と実数 λ とに対して，和 $A + B$ は成分同士を加えた

$$A + B = \begin{pmatrix} a_{11} + b_{11} & a_{12} + b_{12} & \cdots & a_{1n} + b_{1n} \\ a_{21} + b_{21} & a_{22} + b_{22} & \cdots & a_{2n} + b_{2n} \\ \vdots & \vdots & & \vdots \\ a_{m1} + b_{m1} & a_{m2} + b_{m2} & \cdots & a_{mn} + b_{mn} \end{pmatrix}$$

と定め，またスカラー倍 λA は各成分を実数倍した

$$\lambda A = \begin{pmatrix} \lambda a_{11} & \lambda a_{12} & \cdots & \lambda a_{1n} \\ \lambda a_{21} & \lambda a_{22} & \cdots & \lambda a_{2n} \\ \vdots & \vdots & & \vdots \\ \lambda a_{m1} & \lambda a_{m2} & \cdots & \lambda a_{mn} \end{pmatrix}$$

と定める．また差については $A - B = A + (-1)B$ と定義する．なお，型が異なる 2 つの行列に対しては和・差は定義されない．

和やスカラー倍に関しては，ベクトルの場合と同じように次にあげる通常の数の和と実数倍と同じ性質をもつ．

命題 1.2

(m, n) 型行列 A, B, C と実数 λ, μ について

(1)　$A + B = B + A$　　　　　　　　　　　　　　［交換法則］

(2)　$A + (B + C) = (A + B) + C,$　　　　　　　　［結合法則］
　　　$\lambda(\mu A) = (\lambda \mu) A = \mu(\lambda A)$

(3)　$\lambda(A + B) = \lambda A + \lambda B, \ (\lambda + \mu) A = \lambda A + \mu A$　　［分配法則］

和に関して数字の 0 に相当する行列として,すべての成分が 0 である

$$O = \begin{pmatrix} 0 & \cdots & 0 \\ \vdots & & \vdots \\ 0 & \cdots & 0 \end{pmatrix} \quad \begin{pmatrix} (m,n) \text{型であることを明示} \\ \text{する場合}, O_{m,n} \text{とも表す} \end{pmatrix}$$

がある.実際すべての (m,n) 型行列 A に対して $A+O = O+A = A$ が成り立つ.この行列 O を**零行列**という.

正の数に対する負の数に相当するのは,行列 A に対して $(-1)A$ である.実際 $A+(-1)A = (-1)A+A = O$ が成り立つ.負の数と同様に $(-1)A$ を $-A$ と表す.なお特別なスカラー倍をすると $0A = O$, $1A = A$ である.

次に行列の積を定義しよう.(m,n) 型行列 $A = (a_{ij})$ と (n,p) 型行列 $B = (b_{ij})$ とが与えられたとき,積 AB を (m,p) 型行列で (i,l) 成分が

$$a_{i1}b_{1l} + a_{i2}b_{2l} + \cdots + a_{in}b_{nl} = \sum_{j=1}^{n} a_{ij}b_{jl}$$

であるものと定める.つまり A の第 i 行ベクトルと B の第 l 列ベクトル

$$(a_{i1} \ \cdots \ a_{in}), \quad \begin{pmatrix} b_{1l} \\ \vdots \\ b_{nl} \end{pmatrix}$$

に対して,空間ベクトルの内積を計算するように対応する成分の積の和をとることで AB の (i,l) 成分を定める.積を表示しておくと

$$AB = \begin{pmatrix} \sum_{j=1}^{n} a_{1j}b_{j1} & \sum_{j=1}^{n} a_{1j}b_{j2} & \cdots & \sum_{j=1}^{n} a_{1j}b_{jp} \\ \sum_{j=1}^{n} a_{2j}b_{j1} & \sum_{j=1}^{n} a_{2j}b_{j2} & \cdots & \sum_{j=1}^{n} a_{2j}b_{jp} \\ & \vdots & & \vdots \\ \sum_{j=1}^{n} a_{mj}b_{j1} & \sum_{j=1}^{n} a_{mj}b_{j2} & \cdots & \sum_{j=1}^{n} a_{mj}b_{jp} \end{pmatrix}$$

となる.具体例で見てみよう.

例 1.1 2つの行列

$$A = \begin{pmatrix} 1 & 2 & 3 \\ 4 & 5 & 6 \end{pmatrix}, \quad B = \begin{pmatrix} 7 & 9 \\ -2 & -3 \\ 4 & 8 \end{pmatrix}$$

について，(A の列の数) $= 3 =$ (B の行の数) であるから

$$\begin{aligned} AB &= \begin{pmatrix} 1 & 2 & 3 \\ 4 & 5 & 6 \end{pmatrix} \begin{pmatrix} 7 & 9 \\ -2 & -3 \\ 4 & 8 \end{pmatrix} \\ &= \begin{pmatrix} 1\times 7 + 2\times(-2) + 3\times 4 & 1\times 9 + 2\times(-3) + 3\times 8 \\ 4\times 7 + 5\times(-2) + 6\times 4 & 4\times 9 + 5\times(-3) + 6\times 8 \end{pmatrix} \\ &= \begin{pmatrix} 15 & 27 \\ 42 & 69 \end{pmatrix} \end{aligned} \quad \diamondsuit$$

なお (A の列の数) $\neq$ (B の行の数) であるとき，積 AB は定義されない．

問題 1.4 2つの行列 $A = \begin{pmatrix} 1 & 0 \\ 2 & 1 \\ 0 & 3 \end{pmatrix}$, $B = \begin{pmatrix} 3 & 2 & 1 \\ 1 & 2 & -1 \end{pmatrix}$ について AB と BA とを求めよ．

問題 1.4 でもわかるように，行列の積に関しては一般には交換法則 $AB = BA$ は成り立たない．また AB, BA の一方だけしか定義されないこともある．このこと以外は普通の数と同じ性質をもつ．

命題 1.3

(m, n) 型行列 A，(n, p) 型行列 B, C，(p, q) 型行列 D および実数 λ について

（1） $A(BD) = (AB)D$，　　　［結合法則］
（2） $A(B + C) = AB + AC$　　［分配法則］
（3） $\lambda(AB) = (\lambda A)B = A(\lambda B)$

積に関して数字の 1 に相当する行列として右下がりの対角線上に 1 が並ぶ

$$E = \begin{pmatrix} 1 & 0 & \cdots & 0 \\ 0 & 1 & \ddots & \vdots \\ \vdots & \ddots & \ddots & 0 \\ 0 & \cdots & 0 & 1 \end{pmatrix} \quad \begin{pmatrix} n \text{ 次であることを明示} \\ \text{する場合}, E_n \text{ とも表す} \end{pmatrix}$$

がある．実際 (m, n) 型行列 A に対して $AE = A$ であり (n, p) 型行列 B に対して $EB = B$ が成り立つ．この正方行列を **n 次単位行列**という．

零行列 O が和に関して数字の 0 に相当するものだと述べたが $AO = O$, $OB = O$ となることから積に関しても 0 のような役割を果たしているように思われる（ここに書いた O は同じ記号ではあるが型は同じであるとは限らない）．

最後に商を定義しよう．実数の場合商は逆数の積となっていたから，行列に対しても逆数に相当するものを考えよう．n 次正方行列 A に対して

$$AX = XA = E_n$$

をみたす n 次正方行列 X があるとき A は**正則**であるといい，行列 X を A^{-1} と表して「A インバース」と読み A の**逆行列**という．実数の場合には 0 だけが逆数をもたない数であったが，行列の場合はどのような行列が正則なのであろう．

例 1.2 2 次正方行列

$$A = \begin{pmatrix} 2 & 1 \\ 4 & 2 \end{pmatrix}, \quad B = \begin{pmatrix} -1 & 2 \\ 2 & -4 \end{pmatrix}$$

の積を計算すると

$$AB = O, \quad BA = \begin{pmatrix} 6 & 3 \\ -12 & -6 \end{pmatrix}$$

となる．

この例のように $A \neq O$, $B \neq O$ であるが $AB = O$ となるとき A, B は**零因子**であるという．零因子は逆行列をもたず正則ではない．実際 $AB = O$ で A または B が正則であれば

$$O = A^{-1}O = A^{-1}(AB) = (A^{-1}A)B = EB = B,$$
$$O = OB^{-1} = (AB)B^{-1} = A(BB^{-1}) = AE = A$$

となり矛盾する．このように，数の場合とは異なり，O 以外にも正則ではない行列が存在する．

2次の正方行列

$$A = \begin{pmatrix} a & b \\ c & d \end{pmatrix}$$

の場合に直接逆行列を計算してみよう．行列

$$X = \begin{pmatrix} x & y \\ z & w \end{pmatrix}$$

が $AX = E$ を満たしていると仮定する．

$$\begin{pmatrix} 1 & 0 \\ 0 & 1 \end{pmatrix} = AX = \begin{pmatrix} ax+bz & ay+bw \\ cx+dz & cy+dw \end{pmatrix}$$

であるから，これからできる2組の連立1次方程式

$$\begin{cases} ax+bz=1 \\ cx+dz=0 \end{cases} \quad \begin{cases} ay+bw=0 \\ cy+dw=1 \end{cases}$$

を解けばよい．

（1） $ad - bc \neq 0$ であれば

$$X = \frac{1}{ad-bc}\begin{pmatrix} d & -b \\ -c & a \end{pmatrix}$$

となり，この行列は $XA = E$ という性質ももつ．

（2）一方，$ad - bc = 0$ であれば

$$B = \begin{pmatrix} d & -b \\ -c & a \end{pmatrix}$$

とすると $AB = O$ となることから零因子であり正則ではない．

このように見ると，正則であるか否かは行列から定まるある種の量が関係していることがわかる．この量を次の章で学習することにしよう．

問題 1.5 次の（1）〜（3）の行列は正則か．正則であれば逆行列を求めよ．また（4），（5）の行列が非正則となるように x の値を定めよ．

（1）$\begin{pmatrix} 2 & 5 \\ 3 & 7 \end{pmatrix}$ （2）$\begin{pmatrix} 2 & 4 \\ 3 & 6 \end{pmatrix}$ （3）$\begin{pmatrix} -2 & 5 \\ 3 & 1 \end{pmatrix}$

（4）$\begin{pmatrix} x & 3 \\ 1 & x-2 \end{pmatrix}$ （5）$\begin{pmatrix} x+2 & 1-x \\ x & x-6 \end{pmatrix}$

問題 1.6 2つの行列

$$A = \begin{pmatrix} 2 & 5 \\ 3 & 4 \end{pmatrix}, \quad B = \begin{pmatrix} 4 & 0 \\ -2 & 1 \end{pmatrix}$$

に対して $AX = B$, $YA = B$ となる 2 次正方行列 X, Y を求めよ．

演習問題

A1.1 次の性質を満たす直線の方程式を求めよ．

（1）2 点 P(2, 1, −3), Q(−1, 3, 2) を通る直線

（2）2 点 P(2, 1, −3), Q(2, 3, 2) を通る直線

（3）2 点 P(2, 1, −3), Q(2, 1, 2) を通る直線

（4）点 P(2, 1, −3) を通り，次の 2 直線 l, m に垂直な直線

$$l : -x = \frac{y}{4} = \frac{z}{2}, \quad m : \frac{x+1}{3} = -y = \frac{z-3}{3}$$

A1.2 次の 2 直線 l, m は共有点をもつか．もつ場合にはその点の座標を求めよ．

(1) $l : \dfrac{x+1}{2} = y = \dfrac{z-1}{2}, \quad m : \dfrac{x+2}{3} = \dfrac{y+1}{2} = 4-z$

(2) $l : \dfrac{x}{2} = \dfrac{z-1}{3}, \ y = 9, \quad m : \dfrac{x+2}{3} = \dfrac{y+1}{6} = \dfrac{4-z}{2}$

A1.3 次の直線 l と平面 π とは共有点をもつか．もつ場合に共有点の座標を求めよ．

(1) $l : \dfrac{x}{7} = \dfrac{y-2}{2} = z-1, \quad \pi : x - 2y - z = 11$

(2) $l : \dfrac{2x-1}{3} = \dfrac{y-2}{4} = \dfrac{z}{-2}, \quad \pi : 4x - y + z = 1$

(3) $l : \dfrac{2x-1}{3} = \dfrac{y-2}{4} = \dfrac{z}{-2}, \quad \pi : 4x - y + z = 0$

A1.4 次の 2 平面 π_1, π_2 の交線を求めよ．

$$\pi_1 : 5x - 3y + 7z = -8, \quad \pi_2 : 3x - 2y + 5z = 1$$

A1.5 次の性質を満たす平面の方程式を求めよ．

(1) 点 P(1, 2, −1) を通り，直線 $l : 2x = y = -5z$ に垂直な平面

(2) 3 点 P(1, 1, 0), Q(2, 5, 1), R(−1, 3, 2) を通る平面

(3) 点 P(1, 1, 0) を通り，次の直線 l を含む平面

$$l : \dfrac{x}{5} = \dfrac{y+1}{-3} = \dfrac{z}{7}$$

(4) 次の直線 l を含み，直線 $m : x = y, \ z = 2$ に平行な平面

$$l : x - 1 = \dfrac{y}{-4} = z$$

(5) 次の 2 平面 π_1, π_2 の交線を含み，点 P(2, 1, 3) を通る平面

$$\pi_1 : 3x - 5y + 2z = 4, \quad \pi_2 : 3x + y - 4z = 7$$

A1.6 3 点 $(p, 0, 0), (0, q, 0), (0, 0, r)$ $(pqr \neq 0)$ を通る平面の方程式を求めよ．

A1.7 点 P(−1, 1, 0) から直線

$$l : \dfrac{x-7}{2} = \dfrac{y}{2} = -z$$

に下ろした垂線の足 H の座標，および P の l に関する対称点 Q の座標を求めよ．

B1.1 方程式 $ax+by=c$ で与えられている座標平面上の直線 l に，平面内の点 $P_0(x_0, y_0)$ から垂線を下ろす．このとき，垂線の足 H の位置ベクトルは

$$(x_0, y_0) - \frac{ax_0 + by_0 - c}{a^2 + b^2}(a, b)$$

で与えられ，垂線の長さは

$$\frac{|ax_0 + by_0 - c|}{\sqrt{a^2 + b^2}}$$

であることを示せ．

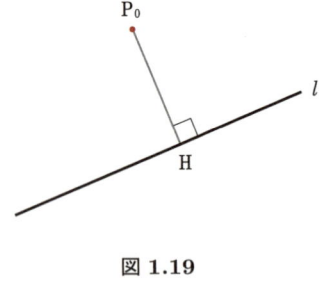

図 1.19

B1.2 方程式 $ax + by + cz = d$ で与えられている平面 π に，空間内の点 $P_0(x_0, y_0, z_0)$ から π へ垂線を下ろす．このとき垂線の足の位置ベクトルは

$$(x_0, y_0, z_0) - \frac{ax_0 + by_0 + cz_0 - d}{a^2 + b^2 + c^2}(a, b, c)$$

で与えられ，垂線の長さは

$$\frac{|ax_0 + by_0 + cz_0 - d|}{\sqrt{a^2 + b^2 + c^2}}$$

であることを示せ．

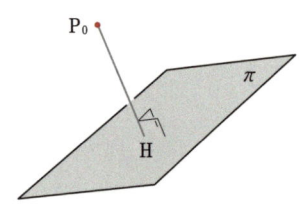

図 1.20

　この垂線の長さを点 P_0 から平面 π までの距離という．

B1.3 原点 O および 2 点 $A(a_1, a_2, a_3)$, $B(b_1, b_2, b_3)$ が一直線上にはないとき，これらの 3 点を通る平面 π の法ベクトルを 1 つ求めよ．

B1.4 2 つの n 次正方行列 A, B が $AB = BA$ を満たすとき，この 2 つの行列は**可換**であるという．

（1）次の行列と可換な 3 次正方行列全体の集合 $\mathcal{S}$ を求めよ．

$$\begin{pmatrix} a & 1 & 0 \\ 0 & a & 1 \\ 0 & 0 & a \end{pmatrix}$$

（2）$A, B \in \mathcal{S}$ ならば，この 2 つは可換であることを示せ．

第2章

行 列 式

前章で，2次の正方行列の場合，正則であるか否かは行列により定まるある種の量で判断できることがわかった．そこでこの章では，少し天下り的ではあるが，正方行列に対して行列式とよばれる量を定めることにしよう．

§2.1 行列式の定義

n 個の自然数 $1, 2, \ldots, n$ の順列は $n!$ 通りあるが，各順列 $(p_1, p_2, \ldots, p_n)$ の様子を表すために，数字の順序が入れ替わっている組の個数，すなわち

$$i < j \text{ であるが } p_i > p_j \text{ である組 } (i, j) \text{ の個数}$$

を $\delta(p_1, p_2, \ldots, p_n)$ と表し，$(p_1, p_2, \ldots, p_n)$ の**転倒数**という．

例 2.1 $\{1, 2, 3, 4\}$ の順列 $(2, 4, 1, 3)$ と $(3, 2, 4, 1)$ について

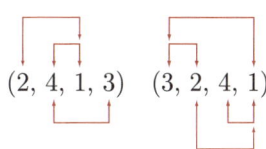

という逆転が生じているから，それぞれ

$$\delta(2, 4, 1, 3) = 3, \quad \delta(3, 2, 4, 1) = 4$$

である． ◇

問題 2.1 $\{1, 2, 3\}$ の順列をすべて挙げ，その転倒数を調べよ．

この転倒数を基にして n 次正方行列 $A = (a_{ij})$ の**行列式** $|A|$ を

$$|A| = \begin{vmatrix} a_{11} & a_{12} & \cdots & a_{1n} \\ a_{21} & a_{22} & \cdots & a_{2n} \\ \vdots & \vdots & \ddots & \vdots \\ a_{n1} & a_{n2} & \cdots & a_{nn} \end{vmatrix}$$
$$= \sum_{(p_1, p_2, \ldots, p_n)} (-1)^{\delta(p_1, p_2, \ldots, p_n)} a_{1p_1} a_{2p_2} \cdots a_{np_n}$$

と定める．ただし $(p_1, p_2, \ldots, p_n)$ は $\{1, 2, \ldots, n\}$ のすべての順列を動くものとする．行列式は $\det(A)$ とも表され，形が行列と似ているが，1つの数を表している．

この定義を 2 次の正方行列
$$A = \begin{pmatrix} a_{11} & a_{12} \\ a_{21} & a_{22} \end{pmatrix}$$
の場合に調べてみると
$$\delta(1, 2) = 0, \quad \delta(2, 1) = 1$$
であるから
$$\begin{vmatrix} a_{11} & a_{12} \\ a_{21} & a_{22} \end{vmatrix} = (-1)^0 a_{11} a_{22} + (-1)^1 a_{12} a_{21} = a_{11} a_{22} - a_{21} a_{12}$$
となり，A の正則性を判定した量になっている．なお，2 次の行列式について

$$\begin{vmatrix} a_{11} & a_{12} \\ a_{21} & a_{22} \end{vmatrix}$$

のように，右下がりの串は $+$，右上がりの串は $-$ の符号をつけることになることに注意しよう．

次に 3 次の正方行列の行列式を調べてみよう．問題 2.1 により
$$\begin{vmatrix} a_{11} & a_{12} & a_{13} \\ a_{21} & a_{22} & a_{23} \\ a_{31} & a_{32} & a_{33} \end{vmatrix} = a_{11} a_{22} a_{33} + a_{12} a_{23} a_{31} + a_{13} a_{21} a_{32}$$
$$- a_{12} a_{21} a_{33} - a_{13} a_{22} a_{31} - a_{11} a_{23} a_{32}$$

となる．これも 2 次の行列式のように串で表してみると

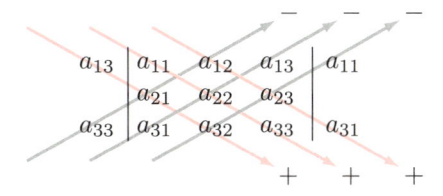

$$
\begin{array}{cc|ccc|c}
 & - & - & - & & \\
a_{13} & a_{11} & a_{12} & a_{13} & a_{11} \\
 & a_{21} & a_{22} & a_{23} & \\
a_{33} & a_{31} & a_{32} & a_{33} & a_{31} \\
 & + & + & + & &
\end{array}
$$

のように整理でき，やはり右下がりの串は $+$，右上がりの串は $-$ の符号をつけることになる．このような計算方法を**サラスの方法**という．

このような串による計算方法は 3 次までで 4 次以上の正方行列の行列式には使えない．行列式の定義だけに頼る計算では $(1, 2)$ の順列は $2! = 2$ 個，$(1, 2, 3)$ の順列は $3! = 6$ 個と少ないので計算しやすいが，$(1, 2, 3, 4)$ の順列は $4! = 24$ 個と飛躍的に増大するので，計算が困難になる．

問題 2.2 次の行列式を求めよ．

(1) $\begin{vmatrix} 3 & 0 & 2 \\ -5 & 4 & 0 \\ 0 & 2 & 1 \end{vmatrix}$
(2) $\begin{vmatrix} 1 & 0 & 2 \\ -3 & 4 & 6 \\ -1 & -2 & 3 \end{vmatrix}$

(3) $\begin{vmatrix} 2 & 1 & 3 \\ 0 & 7 & 0 \\ -1 & 9 & 2 \end{vmatrix}$
(4) $\begin{vmatrix} a & b & c \\ c & a & b \\ b & c & a \end{vmatrix}$

§2.2 行列式の意味

ここで行列式の幾何学的な意味を調べておこう．まず 2 次の行列式

$$\begin{vmatrix} a_1 & a_2 \\ b_1 & b_2 \end{vmatrix} = a_1 b_2 - a_2 b_1$$

について考察しよう．2 つの平面ベクトル $\boldsymbol{a} = (a_1, a_2)$，$\boldsymbol{b} = (b_1, b_2)$ のなす角を θ $(0 \leqq \theta \leqq \pi)$ とする．$\boldsymbol{a}, \boldsymbol{b}$ が作る平行四辺形の面積 S は $\boldsymbol{a}, \boldsymbol{b}$ の長さ $\|\boldsymbol{a}\|, \|\boldsymbol{b}\|$ を用いて

$$S = \|\boldsymbol{a}\| \, \|\boldsymbol{b}\| \sin \theta = \|\boldsymbol{a}\| \, \|\boldsymbol{b}\| \sqrt{1 - \cos^2 \theta}$$

となる．ここで $\boldsymbol{a}, \boldsymbol{b}$ の内積 $\boldsymbol{a} \cdot \boldsymbol{b}$ を使うと，

$$\|\boldsymbol{a}\| \|\boldsymbol{b}\| \cos\theta = \boldsymbol{a} \cdot \boldsymbol{b} = a_1 b_1 + a_2 b_2$$

であるから

$$\begin{aligned} S^2 &= \|\boldsymbol{a}\|^2 \|\boldsymbol{b}\|^2 - (\boldsymbol{a} \cdot \boldsymbol{b})^2 \\ &= (a_1{}^2 + a_2{}^2)(b_1{}^2 + b_2{}^2) - (a_1 b_1 + a_2 b_2)^2 \\ &= (a_1 b_2 - a_2 b_1)^2 \end{aligned}$$

となり，2次の行列式の絶対値はその成分が作るベクトルによって構成される平行四辺形の面積に等しいことがわかる．

では符号は何を意味しているのであろうか．図 2.1, 2.2 を見るとわかるように，同じ平行四辺形であっても $\boldsymbol{a}$ から見て正の方向（$\boldsymbol{a}$ の左手側）に $\boldsymbol{b}$ があるか負の方向（$\boldsymbol{a}$ の右手側）にあるかの区別がある．図 2.2 の平行四辺形を図 2.1 の平行四辺形に重ねるためには裏返さなければならない．このように，行列式は裏と表とがある平行四辺形の「面積」であるということができる．

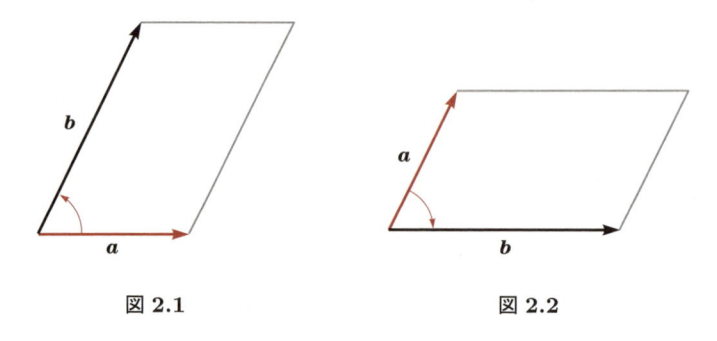

図 2.1　　　　　　　図 2.2

次に 3 次の行列式

$$\begin{vmatrix} a_1 & a_2 & a_3 \\ b_1 & b_2 & b_3 \\ c_1 & c_2 & c_3 \end{vmatrix}$$

についても同様に考察しよう．3つの空間ベクトル

$$\boldsymbol{a} = (a_1, a_2, a_3), \quad \boldsymbol{b} = (b_1, b_2, b_3), \quad \boldsymbol{c} = (c_1, c_2, c_3)$$

が作る平行六面体を考える．この立体の体積は $\boldsymbol{a}, \boldsymbol{b}$ が作る底面の平行四辺形の面積と，この平行四辺形を含む平面に $\boldsymbol{c}$ の終点から垂線を下ろして得られる高さによって計算される．詳しい計算は問題 2.3 に譲ることにするが，3 次の行列式の絶対値はこの平行六面体の体積に一致する．符号に関しては図 2.3 のように右手系か左手系かによって決まる．

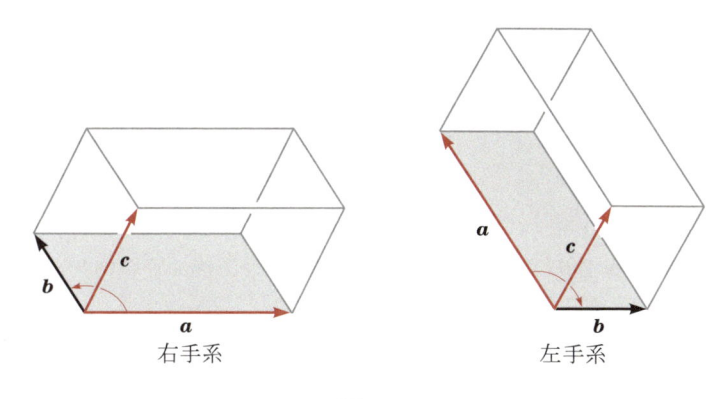

図 2.3

命題 2.1

(1) 2 次正方行列 A について，その行列式 $|A|$ の絶対値は A の 2 つの横ベクトルが作る平行四辺形の面積である．

(2) 3 次正方行列 A について，その行列式 $|A|$ の絶対値は A の 3 つの横ベクトルが作る平行六面体の体積である．

---

*問題 2.3　命題 2.1 (2) を計算で示せ（Hint: 演習問題 B1.2, B1.3 を利用せよ）．

問題 2.4　$A(a_1, a_2, a_3)$, $B(b_1, b_2, b_3)$, $C(c_1, c_2, c_3)$ および原点 O が作る四面体 OABC の体積を行列式を用いて表せ．

§2.3 行列式の性質

2次，3次の行列式についてはサラスの方法など覚えやすい計算方法があったが，4次以上の行列式には適用できない．では4次以上の行列式を計算するにはどうしたらよいのであろうか．この節では行列式を定義通りに計算するよりも簡単に計算するために，その性質を学習しておこう．

[**1**] スカラー倍されている行

第 i 行の成分が公約数をもっている場合，行列式はどうなるであろうか．3次の行列式で考えてみると

$$\begin{vmatrix} 1 & 2 & 3 \\ 6\lambda & 7\lambda & 4\lambda \\ 5 & 8 & 9 \end{vmatrix} = \begin{vmatrix} 1 & 2 & 3 \\ 6\lambda & 7\lambda & 4\lambda \\ 5 & 8 & 9 \end{vmatrix} = \lambda \begin{vmatrix} 1 & 2 & 3 \\ 6 & 7 & 4 \\ 5 & 8 & 9 \end{vmatrix}$$

のように各串は共通因子 λ を1つもつことからこの因子を括りだすことができる．第1行や第3行に共通因子があっても同じようになる．一般の場合でも行列式の定義に戻って考えれば同じ性質が成り立つ．

命題 2.2

行の共通因子を括りだすことができる．

$$\begin{vmatrix} a_{11} & a_{12} & \cdots & a_{1n} \\ \vdots & \vdots & & \vdots \\ \lambda a_{i1} & \lambda a_{i2} & \cdots & \lambda a_{in} \\ \vdots & \vdots & & \vdots \\ a_{n1} & a_{n2} & \cdots & a_{nn} \end{vmatrix} = \lambda \begin{vmatrix} a_{11} & a_{12} & \cdots & a_{1n} \\ \vdots & \vdots & & \vdots \\ a_{i1} & a_{i2} & \cdots & a_{in} \\ \vdots & \vdots & & \vdots \\ a_{n1} & a_{n2} & \cdots & a_{nn} \end{vmatrix}$$

[証明]　　(左辺) $= \displaystyle\sum_{(p_1,\ldots,p_n)} (-1)^{\delta(p_1,\ldots,p_n)} a_{1p_1} \times \cdots \times (\lambda a_{ip_i}) \times \cdots \times a_{np_n}$

$= \lambda \displaystyle\sum_{(p_1,\ldots,p_n)} (-1)^{\delta(p_1,\ldots,p_n)} a_{1p_1} \times \cdots \times a_{ip_i} \times \cdots \times a_{np_n} =$ (右辺)　□

行列のスカラー倍と混乱を起こすことがあるので注意しておこう．

$$A = \begin{pmatrix} a_{11} & \cdots & a_{1n} \\ \vdots & & \vdots \\ a_{n1} & \cdots & a_{nn} \end{pmatrix} \quad \text{に対して} \quad \lambda A = \begin{pmatrix} \lambda a_{11} & \cdots & \lambda a_{1n} \\ \vdots & & \vdots \\ \lambda a_{n1} & \cdots & \lambda a_{nn} \end{pmatrix}$$

であるから，n 次正方行列 A について $|\lambda A| = \lambda^n |A|$ である．

問題 2.5 次の行列式を計算せよ．

(1) $\begin{vmatrix} 18 & 9 \\ 140 & 84 \end{vmatrix}$ (2) $\begin{vmatrix} 4 & -6 & 2 \\ 7 & 14 & 21 \\ -5 & 5 & 10 \end{vmatrix}$ (3) $\begin{vmatrix} 3 & 6 & 9 \\ 4 & 6 & 2 \\ 15 & 5 & 10 \end{vmatrix}$

[2] 和の形をしている行

第 i 行の横ベクトルが和の形をしている場合行列式はどのような形になるのであろうか．やはりまず 3 次の行列式で考えてみよう．

$$\begin{vmatrix} a_1 & a_2 & a_3 \\ b_1 + b_1' & b_2 + b_2' & b_3 + b_3' \\ c_1 & c_2 & c_3 \end{vmatrix}$$

$$= a_1(b_2 + b_2')c_3 + a_2(b_3 + b_3')c_1 + a_3(b_1 + b_1')c_2$$
$$\quad - a_3(b_2 + b_2')c_1 - a_1(b_3 + b_3')c_2 - a_2(b_1 + b_1')c_3$$

$$= \{a_1 b_2 c_3 + a_2 b_3 c_1 + a_3 b_1 c_2 - a_3 b_2 c_1 - a_1 b_3 c_2 - a_2 b_1 c_3\}$$
$$\quad \{a_1 b_2' c_3 + a_2 b_3' c_1 + a_3 b_1' c_2 - a_3 b_2' c_1 - a_1 b_3' c_2 - a_2 b_1' c_3\}$$

$$= \begin{vmatrix} a_1 & a_2 & a_3 \\ b_1 & b_2 & b_3 \\ c_1 & c_2 & c_3 \end{vmatrix} + \begin{vmatrix} a_1 & a_2 & a_3 \\ b_1' & b_2' & b_3' \\ c_1 & c_2 & c_3 \end{vmatrix}$$

スカラー倍されている行を含む場合と同じように，各串に 1 つずつ和の形が含まれることから展開できる．一般の場合でも同じように計算できる．

命題 2.3

和の行の成分は，それぞれ分けて 2 つの行列式の和に直すことができる．

$$\begin{vmatrix} a_{11} & a_{12} & \cdots & a_{1n} \\ \vdots & \vdots & & \vdots \\ a_{i1}+a'_{i1} & a_{i2}+a'_{i2} & \cdots & a_{in}+a'_{in} \\ \vdots & \vdots & & \vdots \\ a_{n1} & a_{n2} & \cdots & a_{nn} \end{vmatrix}$$

$$= \begin{vmatrix} a_{11} & a_{12} & \cdots & a_{1n} \\ \vdots & \vdots & & \vdots \\ a_{i1} & a_{i2} & \cdots & a_{in} \\ \vdots & \vdots & & \vdots \\ a_{n1} & a_{n2} & \cdots & a_{nn} \end{vmatrix} + \begin{vmatrix} a_{11} & a_{12} & \cdots & a_{1n} \\ \vdots & \vdots & & \vdots \\ a'_{i1} & a'_{i2} & \cdots & a'_{in} \\ \vdots & \vdots & & \vdots \\ a_{n1} & a_{n2} & \cdots & a_{nn} \end{vmatrix}$$

[証明]

$$(\text{左辺}) = \sum_{(p_1,\ldots,p_n)} (-1)^{\delta(p_1,\ldots,p_n)} a_{1p_1} \times \cdots \times (a_{ip_i}+a'_{ip_i}) \times \cdots \times a_{np_n}$$

$$= \sum_{(p_1,\ldots,p_n)} (-1)^{\delta(p_1,\ldots,p_n)} a_{1p_1} \times \cdots \times a_{ip_i} \times \cdots \times a_{np_n}$$

$$+ \sum_{(p_1,\ldots,p_n)} (-1)^{\delta(p_1,\ldots,p_n)} a_{1p_1} \times \cdots \times a'_{ip_i} \times \cdots \times a_{np_n}$$

$$= (\text{右辺}) \qquad \square$$

問題 2.6 次の (1), (2) の行列式を計算して比較せよ．

(1) $\begin{vmatrix} 1 & -2 & 3 \\ 9 & 0 & 7 \\ -1 & 3 & 2 \end{vmatrix}$
(2) $\begin{vmatrix} 1 & -2 & 3 \\ 9 & 0 & 0 \\ -1 & 3 & 2 \end{vmatrix} + \begin{vmatrix} 1 & -2 & 3 \\ 0 & 0 & 7 \\ -1 & 3 & 2 \end{vmatrix}$

§2.3 行列式の性質

[**3**] 行の入れ替え

第 i 行と第 k 行とを入れ替えたら行列式はどのように変化するのであろうか．具体的に調べてみると

$$\begin{vmatrix} 1 & 3 & 4 \\ 5 & 2 & 7 \\ 6 & 9 & 8 \end{vmatrix} = 180 + 16 + 126 - 120 - 48 - 63 = 91$$

$$\begin{vmatrix} 1 & 3 & 4 \\ 6 & 9 & 8 \\ 5 & 2 & 7 \end{vmatrix} = 48 + 63 + 120 - 126 - 180 - 16 = -91$$

この例の計算で気づいたかもしれないが，同じ数が符号を変えて現れ，結果として行列式の符号が変わっている．このことは一般に成り立ち，

命題 2.4

行を入れ替えると符号が変わる．

$$i\rangle \begin{vmatrix} a_{11} & a_{12} & \cdots & a_{1n} \\ \vdots & \vdots & & \vdots \\ a_{i1} & a_{i2} & \cdots & a_{in} \\ \vdots & \vdots & & \vdots \\ a_{k1} & a_{k2} & \cdots & a_{kn} \\ \vdots & \vdots & & \vdots \\ a_{n1} & a_{n2} & \cdots & a_{nn} \end{vmatrix} \begin{matrix} \\ \\ \\ \\ k\rangle \\ \\ i\rangle \\ \\ \end{matrix} = - \begin{vmatrix} a_{11} & a_{12} & \cdots & a_{1n} \\ \vdots & \vdots & & \vdots \\ a_{k1} & a_{k2} & \cdots & a_{kn} \\ \vdots & \vdots & & \vdots \\ a_{i1} & a_{i2} & \cdots & a_{in} \\ \vdots & \vdots & & \vdots \\ a_{n1} & a_{n2} & \cdots & a_{nn} \end{vmatrix}$$

第 i 行と第 k 行とが同じ成分をもつ場合を考えてみよう．例えば

$$\begin{vmatrix} 1 & 2 & 3 \\ 5 & 9 & 7 \\ 1 & 2 & 3 \end{vmatrix} = - \begin{vmatrix} 1 & 2 & 3 \\ 5 & 9 & 7 \\ 1 & 2 & 3 \end{vmatrix} \quad \text{より} \quad 2 \begin{vmatrix} 1 & 2 & 3 \\ 5 & 9 & 7 \\ 1 & 2 & 3 \end{vmatrix} = 0$$

のように，命題 2.4 により次を得る．

命題 2.5

同じ成分をもつ 2 つの行があれば行列式は 0 である.

$$\begin{array}{c} \\ \\ i\rangle \\ \\ k\rangle \\ \\ \\ \end{array} \begin{vmatrix} a_{11} & a_{12} & \cdots & a_{1n} \\ \vdots & \vdots & & \vdots \\ a_{i1} & a_{i2} & \cdots & a_{in} \\ \vdots & \vdots & & \vdots \\ a_{i1} & a_{i2} & \cdots & a_{in} \\ \vdots & \vdots & & \vdots \\ a_{n1} & a_{n2} & \cdots & a_{nn} \end{vmatrix} = 0$$

問題 2.7 次の行列式を計算せよ.

(1) $\begin{vmatrix} 1 & 3 & 2 \\ 5 & -9 & 7 \\ 1 & 3 & 2 \end{vmatrix}$ (2) $\begin{vmatrix} 6 & -2 & 4 \\ 21 & -7 & 14 \\ 9 & 5 & -8 \end{vmatrix}$

命題 2.4 を考察するには転倒数を調べる必要がある.

補題 2.1

i 番目と k 番目とを入れ替えた順列 ($i < k$) に関して

$$\delta(p_1, \ldots, p_i, \ldots, p_k, \ldots, p_n) - \delta(p_1, \ldots, p_k, \ldots, p_i, \ldots, p_n)$$

は奇数である.

[証明] $p_i < p_k$ の場合を考えればよい. $k \neq i+1$ の場合, $i < s < k$ なる整数 s について

(i) $p_s < p_i < p_k$ であれば, (p_s, p_i) と (p_s, p_k) という 2 つの 2 項間の関係 (転倒しているか否か) は変化しない.

(ii) $p_i < p_s < p_k$ であれば, (p_i, p_s) と (p_s, p_k) という 2 つの 2 項間の関係はともに変化する. つまり転倒していなければ新たに転倒が生じ, 転倒していればその転倒は解消される.

(iii) $p_i < p_k < p_s$ であれば，(p_i, p_s) と (p_k, p_s) という 2 つの 2 項間の関係 (転倒しているか否か) は変化しない.

となる．$k = i+1$ の場合を含めて (p_i, p_k) という 2 項間の関係は変化し，(ii) の偶数個の変化と合わせて合計奇数個の関係が変化することから結論が得られる. □

[命題 2.4 の証明] 第 i 行と第 k 行とを入れ替えた行列を

$$\begin{pmatrix} b_{11} & \cdots & b_{1n} \\ \vdots & & \vdots \\ b_{n1} & \cdots & b_{nn} \end{pmatrix} \quad \text{すなわち} \quad b_{sj} = \begin{cases} a_{sj}, & s \neq i, k, \\ a_{kj}, & s = i, \\ a_{ij}, & s = k, \end{cases}$$

と表示する．

$$\begin{aligned}
\begin{vmatrix} b_{11} & \cdots & b_{1n} \\ \vdots & & \vdots \\ b_{n1} & \cdots & b_{nn} \end{vmatrix} &= \sum_{(p_1, \ldots, p_n)} (-1)^{\delta(p_1, \ldots, p_i, \ldots, p_k, \ldots, p_n)} b_{1p_1} \times \cdots \times b_{ip_i} \\
&\qquad\qquad\qquad \times \cdots \times b_{kp_k} \times \cdots \times b_{np_n} \\
&= \sum_{(p_1, \ldots, p_n)} (-1)^{\delta(p_1, \ldots, p_i, \ldots, p_k, \ldots, p_n)} a_{1p_1} \times \cdots \times a_{kp_i} \\
&\qquad\qquad\qquad \times \cdots \times a_{ip_k} \times \cdots \times a_{np_n} \\
&= \sum_{(p_1, \ldots, p_n)} -(-1)^{\delta(p_1, \ldots, p_k, \ldots, p_i, \ldots, p_n)} a_{1p_1} \times \cdots \times a_{ip_k} \\
&\qquad\qquad\qquad \times \cdots \times a_{kp_i} \times \cdots \times a_{np_n} \\
&= -\sum_{(q_1, \ldots, q_n)} (-1)^{\delta(q_1, \ldots, q_n)} a_{1q_1} \times \cdots \times a_{nq_n} \\
&= (-1) \begin{vmatrix} a_{11} & \cdots & a_{1n} \\ \vdots & & \vdots \\ a_{n1} & \cdots & a_{nn} \end{vmatrix} \qquad\qquad\qquad\qquad\qquad \square
\end{aligned}$$

[4] ある行に別の行のスカラー倍を加える操作

第 k 行に第 i 行のスカラー倍を加える変形を行うと行列式はどのようになるのであろうか．[1], [2], [3] の性質から

命題 2.6

第 k 行に第 i 行（$i \neq k$）の λ 倍を加えても行列式は変化しない．

$$
\begin{array}{c} i\rangle \\ \\ k\rangle \end{array}
\begin{vmatrix}
a_{11} & a_{12} & \cdots & a_{1n} \\
\vdots & \vdots & & \vdots \\
a_{i1} & a_{i2} & \cdots & a_{in} \\
\vdots & \vdots & & \vdots \\
a_{k1}+\lambda a_{i1} & a_{k2}+\lambda a_{i2} & \cdots & a_{kn}+\lambda a_{in} \\
\vdots & \vdots & & \vdots \\
a_{n1} & a_{n2} & \cdots & a_{nn}
\end{vmatrix}
=
\begin{vmatrix}
a_{11} & a_{12} & \cdots & a_{1n} \\
\vdots & \vdots & & \vdots \\
a_{i1} & a_{i2} & \cdots & a_{in} \\
\vdots & \vdots & & \vdots \\
a_{k1} & a_{k2} & \cdots & a_{kn} \\
\vdots & \vdots & & \vdots \\
a_{n1} & a_{n2} & \cdots & a_{nn}
\end{vmatrix}
$$

[証明]

$$
(\text{左辺}) =
\begin{vmatrix}
a_{11} & a_{12} & \cdots & a_{1n} \\
\vdots & \vdots & & \vdots \\
a_{i1} & a_{i2} & \cdots & a_{in} \\
\vdots & \vdots & & \vdots \\
a_{k1} & a_{k2} & \cdots & a_{kn} \\
\vdots & \vdots & & \vdots \\
a_{n1} & a_{n2} & \cdots & a_{nn}
\end{vmatrix}
+ \lambda
\begin{vmatrix}
a_{11} & a_{12} & \cdots & a_{1n} \\
\vdots & \vdots & & \vdots \\
a_{i1} & a_{i2} & \cdots & a_{in} \\
\vdots & \vdots & & \vdots \\
a_{i1} & a_{i2} & \cdots & a_{in} \\
\vdots & \vdots & & \vdots \\
a_{n1} & a_{n2} & \cdots & a_{nn}
\end{vmatrix}
= (\text{右辺}) \quad \square
$$

この操作は行列式を計算する上で重要である．

例 2.2 次のように 0 を増やしてから計算することができる．

$$
\begin{vmatrix} 1 & 2 & 1 \\ 2 & 5 & 4 \\ -1 & 2 & 2 \end{vmatrix}
= \begin{vmatrix} 1 & 2 & 1 \\ 2 & 5 & 4 \\ 0 & 4 & 3 \end{vmatrix}
\quad \text{(第 3 行に第 1 行を加えた)}
$$

$$
= \begin{vmatrix} 1 & 2 & 1 \\ 0 & 1 & 2 \\ 0 & 4 & 3 \end{vmatrix}
\quad \text{(第 2 行に第 1 行の (-2) 倍を加えた)}
$$

$$
= \begin{vmatrix} 1 & 2 & 1 \\ 0 & 1 & 2 \\ 0 & 0 & -5 \end{vmatrix} = -5
\quad \text{(第 3 行に第 2 行の (-4) 倍を加えた)} \quad \diamondsuit
$$

▶ **注意** 行の操作をするときに

$$\begin{vmatrix} 1 & 2 & 1 \\ 2 & 5 & 4 \\ -1 & 2 & 2 \end{vmatrix} = \begin{vmatrix} 1 & 2 & 1 \\ 0 & 1 & 2 \\ 0 & 4 & 3 \end{vmatrix} \quad \begin{pmatrix} \text{第 2 行に第 1 行の } (-2) \text{ 倍を加え} \\ \text{第 3 行に第 1 行を加えた} \end{pmatrix}$$

のように，基準となる行（操作を行う行）を決めて，複数の操作を同時に行っても（複数の操作をされる行があっても）良いが，

$$\begin{vmatrix} 1 & 2 & 1 \\ 2 & 5 & 4 \\ -1 & 2 & 2 \end{vmatrix} \neq \begin{vmatrix} 0 & 4 & 3 \\ 2 & 5 & 4 \\ 0 & 4 & 3 \end{vmatrix} \quad \begin{pmatrix} \text{第 3 行に第 1 行を加え,} \\ \text{第 1 行に第 3 行を加えた} \end{pmatrix}$$

という，操作をする行が同時に操作をされる行になるような操作をしてはいけない．これは 1 度の操作で行が変化していることを忘れてしまったことによるエラーであるが，あわてると起こしやすいので気をつけて欲しい．

[5]　三角行列

対角線（$a_{11} \to a_{nn}$ 方向）より下側の成分がすべて 0 になっている，つまり

$$\begin{pmatrix} a_{11} & a_{12} & \cdots & \cdots & a_{1n} \\ 0 & a_{22} & \cdots & \cdots & a_{2n} \\ \vdots & & \ddots & \ddots & \vdots \\ \vdots & & & \ddots & \vdots \\ 0 & \cdots & \cdots & 0 & a_{nn} \end{pmatrix}$$

という形をしている行列を**上三角行列**という．また逆に，対角線より上側の成分がすべて 0 になっている，つまり

$$\begin{pmatrix} a_{11} & 0 & \cdots & \cdots & 0 \\ a_{21} & a_{22} & \ddots & & \vdots \\ \vdots & & \ddots & \ddots & \vdots \\ \vdots & & & \ddots & 0 \\ a_{n1} & a_{n2} & \cdots & \cdots & a_{nn} \end{pmatrix}$$

という形をしている行列を**下三角行列**という．これら2つを合わせて**三角行列**という．また，上三角かつ下三角である行列，すなわち

$$\begin{pmatrix} a_{11} & 0 & \cdots & \cdots & 0 \\ 0 & a_{22} & \ddots & & \vdots \\ \vdots & \ddots & \ddots & \ddots & \vdots \\ \vdots & & \ddots & \ddots & 0 \\ 0 & \cdots & \cdots & 0 & a_{nn} \end{pmatrix}$$

という形をしている行列を**対角行列**という．

例 2.2 で見たように，三角行列の行列式は対角成分を掛けた値になる．

命題 2.7

三角行列 $A = (a_{ij})$ について

$$|A| = a_{11} \times \cdots \times a_{nn}$$

である．

問題 2.8 次の行列式を行に関する操作により三角行列にして計算せよ．

（1） $\begin{vmatrix} 1 & 3 & 1 \\ 3 & 6 & 4 \\ 2 & 6 & 7 \end{vmatrix}$ （2） $\begin{vmatrix} 1 & -1 & 2 & -3 \\ -1 & 0 & -1 & -1 \\ 1 & -1 & 0 & -1 \\ 2 & -2 & 4 & 4 \end{vmatrix}$

（3） $\begin{vmatrix} 2a+b+c & a & a \\ b & a+2b+c & b \\ c & c & a+b+2c \end{vmatrix}$

ここでは行に関する操作の練習も含めた問題としたが，計算は少々めんどうである．次の節でもう少し効率のよい計算方法を学習することにしよう．

[6] 積行列

2つの行列の積に関して行列式はどのようになるのであろうか？

§2.3 行列式の性質

例題 2.1 次の行列の行列式を計算せよ（2 つの行列の積については積を計算してからその行列式を求める）．

(1) $\begin{vmatrix} 3 & 2 \\ 5 & 4 \end{vmatrix}$ (2) $\begin{vmatrix} 7 & 5 \\ 9 & 8 \end{vmatrix}$ (3) $\left| \begin{pmatrix} 3 & 2 \\ 5 & 4 \end{pmatrix} \begin{pmatrix} 7 & 5 \\ 9 & 8 \end{pmatrix} \right|$

(4) $\begin{vmatrix} 1 & -3 & -2 \\ -1 & 2 & 8 \\ 2 & -6 & -2 \end{vmatrix}$ (5) $\begin{vmatrix} 8 & -1 & 5 \\ -2 & 1 & -2 \\ 1 & 0 & 1 \end{vmatrix}$

(6) $\left| \begin{pmatrix} 1 & -3 & -2 \\ -1 & 2 & 8 \\ 2 & -6 & -2 \end{pmatrix} \begin{pmatrix} 8 & -1 & 5 \\ -2 & 1 & -2 \\ 1 & 0 & 1 \end{pmatrix} \right|$

[解] それぞれ計算してみると

(1) 2   (2) 11   (4) -2 (5) 3

であり，(3), (6) は行列の積を計算して考えると

(3) $\begin{vmatrix} 39 & 31 \\ 71 & 57 \end{vmatrix} = 22$ (6) $\begin{vmatrix} 12 & -4 & 9 \\ -4 & 3 & -1 \\ 26 & -8 & 20 \end{vmatrix} = -6$

となる． □

この例題から想像されるように，積行列の行列式は行列式の積になる．

命題 2.8

2 つの n 次正方行列 A, B について $|AB| = |A||B|$ が成り立つ．

---

*問題 2.9 (1) 2 つの 2 次正方行列

$$A = \begin{pmatrix} a & b \\ c & d \end{pmatrix}, \quad B = \begin{pmatrix} \alpha & \beta \\ \gamma & \delta \end{pmatrix}$$

について，命題 2.8 が成り立つことを調べよ．

（2） 計算力に自信がある人は A, B が3次正方行列の場合に，命題 2.8 をサラスの方法により計算して確かめてみよ．

問題 2.10 $A = \begin{pmatrix} 0 & c & b \\ c & 0 & a \\ b & a & 0 \end{pmatrix}$ を利用して

$$\begin{vmatrix} b^2+c^2 & ab & ca \\ ab & c^2+a^2 & bc \\ ca & bc & a^2+b^2 \end{vmatrix}$$

を求めよ．

[命題 2.8 の証明] $A = (a_{ij})$, $B = (b_{ij})$ とすると

$$AB = \left(\sum_{k=1}^{n} a_{ik} b_{kj} \right)$$

であるから，

$$|AB| = \sum_{(p_1, \ldots, p_n)} (-1)^{\delta(p_1, \ldots, p_n)} \left(\sum_{k_1=1}^{n} a_{1k_1} b_{k_1 p_1} \right) \times \cdots \times \left(\sum_{k_n=1}^{n} a_{nk_n} b_{k_n p_n} \right)$$

$$= \sum_{k_1=1}^{n} \cdots \sum_{k_n=1}^{n} a_{1k_1} a_{2k_2} \cdots a_{nk_n}$$

$$\times \left(\sum_{(p_1, \ldots, p_n)} (-1)^{\delta(p_1, \ldots, p_n)} b_{k_1 p_1} b_{k_2 p_2} \cdots b_{k_n p_n} \right)$$

$$= \sum_{k_1=1}^{n} \cdots \sum_{k_n=1}^{n} a_{1k_1} a_{2k_2} \cdots a_{nk_n} \begin{vmatrix} b_{k_1 1} & \cdots & b_{k_1 n} \\ \vdots & & \vdots \\ b_{k_n 1} & \cdots & b_{k_n n} \end{vmatrix}$$

ここで $k_i = k_{i'}$ となる $i \neq i'$ がある場合には，行列式の部分を考えると $|b_{k_i j}| = 0$ となる．また $(k_1, \ldots, k_n)$ が $(1, \ldots, n)$ の順列になっている場合には，命題 2.4 を使ってこの行列式部分の行を入れ替えて，補題 2.1 に注意すると

$$= \sum_{(k_1, \ldots, k_n)} a_{1k_1} a_{2k_2} \cdots a_{nk_n} \begin{vmatrix} b_{k_1 1} & \cdots & b_{k_1 n} \\ \vdots & & \vdots \\ b_{k_n 1} & \cdots & b_{k_n n} \end{vmatrix}$$

$$= \sum_{(k_1, \ldots, k_n)} a_{1k_1} a_{2k_2} \cdots a_{nk_n} (-1)^{\delta(k_1, \cdots, k_n)} \begin{vmatrix} b_{11} & \cdots & b_{1n} \\ \vdots & & \vdots \\ b_{n1} & \cdots & b_{nn} \end{vmatrix}$$

$$= \begin{vmatrix} b_{11} & \cdots & b_{1n} \\ \vdots & & \vdots \\ b_{n1} & \cdots & b_{nn} \end{vmatrix} \begin{vmatrix} a_{11} & \cdots & a_{1n} \\ \vdots & & \vdots \\ a_{n1} & \cdots & a_{nn} \end{vmatrix} = |A||B| \qquad \square$$

[**7**] 転置行列

行列 $A = (a_{ij})$ に対して，行と列とを入れ替えた行列 (a_{ji}) を A の**転置行列**といって ${}^tA$ と表す．もう少しわかりやすく表示すると

$$A = \begin{pmatrix} a_{11} & \cdots & a_{1n} \\ a_{21} & \cdots & a_{2n} \\ \vdots & & \vdots \\ a_{m1} & \cdots & a_{mn} \end{pmatrix}, \quad {}^tA = \begin{pmatrix} a_{11} & a_{21} & \cdots & a_{m1} \\ \vdots & \vdots & & \vdots \\ a_{1n} & a_{2n} & \cdots & a_{mn} \end{pmatrix}$$

となる．つまり ${}^tA$ は A の $a_{11}, a_{22}, \ldots$ という斜めの線を回転軸として（空間内で）180° 回転させてできる行列で，A が $m \times n$ 行列であれば ${}^tA$ は $n \times m$ 行列である．例えば

$$A = \begin{pmatrix} 1 & 2 \\ 3 & 4 \\ 5 & 6 \end{pmatrix} \quad \text{に対して} \quad {}^tA = \begin{pmatrix} 1 & 3 & 5 \\ 2 & 4 & 6 \end{pmatrix}$$

である．2 回転置を行えば元に戻るので ${}^t({}^tA) = A$ である．

さて転置行列の行列式はどのようになるであろうか？

$$\begin{vmatrix} 1 & 3 & 4 \\ 5 & 2 & 7 \\ 6 & 9 & 8 \end{vmatrix} = 180 + 16 + 126 - 120 - 48 - 63 = 91$$

$$\begin{vmatrix} 1 & 5 & 6 \\ 3 & 2 & 9 \\ 4 & 7 & 8 \end{vmatrix} = 126 + 16 + 180 - 120 - 48 - 63 = 91$$

からも想像できるように

命題 2.9

転置しても行列式は変化しない．すなわち $|{}^tA| = |A|$

このことから [1]〜[4] にあげた行列式の行に関する性質は，すべて列に関する性質としても成り立つ．すなわち

[$1'$]　スカラー倍されている列：行列式は列の共通因子を括りだすことができる．

$$\begin{vmatrix} a_{11} & \cdots & \lambda a_{1j} & \cdots & a_{1n} \\ \vdots & & \vdots & & \vdots \\ \vdots & & \vdots & & \vdots \\ a_{n1} & \cdots & \lambda a_{nj} & \cdots & a_{nn} \end{vmatrix} = \lambda \begin{vmatrix} a_{11} & \cdots & a_{1j} & \cdots & a_{1n} \\ \vdots & & \vdots & & \vdots \\ \vdots & & \vdots & & \vdots \\ a_{n1} & \cdots & a_{nj} & \cdots & a_{nn} \end{vmatrix}$$

[$2'$]　和の形をしている列：和の列の成分は，それぞれ分けて 2 つの行列式の和に直すことができる．

$$\begin{vmatrix} a_{11} & \cdots & a_{1j}+a'_{1j} & \cdots & a_{1n} \\ \vdots & & \vdots & & \vdots \\ \vdots & & \vdots & & \vdots \\ a_{n1} & \cdots & a_{nj}+a'_{nj} & \cdots & a_{nn} \end{vmatrix}$$

$$= \begin{vmatrix} a_{11} & \cdots & a_{1j} & \cdots & a_{1n} \\ \vdots & & \vdots & & \vdots \\ \vdots & & \vdots & & \vdots \\ a_{n1} & \cdots & a_{nj} & \cdots & a_{nn} \end{vmatrix} + \begin{vmatrix} a_{11} & \cdots & a'_{1j} & \cdots & a_{1n} \\ \vdots & & \vdots & & \vdots \\ \vdots & & \vdots & & \vdots \\ a_{n1} & \cdots & a'_{nj} & \cdots & a_{nn} \end{vmatrix}$$

[$3'$]　列の入れ替え：列を入れ替えると行列式の符号が変わる．

$$\begin{vmatrix} a_{11} & \cdots & a_{1j} & \cdots & a_{1l} & \cdots & a_{1n} \\ \vdots & & \vdots & & \vdots & & \vdots \\ \vdots & & \vdots & & \vdots & & \vdots \\ a_{n1} & \cdots & a_{nj} & \cdots & a_{nl} & \cdots & a_{nn} \end{vmatrix} = - \begin{vmatrix} a_{11} & \cdots & a_{1l} & \cdots & a_{1j} & \cdots & a_{1n} \\ \vdots & & \vdots & & \vdots & & \vdots \\ \vdots & & \vdots & & \vdots & & \vdots \\ a_{n1} & \cdots & a_{nl} & \cdots & a_{nj} & \cdots & a_{nn} \end{vmatrix}$$

特に同じ成分をもつ 2 つの列があれば行列式は 0 である．

$$\begin{vmatrix} a_{11} & \cdots & a_{1j} & \cdots & a_{1j} & \cdots & a_{1n} \\ \vdots & & \vdots & & \vdots & & \vdots \\ \vdots & & \vdots & & \vdots & & \vdots \\ a_{n1} & \cdots & a_{nj} & \cdots & a_{nj} & \cdots & a_{nn} \end{vmatrix} = 0$$

[**4′**]　列の操作：第 l 列に第 j 列のスカラー倍を加えても行列式は不変．

$$\begin{vmatrix} a_{11} & \cdots & a_{1j} & \cdots & a_{1l}+\lambda a_{1j} & \cdots & a_{1n} \\ \vdots & & \vdots & & \vdots & & \vdots \\ \vdots & & \vdots & & \vdots & & \vdots \\ a_{n1} & \cdots & a_{nj} & \cdots & a_{nl}+\lambda a_{nj} & \cdots & a_{nn} \end{vmatrix}$$

$$= \begin{vmatrix} a_{11} & \cdots & a_{1j} & \cdots & a_{1l} & \cdots & a_{1n} \\ \vdots & & \vdots & & \vdots & & \vdots \\ \vdots & & \vdots & & \vdots & & \vdots \\ a_{n1} & \cdots & a_{nj} & \cdots & a_{nl} & \cdots & a_{nn} \end{vmatrix}$$

例 2.3　$\begin{vmatrix} 1 & -1 & 2 \\ 7 & 2 & 11 \\ 9 & -4 & 12 \end{vmatrix} = \begin{vmatrix} 1 & 0 & 0 \\ 7 & 9 & -3 \\ 9 & 5 & -6 \end{vmatrix}$ $\begin{pmatrix} \text{第 2 列に第 1 列を加える} \\ \text{第 3 列に第 1 列の 2 倍を} \\ \text{引く} \end{pmatrix}$　◇

▶ **注意**　（1）　基準列を決めれば同時に複数の列操作をしても良いが，操作する列が同時に操作される列になってはいけない．

（2）　列の操作をした後で行の操作をするなど，両者を混ぜても良い．

$$\begin{vmatrix} 1 & -1 & 2 \\ 7 & 2 & 11 \\ 9 & -4 & 12 \end{vmatrix} = \begin{vmatrix} 1 & 0 & 0 \\ 7 & 9 & -3 \\ 9 & 5 & -6 \end{vmatrix} = -3 \begin{vmatrix} 1 & 0 & 0 \\ 7 & 9 & 1 \\ 9 & 5 & 2 \end{vmatrix} = -3 \begin{vmatrix} 1 & 0 & 0 \\ 7 & 9 & 1 \\ -5 & -13 & 0 \end{vmatrix}$$

（3）　列の操作と行の操作とを同時にしてはいけない．

$$\begin{vmatrix} 1 & -1 & 2 \\ 7 & 2 & 11 \\ 9 & -4 & 12 \end{vmatrix} \neq \begin{vmatrix} 1 & 0 & 0 \\ 0 & 2+7+7 & 11-14-14 \\ 9 & -4+9 & 12-18 \end{vmatrix}$$

（第 2 列に第 1 列を加えて，第 3 列に第 1 列の 2 倍を引く操作をし，かつ，第 2 行に第 1 行の 7 倍を引く，という誤った操作をしている．）

[**命題 2.9 の証明**] $(1, \ldots, n)$ の順列 $(p_1, \ldots, p_n)$ に対して，組 $\begin{pmatrix} i \\ p_i \end{pmatrix}$ を並べた $\begin{pmatrix} 1 & 2 & \cdots & n \\ p_1 & p_2 & \cdots & p_n \end{pmatrix}$ を考える．組を保ったまま下段を並べ替えて整列させたものを $\begin{pmatrix} q_1 & q_2 & \cdots & q_n \\ 1 & 2 & \cdots & n \end{pmatrix}$ と表すと，上段に順列 $(q_1, \ldots, q_n)$ が得られる．このとき以下のように考えると

$$(2.1) \qquad (-1)^{\delta(p_1, \ldots, p_n)} = (-1)^{\delta(q_1, \ldots, q_n)}$$

が成り立つことがわかる．

$p_{i_1} = 1$ とする．$i_1 \neq 1$ であれば $\begin{pmatrix} i \\ p_1 \end{pmatrix}$ と $\begin{pmatrix} i_1 \\ p_{i_1} \end{pmatrix}$ とを入れ替えて

$$\begin{pmatrix} 1 & 2 & \cdots & i_1 & \cdots & n \\ p_1 & p_2 & \cdots & p_{i_1} & \cdots & p_n \end{pmatrix} \longrightarrow \begin{pmatrix} i_1 & 2 & \cdots & 1 & \cdots & n \\ p_{i_1} & p_2 & \cdots & p_1 & \cdots & p_n \end{pmatrix}$$

とすると，補題 2.1 から上段と下段の順列について

$$\begin{cases} (-1)^{\delta(i_1, 2, \ldots, n)} = (-1)(-1)^{\delta(1, \ldots, n)} = (-1), \\ (-1)^{\delta(1, p_2, \ldots, p_n)} = (-1)(-1)^{\delta(p_1, \ldots, p_n)} \end{cases}$$

が成り立つ．この操作を繰り返すと，上下の順列について同じ個数 K だけ (-1) が現れ

$$\begin{cases} (-1)^{\delta(q_1, \ldots, q_n)} = (-1)^K, \\ 1 = (-1)^{\delta(1, 2, \ldots, n)} = (-1)^K (-1)^{\delta(p_1, \ldots, p_n)} \end{cases}$$

と表示されることから (2.1) が成り立つ．

さて，$A = (a_{ij})$，${}^t A = (b_{ij})$ とすると $b_{ij} = a_{ji}$ である．

$$|{}^t A| = \sum_{(p_1, \ldots, p_n)} (-1)^{\delta(p_1, \ldots, p_n)} b_{1 p_1} \times \cdots \times b_{n p_n}$$

$$= \sum_{(p_1, \ldots, p_n)} (-1)^{\delta(p_1, \ldots, p_n)} a_{p_1 1} \times \cdots \times a_{p_n n}$$

$a_{p_i i}$ の積の順番を替えると

$$= \sum_{(q_1, \ldots, q_n)} (-1)^{\delta(p_1, \ldots, p_n)} a_{1 q_1} \times \cdots \times a_{n q_n} = |A| \qquad \square$$

§2.4 行列式の展開

前節で行列式の性質を学習したが，これらを利用して行列式の次数を下げて効率よく行列式を計算する方法を学習することにしよう．やはり具体例から始めることにすると

$$\begin{vmatrix} 2 & 0 & 0 \\ 1 & 3 & 4 \\ 6 & 8 & 5 \end{vmatrix} = 2(3 \times 5 - 8 \times 4) = 2\begin{vmatrix} 3 & 4 \\ 8 & 5 \end{vmatrix}$$

$$\begin{vmatrix} 0 & 7 & 0 \\ 1 & 3 & 4 \\ 6 & 8 & 5 \end{vmatrix} = 7(4 \times 6 - 1 \times 5) = 7\begin{vmatrix} 4 & 1 \\ 5 & 6 \end{vmatrix} = -7\begin{vmatrix} 1 & 4 \\ 6 & 5 \end{vmatrix}$$

$$\begin{vmatrix} 0 & 0 & 9 \\ 1 & 3 & 4 \\ 6 & 8 & 5 \end{vmatrix} = 9(1 \times 8 - 6 \times 3) = 9\begin{vmatrix} 1 & 3 \\ 6 & 8 \end{vmatrix}$$

のように0がたくさんあれば，3次の行列式と2次の行列式との間に関係があるようである．さらに前節の性質 [**2**]（または [**2′**]）を利用すれば

$$\begin{vmatrix} 2 & 7 & 9 \\ 1 & 3 & 4 \\ 6 & 8 & 5 \end{vmatrix} = \begin{vmatrix} 2+0+0 & 0+7+0 & 0+0+9 \\ 1 & 3 & 4 \\ 6 & 8 & 5 \end{vmatrix}$$

$$= \begin{vmatrix} 2 & 0 & 0 \\ 1 & 3 & 4 \\ 6 & 8 & 5 \end{vmatrix} + \begin{vmatrix} 0 & 7 & 0 \\ 1 & 3 & 4 \\ 6 & 8 & 5 \end{vmatrix} + \begin{vmatrix} 0 & 0 & 9 \\ 1 & 3 & 4 \\ 6 & 8 & 5 \end{vmatrix}$$

のようにして1つの行（または列）に0を増やすことが可能である．

このような方法でn次の行列式と$n-1$次の行列式とを関係づけるために，n次正方行列 $A = (a_{ij})$ の (i,j) 成分 a_{ij} に対してこの成分を含む行と列（つまり第i行と第j列）とを消した$n-1$次の行列式から計算される

$$A_{ij} = (-1)^{i+j} \begin{vmatrix} a_{11} & \cdots & a_{1\,j-1} & a_{1\,j} & a_{1\,j+1} & \cdots & a_{1n} \\ \vdots & & \vdots & \vdots & \vdots & & \vdots \\ a_{i-1\,1} & \cdots & a_{i-1\,j-1} & a_{i-1\,j} & a_{i-1\,j+1} & \cdots & a_{i-1\,n} \\ a_{i\,1} & \cdots & a_{i\,j-1} & a_{ij} & a_{i\,j+1} & \cdots & a_{i\,n} \\ a_{i+1\,1} & \cdots & a_{i+1\,j-1} & a_{i+1\,j} & a_{i+1\,j+1} & \cdots & a_{i+1\,n} \\ \vdots & & \vdots & \vdots & \vdots & & \vdots \\ a_{n1} & \cdots & a_{n\,j-1} & a_{n\,j} & a_{n\,j+1} & \cdots & a_{nn} \end{vmatrix}$$

を a_{ij} の**余因子**という．

例 2.4 $A = \begin{pmatrix} 2 & 7 & 9 \\ 1 & 3 & 4 \\ 6 & 8 & 5 \end{pmatrix}$ について

$$A_{12} = (-1)^3 \begin{vmatrix} 2 & 7 & 9 \\ 1 & 3 & 4 \\ 6 & 8 & 5 \end{vmatrix} = -\begin{vmatrix} 1 & 4 \\ 6 & 5 \end{vmatrix} = 19,$$

$$A_{22} = (-1)^4 \begin{vmatrix} 2 & 7 & 9 \\ 1 & 3 & 4 \\ 6 & 8 & 5 \end{vmatrix} = \begin{vmatrix} 2 & 9 \\ 6 & 5 \end{vmatrix} = -44,$$

$$A_{33} = (-1)^6 \begin{vmatrix} 2 & 7 & 9 \\ 1 & 3 & 4 \\ 6 & 8 & 5 \end{vmatrix} = \begin{vmatrix} 2 & 7 \\ 1 & 3 \end{vmatrix} = -1 \qquad \diamondsuit$$

余因子の符号を忘れやすいので気をつける必要がある．なお余因子の符号は，左上角の $(1,1)$ 成分の所から縦か横に動いて (i,j) 成分まで行く道を考

$$\begin{pmatrix} 2(+) & \to & 7(-) & & 9 \\ & & \downarrow & & \\ 1 & & 3(+) & & 4 \\ & & \downarrow & & \\ 6 & & 8(-) & \to & 5(+) \end{pmatrix}$$

えて，角から順次 $+,-,+,-,\ldots$ と割り当てればよい．例えば上の図式のようになっている．もちろんこの符号の付け方は道の選び方によらずに決まる．

問題 2.11 例 2.4 の行列の残りの余因子をすべて求めよ．

§2.4 行列式の展開

さて，はじめの例に戻ると

$$\begin{vmatrix} 2 & 7 & 9 \\ 1 & 3 & 4 \\ 6 & 8 & 5 \end{vmatrix} = 2\begin{vmatrix} 3 & 4 \\ 8 & 5 \end{vmatrix} - 7\begin{vmatrix} 1 & 4 \\ 6 & 5 \end{vmatrix} + 9\begin{vmatrix} 1 & 3 \\ 6 & 8 \end{vmatrix}$$

$$= 2(2 の余因子 A_{11}) + 7(7 の余因子 A_{12}) + 9(9 の余因子 A_{13})$$

のようになっている．一般に，前節の性質 [**2**], [**3**]（または[**2′**],[**3′**]）を利用することで，余因子を用いて行列式の次数を下げることができる．

命題 2.10

n 次正方行列 $A = (a_{ij})$ について

$$|A| = a_{i1}A_{i1} + a_{i2}A_{i2} + \cdots + a_{in}A_{in} \quad \text{（行に関する展開）}$$
$$= a_{1j}A_{1j} + a_{2j}A_{2j} + \cdots + a_{nj}A_{nj} \quad \text{（列に関する展開）}$$

このように行列式の次数を下げることを行列式の**余因子展開**という．

例 2.5 2列目に関する余因子展開をすると

$$\begin{vmatrix} 3 & 0 & 2 & 9 \\ 4 & 7 & 6 & 1 \\ -2 & 0 & 3 & 8 \\ 1 & 5 & -1 & 2 \end{vmatrix}$$

$$= -0\begin{vmatrix} 4 & 6 & 1 \\ -2 & 3 & 8 \\ 1 & -1 & 2 \end{vmatrix} + 7\begin{vmatrix} 3 & 2 & 9 \\ -2 & 3 & 8 \\ 1 & -1 & 2 \end{vmatrix} - 0\begin{vmatrix} 3 & 2 & 9 \\ 4 & 6 & 1 \\ 1 & -1 & 2 \end{vmatrix} + 5\begin{vmatrix} 3 & 2 & 9 \\ 4 & 6 & 1 \\ -2 & 3 & 8 \end{vmatrix}$$

◇

例 2.5 から 0 が多く入っている行か列で展開すれば行列式の計算は楽になることがわかるであろう．そこで行や列の操作（前節の性質 [**4**], [**4′**]）を行うことで，ある行か列に 0 を増やして行列式を計算しよう．

例 2.6 まず2行目と4行目とに3行目を加えることで

$$\begin{vmatrix} 2 & 5 & 0 & -1 \\ 1 & -4 & -1 & 3 \\ 1 & 6 & 1 & -1 \\ 1 & -2 & -1 & 5 \end{vmatrix} = \begin{vmatrix} 2 & 5 & 0 & -1 \\ 2 & 2 & 0 & 2 \\ 1 & 6 & 1 & -1 \\ 2 & 4 & 0 & 4 \end{vmatrix} = \begin{vmatrix} 2 & 5 & -1 \\ 2 & 2 & 2 \\ 2 & 4 & 4 \end{vmatrix} = 4\begin{vmatrix} 2 & 5 & -1 \\ 1 & 1 & 1 \\ 1 & 2 & 2 \end{vmatrix}$$

$$= 4\begin{vmatrix} 2 & 5 & -1 \\ 1 & 1 & 1 \\ -1 & 0 & 0 \end{vmatrix} = -4\begin{vmatrix} 5 & -1 \\ 1 & 1 \end{vmatrix} = -24 \qquad \diamondsuit$$

問題 2.12 次の行列式を求めよ．

(1) $\begin{vmatrix} 0 & 3 & 0 & 0 \\ 1 & 4 & 1 & 1 \\ 2 & 9 & 1 & 1 \\ 0 & 7 & 1 & 2 \end{vmatrix}$ 　　(2) $\begin{vmatrix} 3 & 0 & 1 & 0 \\ 1 & 4 & 2 & 5 \\ 1 & 0 & 1 & 1 \\ 4 & 3 & 3 & 2 \end{vmatrix}$ 　　(3) $\begin{vmatrix} 2 & 1 & 3 & 8 \\ 4 & 2 & 2 & 2 \\ 0 & 1 & 3 & 1 \\ -1 & 2 & 1 & 1 \end{vmatrix}$

[命題 2.10 の証明] 第 i 行に関する展開を考えよう．第 i 行と第 $i-1$ 行とを入れ替える．次に新しい第 $i-1$ 行と第 $i-2$ 行とを入れ替え，順次行の入れ替え操作を行い，第 i 行を第 1 行に移動させる．行を入れ替える度に符号が変わるから

$$\begin{vmatrix} a_{11} & \cdots & a_{1n} \\ \vdots & & \vdots \\ a_{n1} & \cdots & a_{nn} \end{vmatrix} = (-1)\begin{vmatrix} a_{11} & \cdots\cdots & a_{1n} \\ \vdots & & \vdots \\ a_{i-2\,1} & \cdots\cdots & a_{i-2\,n} \\ a_{i1} & \cdots\cdots & a_{in} \\ a_{i-1\,1} & \cdots\cdots & a_{i-1\,n} \\ a_{i+1\,1} & \cdots\cdots & a_{i+1\,n} \\ \vdots & & \vdots \\ a_{n1} & \cdots\cdots & a_{nn} \end{vmatrix}$$

$$= \cdots = (-1)^{i-1}\begin{vmatrix} a_{i1} & \cdots\cdots & a_{in} \\ a_{11} & \cdots\cdots & a_{1n} \\ \vdots & & \vdots \\ a_{i-1\,1} & \cdots\cdots & a_{i-1\,n} \\ a_{i+1\,1} & \cdots\cdots & a_{i+1\,n} \\ \vdots & & \vdots \\ a_{n1} & \cdots\cdots & a_{nn} \end{vmatrix}$$

§2.4 行列式の展開

次に一般に前節の性質 [2] により

$$
\begin{vmatrix} b_{11} & \cdots & b_{1n} \\ \vdots & & \vdots \\ b_{n1} & \cdots & b_{nn} \end{vmatrix}
$$

$$
= \begin{vmatrix} b_{11} & 0 & \cdots & 0 \\ b_{21} & \cdot & \cdots & b_{2n} \\ \vdots & & \vdots \\ b_{n1} & \cdot & \cdots & b_{nn} \end{vmatrix} + \begin{vmatrix} 0 & b_{12} & 0 & \cdots & 0 \\ b_{21} & \cdot & \cdot & \cdots & b_{2n} \\ \vdots & & & & \vdots \\ b_{n1} & \cdot & \cdot & \cdots & b_{nn} \end{vmatrix} + \cdots + \begin{vmatrix} 0 & \cdots & 0 & b_{1n} \\ b_{21} & \cdots & \cdot & b_{2n} \\ \vdots & & & \vdots \\ b_{n1} & \cdots & \cdot & b_{nn} \end{vmatrix}
$$

であり，列の入れ替えを順次行うことで

$$
\begin{vmatrix} 0 & \cdots & 0 & b_{1j} & 0 & \cdots & 0 \\ b_{21} & \cdots & b_{2\,j-1} & b_{2j} & b_{2\,j+1} & \cdots & b_{2n} \\ \vdots & & \vdots & \vdots & \vdots & & \vdots \\ b_{n1} & \cdots & b_{n\,j-1} & b_{nj} & b_{n\,j+1} & \cdots & b_{nn} \end{vmatrix}
$$

$$
= (-1) \begin{vmatrix} 0 & \cdots & b_{1j} & 0 & 0 & \cdots & 0 \\ b_{21} & \cdots & b_{2j} & b_{2\,j-1} & b_{2\,j+1} & \cdots & b_{2n} \\ \vdots & & \vdots & \vdots & \vdots & & \vdots \\ b_{n1} & \cdots & b_{nj} & b_{n\,j-1} & b_{n\,j+1} & \cdots & b_{nn} \end{vmatrix} = \cdots
$$

$$
= (-1)^{j-1} \begin{vmatrix} b_{1j} & 0 & \cdots & 0 \\ b_{2j} & b_{21} & \cdots & b_{2n} \\ \vdots & & & \vdots \\ b_{nj} & b_{n1} & \cdots & b_{nn} \end{vmatrix}
$$

さらに，$(1, \ldots, n-1)$ の順列 $(q_1, \ldots, q_{n-1})$ と $(1, \ldots, n)$ の順列 $(1, q_1+1, \ldots, q_{n-1}+1)$ とに関して，転倒数は

$$\delta(q_1, \ldots, q_{n-1}) = \delta(1, q_1+1, \ldots, q_{n-1}+1)$$

となることから

$$\begin{vmatrix} c_{11} & 0 & \cdots & 0 \\ c_{21} & \cdot & \cdots & c_{2n} \\ \vdots & & & \vdots \\ c_{n1} & \cdot & \cdots & c_{nn} \end{vmatrix} = \sum_{(p_1,\ldots,p_n)} (-1)^{\delta(p_1,\ldots,p_n)} c_{1p_1} \times \cdots \times c_{np_n}$$

$$= \sum_{(1,p_2,\ldots,p_n)} (-1)^{\delta(1,p_2,\ldots,p_n)} c_{11} \times c_{2p_2} \times \cdots \times c_{np_n}$$

$$= c_{11} \begin{vmatrix} c_{22} & \cdots & c_{2n} \\ \vdots & & \vdots \\ c_{n2} & \cdots & c_{nn} \end{vmatrix}$$

これらを合わせると

$$|A| = a_{i1}A_{i1} + a_{i2}A_{i2} + \cdots + a_{in}A_{in}$$

が得られる．転置行列を考えれば列に関する展開も示される． □

§2.5 逆行列

余因子展開を利用して，§1.4 で宿題とした逆行列をもつための条件に対する解答を与えることにしよう．前節での余因子展開を思い出すと

$$\begin{vmatrix} a & b & c \\ 1 & 8 & 5 \\ 6 & 3 & 2 \end{vmatrix} = a\begin{vmatrix} 8 & 5 \\ 3 & 2 \end{vmatrix} - b\begin{vmatrix} 1 & 5 \\ 6 & 2 \end{vmatrix} + c\begin{vmatrix} 1 & 8 \\ 6 & 3 \end{vmatrix}$$

であるから，この展開式を逆に見て

$$4\begin{vmatrix} 8 & 5 \\ 3 & 2 \end{vmatrix} - 7\begin{vmatrix} 1 & 5 \\ 6 & 2 \end{vmatrix} + 9\begin{vmatrix} 1 & 8 \\ 6 & 3 \end{vmatrix} = \begin{vmatrix} 4 & 7 & 9 \\ 1 & 8 & 5 \\ 6 & 3 & 2 \end{vmatrix}$$

のように展開されていたものを元に戻すこともできる．では a, b, c として別の行の数字をもってきたらどうなるであろう．

$$6\begin{vmatrix} 8 & 5 \\ 3 & 2 \end{vmatrix} - 3\begin{vmatrix} 1 & 5 \\ 6 & 2 \end{vmatrix} + 2\begin{vmatrix} 1 & 8 \\ 6 & 3 \end{vmatrix} = \begin{vmatrix} 6 & 3 & 2 \\ 1 & 8 & 5 \\ 6 & 3 & 2 \end{vmatrix}$$

このようにまとめたものは同じ成分をもつ2つの行ベクトルをもつことになるから，値は0になることがわかる．

一般に，正方行列 $A = (a_{ij})$ について命題 2.10 を使うと

$$a_{i1}A_{i1} + a_{i2}A_{i2} + \cdots + a_{in}A_{in} = |A|$$

であるが，成分 a_{**} と余因子 A_{**} との番号が揃っていないとき，つまり $k \neq i$ として

$$a_{i1}A_{k1} + a_{i2}A_{k2} + \cdots + a_{in}A_{kn}$$

を考えると，これは第 k 行に $(a_{i1}, \ldots, a_{in})$ がある行列の行列式を展開した式になることから，まとめた行列式は同じ行ベクトルを複数をもつことになり

$$a_{i1}A_{k1} + a_{i2}A_{k2} + \cdots + a_{in}A_{kn} = \begin{array}{c} \\ \\ i\rangle \\ \\ k\rangle \\ \\ \end{array}\begin{vmatrix} a_{11} & \cdots & \cdots & a_{1n} \\ \vdots & & & \vdots \\ a_{i1} & \cdots & \cdots & a_{in} \\ \vdots & & & \vdots \\ a_{i1} & \cdots & \cdots & a_{in} \\ \vdots & & & \vdots \\ a_{n1} & \cdots & \cdots & a_{nn} \end{vmatrix} = 0$$

となる．この考察は列に対して行っても同じであるから

命題 2.11

$$a_{i1}A_{k1} + a_{i2}A_{k2} + \cdots + a_{in}A_{kn} = \begin{cases} |A|, & k = i, \\ 0, & k \neq i \end{cases}$$

$$a_{1j}A_{1l} + a_{2j}A_{2l} + \cdots + a_{nj}A_{nl} = \begin{cases} |A|, & l = j, \\ 0, & l \neq j \end{cases}$$

ここで 3 次正方行列について調べてみよう.

$$A = \begin{pmatrix} a_{11} & a_{12} & a_{13} \\ a_{21} & a_{22} & a_{23} \\ a_{31} & a_{32} & a_{33} \end{pmatrix}, \quad B = \begin{pmatrix} A_{11} & A_{21} & A_{31} \\ A_{12} & A_{22} & A_{32} \\ A_{13} & A_{23} & A_{33} \end{pmatrix}$$

とする. ただし A_{ij} は A の a_{ij} に対する余因子とする. 並び方に関して

$$(a_{11} \ a_{12} \ a_{13}), \quad \begin{pmatrix} A_{11} \\ A_{12} \\ A_{13} \end{pmatrix}$$

と, 横になっているものが縦に変わっている点に注意しよう. AB を計算すると

$$\begin{aligned} AB &= \begin{pmatrix} a_{11}A_{11}+a_{12}A_{12}+a_{13}A_{13} & a_{11}A_{21}+a_{12}A_{22}+a_{13}A_{23} & a_{11}A_{31}+a_{12}A_{32}+a_{13}A_{33} \\ a_{21}A_{11}+a_{22}A_{12}+a_{23}A_{13} & a_{21}A_{21}+a_{22}A_{22}+a_{23}A_{23} & a_{21}A_{31}+a_{22}A_{32}+a_{23}A_{33} \\ a_{31}A_{11}+a_{32}A_{12}+a_{33}A_{13} & a_{31}A_{21}+a_{32}A_{22}+a_{33}A_{23} & a_{31}A_{31}+a_{32}A_{32}+a_{33}A_{33} \end{pmatrix} \\ &= \begin{pmatrix} |A| & 0 & 0 \\ 0 & |A| & 0 \\ 0 & 0 & |A| \end{pmatrix} = |A| \begin{pmatrix} 1 & 0 & 0 \\ 0 & 1 & 0 \\ 0 & 0 & 1 \end{pmatrix} \end{aligned}$$

同じように計算してみると

$$BA = |A| \begin{pmatrix} 1 & 0 & 0 \\ 0 & 1 & 0 \\ 0 & 0 & 1 \end{pmatrix}$$

となることから, $|A| \neq 0$ であれば A は正則で

$$A^{-1} = \frac{1}{|A|} \begin{pmatrix} A_{11} & A_{21} & A_{31} \\ A_{12} & A_{22} & A_{32} \\ A_{13} & A_{23} & A_{33} \end{pmatrix}$$

である.

2 次正方行列の逆行列について振り返ってみると

$$A = \begin{pmatrix} a_{11} & a_{12} \\ a_{21} & a_{22} \end{pmatrix}$$

について $|A| \neq 0$ であれば

$$A^{-1} = \frac{1}{|A|} \begin{pmatrix} a_{22} & -a_{12} \\ -a_{21} & a_{11} \end{pmatrix}$$

であったが

$$A_{11} = a_{22}, \quad A_{12} = -a_{21}, \quad A_{21} = -a_{12}, \quad A_{22} = a_{11}$$

であることから

$$A^{-1} = \frac{1}{|A|} \begin{pmatrix} A_{11} & A_{21} \\ A_{12} & A_{22} \end{pmatrix}$$

とも表現されていることになるので，3次の場合も2次正則行列の逆行列と同じ形式で表されていることがわかる．

一般の場合も命題 2.11 を利用することで次が得られる．

定理 2.1 （逆転公式）

n 次正方行列 A が正則であるための必要十分条件は $|A| \neq 0$ であり，このとき

$$A^{-1} = \frac{1}{|A|} \begin{pmatrix} A_{11} & A_{21} & \cdots & A_{n1} \\ A_{12} & A_{22} & \cdots & A_{n2} \\ \vdots & \vdots & & \vdots \\ A_{1n} & A_{2n} & \cdots & A_{nn} \end{pmatrix}$$

である．特に，A が正則であれば $|A^{-1}| = \dfrac{1}{|A|}$ である．

[証明] A が正則であれば $AA^{-1} = E$ となることから

$$1 = |E| = |AA^{-1}| = |A|\,|A^{-1}|$$

より $|A| \neq 0$ であり，$|A^{-1}| = \dfrac{1}{|A|}$ であることがわかる．

一方, $|A| \neq 0$ であれば, $B = \dfrac{1}{|A|}(A_{ij})$ とおくと

$$AB = \frac{1}{|A|} \begin{pmatrix} \sum_{l=1}^{n} a_{1l}A_{1l} & \cdots & \sum_{l=1}^{n} a_{1l}A_{nl} \\ \vdots & \ddots & \vdots \\ \sum_{l=1}^{n} a_{nl}A_{1l} & \cdots & \sum_{l=1}^{n} a_{nl}A_{nl} \end{pmatrix} = \frac{1}{|A|} \begin{pmatrix} |A| & 0 & \cdots & 0 \\ 0 & \ddots & \ddots & \vdots \\ \vdots & \ddots & \ddots & 0 \\ 0 & \cdots & 0 & |A| \end{pmatrix}$$

同じように計算すると $BA = E$ となり A は正則であり $B = A^{-1}$ となることがわかる. □

例 2.7

$$A = \begin{pmatrix} 1 & 2 & 1 \\ -1 & 0 & 1 \\ 3 & 4 & 5 \end{pmatrix}$$

について

$$|A| = 8, \quad A_{11} = -4, \quad A_{12} = 8, \quad A_{13} = -4, \quad A_{21} = -6,$$
$$A_{22} = 2, \quad A_{23} = 2, \quad A_{31} = 2, \quad A_{32} = -2, \quad A_{33} = 2$$

であるから

$$A^{-1} = \frac{1}{8} \begin{pmatrix} -4 & -6 & 2 \\ 8 & 2 & -2 \\ -4 & 2 & 2 \end{pmatrix} = \frac{1}{4} \begin{pmatrix} -2 & -3 & 1 \\ 4 & 1 & -1 \\ -2 & 1 & 1 \end{pmatrix} \qquad \diamondsuit$$

問題 2.13 次の行列は正則か, 正則であればその逆行列を求めよ (a は定数).

(1) $\begin{pmatrix} 2 & 0 & 1 \\ 1 & 1 & 1 \\ 1 & 2 & 1 \end{pmatrix}$ (2) $\begin{pmatrix} 1 & 0 & 1 \\ 2 & 3 & 2 \\ 2 & 1 & 2 \end{pmatrix}$ (3) $\begin{pmatrix} 1 & 2 & 3 \\ 3 & 4 & 8 \\ 0 & 2 & 1 \end{pmatrix}$

(4) $\begin{pmatrix} 2 & 3 & 5 \\ 1 & 2 & 6 \\ 4 & 7 & 2 \end{pmatrix}$ (5) $\begin{pmatrix} a & 1 & 0 \\ 0 & 1 & a \\ a & 0 & 1 \end{pmatrix}$ (6) $\begin{pmatrix} 0 & 1 & 0 & 0 \\ 1 & 1 & 1 & 1 \\ 1 & 0 & 2 & 0 \\ 0 & 2 & 1 & 0 \end{pmatrix}$

演習問題

A2.1 次の行列式の値を求めよ.

(1) $\begin{vmatrix} -3 & 8 & 4 \\ 3 & 2 & 1 \\ 1 & -2 & -1 \end{vmatrix}$
(2) $\begin{vmatrix} 15 & 5 & 70 \\ 0 & 8 & 14 \\ -6 & 4 & 0 \end{vmatrix}$
(3) $\begin{vmatrix} 1 & 2 & 3 & 4 \\ 2 & 3 & 4 & 5 \\ 3 & 4 & 5 & 6 \\ 4 & 5 & 6 & 7 \end{vmatrix}$

(4) $\begin{vmatrix} 1000 & 1002 & 999 \\ 999 & 998 & 1001 \\ 999 & 1001 & 998 \end{vmatrix}$
(5) $\begin{vmatrix} 1 & 1 & 1 & 1 & 1 \\ 1 & 2 & 2 & 2 & 2 \\ 1 & 2 & 4 & 4 & 4 \\ 1 & 2 & 4 & 7 & 7 \\ 1 & 2 & 4 & 7 & 11 \end{vmatrix}$

(6) $\begin{vmatrix} 2 & 1 & 3 & 1 \\ 1 & 0 & 1 & 1 \\ 0 & 2 & 1 & 0 \\ 0 & 1 & 2 & 3 \end{vmatrix}$
(7) $\begin{vmatrix} 1 & 1 & 1 & -3 \\ 1 & 1 & -3 & 1 \\ 1 & -3 & 1 & 1 \\ -3 & 1 & 1 & 1 \end{vmatrix}$

(8) $\begin{vmatrix} 0 & 0 & 1 & 2 \\ 0 & 1 & 0 & 5 \\ 7 & 3 & 0 & 0 \\ 4 & 0 & 1 & 0 \end{vmatrix}$
(9) $\begin{vmatrix} 2 & 7 & 6 & 5 \\ 1 & 1 & 3 & 2 \\ 4 & 7 & 2 & 6 \\ 1 & 5 & 3 & 4 \end{vmatrix}$
(10) $\begin{vmatrix} 5 & 2 & 8 & 7 \\ 2 & 1 & 3 & 2 \\ 7 & 2 & 4 & 9 \\ 2 & 3 & 4 & 1 \end{vmatrix}$

(11) $\begin{vmatrix} 5 & 6 & 2 & 9 \\ 3 & 1 & 4 & 1 \\ 5 & 8 & 5 & 3 \\ 9 & 3 & 9 & 7 \end{vmatrix}$
(12) $\begin{vmatrix} 1 & 1 & 1 & 1 & 0 \\ 1 & 1 & 1 & 0 & 1 \\ 1 & 1 & 0 & 1 & 1 \\ 1 & 0 & 1 & 1 & 1 \\ 0 & 1 & 1 & 1 & 1 \end{vmatrix}$

A2.2 次の n 次正方行列の行列式の値を求めよ.

(1) $\begin{vmatrix} 0 & \cdots & \cdots & 0 & 1 \\ \vdots & & \ddots & 1 & 0 \\ \vdots & & \ddots & & \vdots \\ 0 & 1 & \ddots & & \vdots \\ 1 & 0 & \cdots & \cdots & 0 \end{vmatrix}$
(2) $\begin{vmatrix} 1 & n & n & \cdots & n \\ n & 2 & n & \cdots & n \\ n & n & 3 & & n \\ \vdots & \vdots & & \ddots & \vdots \\ n & n & n & \cdots & n \end{vmatrix}$

(3) $\begin{vmatrix} 1 & 1 & 1 & 1 & \cdots & 1 \\ 1 & 2 & 2 & 2 & \cdots & 2 \\ 1 & 2 & 3 & 3 & \cdots & 3 \\ 1 & 2 & 3 & 4 & \cdots & 4 \\ \vdots & \vdots & \vdots & \vdots & \ddots & \vdots \\ 1 & 2 & 3 & 4 & \cdots & n \end{vmatrix}$
(4) $\begin{vmatrix} a+b & a & \cdots & a \\ a & a+b & \ddots & \vdots \\ \vdots & \ddots & \ddots & a \\ a & \cdots & a & a+b \end{vmatrix}$

A2.3 次の行列式を因数分解せよ.

(1) $\begin{vmatrix} 1 & ab & a+b \\ 1 & bc & b+c \\ 1 & ca & c+a \end{vmatrix}$
(2) $\begin{vmatrix} 0 & a & b & c \\ a & 0 & c & b \\ b & c & 0 & a \\ c & b & a & 0 \end{vmatrix}$

(3) $\begin{vmatrix} a & b & b & b \\ b & a & b & b \\ b & b & a & b \\ b & b & b & a \end{vmatrix}$
(4) $\begin{vmatrix} x & y & 1 & 1 \\ y & x & 1 & 1 \\ 1 & 1 & x & y \\ 1 & 1 & y & x \end{vmatrix}$

A2.4 次の等式を示せ.

(1) $\begin{vmatrix} 1 & 1 & 1 & 1 \\ x & y & z & w \\ x^2 & y^2 & z^2 & w^2 \\ x^3 & y^3 & z^3 & w^3 \end{vmatrix} = (x-y)(x-z)(x-w)(y-z)(y-w)(z-w)$

(2) $\begin{vmatrix} 1+x^2 & x & 0 & 0 \\ x & 1+x^2 & x & 0 \\ 0 & x & 1+x^2 & x \\ 0 & 0 & x & 1+x^2 \end{vmatrix} = 1+x^2+x^4+x^6+x^8$

A2.5 3次以上の正方行列 A の各列が等差数列であるとき $|A|=0$ を示せ.

A2.6 正方行列が次の性質を満たすとき,その行列式の値を求めよ.

(1) $A^2 = A$ (2) $A^3 = A$ (3) ${}^t\!AA = E$

A2.7 次の行列が非正則になるように x の値を定めよ.

(1) $\begin{pmatrix} x+2 & 2x+5 & 3x+8 \\ 2x+1 & 3x+4 & 4x+7 \\ 3x+2 & 4x+5 & 7x+10 \end{pmatrix}$ (2) $\begin{pmatrix} a & b & x \\ b & 2a+b & 2x \\ x & 2x & 3a+3b \end{pmatrix}$

A2.8 次の行列は正則か．正則であればその逆行列を求めよ．ただし a は定数．

(1) $\begin{pmatrix} 1 & 1 & 0 \\ 2 & 4 & 1 \\ -1 & 5 & 3 \end{pmatrix}$ (2) $\begin{pmatrix} 3 & 1 & 4 \\ 1 & 5 & 9 \\ 2 & 6 & 5 \end{pmatrix}$ (3) $\begin{pmatrix} 4 & 3 & -1 \\ -2 & 5 & 1 \\ 7 & 1 & -2 \end{pmatrix}$

(4) $\begin{pmatrix} \sin^2\alpha & \sin^2\beta & \sin^2\gamma \\ \cos^2\alpha & \cos^2\beta & \cos^2\gamma \\ 1 & 1 & 1 \end{pmatrix}$ (5) $\begin{pmatrix} a & 1 & 0 \\ 1 & a & 1 \\ 0 & 1 & a \end{pmatrix}$

B2.1 次の n 次正方行列の行列式の値を求めよ．(5) は $n \geqq 3$ とする．なお，記述を省略されている成分はすべて 0 とする．

(1) $\begin{vmatrix} 1+x^2 & x & & & \\ x & \ddots & \ddots & & \\ & \ddots & \ddots & x & \\ & & x & 1+x^2 \end{vmatrix}$ (2) $\begin{vmatrix} 2 & 1 & 0 & \cdots & 0 \\ 1 & 2 & 1 & \ddots & \vdots \\ 0 & \ddots & \ddots & \ddots & 0 \\ \vdots & \ddots & 1 & 2 & 1 \\ 0 & \cdots & 0 & 1 & 2 \end{vmatrix}$

(3) $\begin{vmatrix} 1 & 1 & \cdots & 1 \\ -1 & 3 & & \\ & \ddots & \ddots & \\ & & -1 & 3 \end{vmatrix}$ (4) $\begin{vmatrix} 1 & 1 & 0 & \cdots & 0 \\ 1 & 1 & 1 & \ddots & \vdots \\ 0 & \ddots & \ddots & \ddots & 0 \\ \vdots & \ddots & 1 & 1 & 1 \\ 0 & \cdots & 0 & 1 & 1 \end{vmatrix}$

(5) $\begin{vmatrix} a & a & \cdots & a & 1 \\ 0 & a & \cdots & a & a \\ \vdots & \ddots & \ddots & \vdots & \vdots \\ 0 & \cdots & 0 & a & a \\ 1 & 0 & \cdots & 0 & a \end{vmatrix}$ (6) $\begin{vmatrix} 1 & 2 & 3 & \cdots & n \\ 1^2 & 2^2 & 3^2 & \cdots & n^2 \\ 1^3 & 2^3 & 3^3 & \cdots & n^3 \\ \vdots & \vdots & \vdots & & \vdots \\ 1^n & 2^n & 3^n & \cdots & n^n \end{vmatrix}$

B2.2 （1） 座標平面 $\mathbb{R}^2$ において異なる 2 点 (x_1, y_1), (x_2, y_2) を通る直線は

$$\begin{vmatrix} x & y & 1 \\ x_1 & y_1 & 1 \\ x_2 & y_2 & 1 \end{vmatrix} = 0$$

で与えられることを確かめよ．

（2） 座標空間 $\mathbb{R}^3$ において同一直線上にはない 3 点 (x_1, y_1, z_1), (x_2, y_2, z_3), (x_3, y_3, z_3) を通る平面の方程式を求めよ．

B2.3 n 次正方行列 $A = (a_{ij})$ の余因子 A_{ij} を成分とする行列 (A_{ij}) を**余因子行列**という．このとき次の等式が成り立つことを示せ（ヤコビの等式）．

（1） $\begin{vmatrix} A_{11} & \cdots & A_{1n} \\ \vdots & & \vdots \\ A_{n1} & \cdots & A_{nn} \end{vmatrix} = |A|^{n-1}$ （2） $\begin{vmatrix} A_{22} & \cdots & A_{2n} \\ \vdots & & \vdots \\ A_{n2} & \cdots & A_{nn} \end{vmatrix} = a_{11}|A|^{n-2}$

B2.4 n 次正方行列 $A = (a_{ij})$ に対して対角成分の和

$$\mathrm{trace}(A) = a_{11} + a_{22} + \cdots + a_{nn}$$

を**トレース**という．A, B を n 次正方行列，λ を実数としたとき，次を確かめよ．

（1） $\mathrm{trace}(\lambda A) = \lambda \, \mathrm{trace}(A)$

（2） $\mathrm{trace}(A + B) = \mathrm{trace}(A) + \mathrm{trace}(B)$

（3） $\mathrm{trace}(AB) = \mathrm{trace}(BA)$

（4） $\mathrm{trace}(B^{-1}AB) = \mathrm{trace}(A)$ （B は正則）

B2.5 ${}^tA = -A$ をみたす正方行列を**交代行列**という．奇数次の交代行列の行列式は 0 であることを示せ．

B2.6 (m, n) 型行列 A と (n, p) 型行列 B について ${}^t(AB) = {}^tB\,{}^tA$ であることを示せ．

C2.1 すべての成分が整数である正則な行列 A について，A の逆行列 A^{-1} のすべての成分が整数であるための必要十分条件は $|A|$ の絶対値が 1 であることを示せ．

第3章

連立1次方程式

前章で正則な行列の逆行列の公式を余因子展開を用いて求めたが，ここでもう一度，逆行列の定義に戻って考えてみよう．行列

$$A = \begin{pmatrix} 1 & 8 & 5 \\ 4 & 7 & 9 \\ 6 & 3 & 2 \end{pmatrix}$$

は $|A| = 205\ (\neq 0)$ であるから正則である．

$$A^{-1} = \begin{pmatrix} x & x' & x'' \\ y & y' & y'' \\ z & z' & z'' \end{pmatrix}$$

とおくと $AA^{-1} = E$ であるから，連立1次方程式

$$\begin{cases} x + 8y + 5z = 1 \\ 4x + 7y + 9z = 0 \\ 6x + 3y + 2z = 0 \end{cases} \quad \begin{cases} x' + 8y' + 5z' = 0 \\ 4x' + 7y' + 9z' = 1 \\ 6x' + 3y' + 2z' = 0 \end{cases} \quad \begin{cases} x'' + 8y'' + 5z'' = 0 \\ 4x'' + 7y'' + 9z'' = 0 \\ 6x'' + 3y'' + 2z'' = 1 \end{cases}$$

を解けばよいことになる．

ここで3組に分けた連立1次方程式を見ると，その左辺は未知数の記号が (x, y, z) から (x', y', z') や (x'', y'', z'') に代わっているだけで，同じ構造をしていることがわかる．しかもこれらは，その成り立ちからわかるように

$$A \begin{pmatrix} x \\ y \\ z \end{pmatrix} = \begin{pmatrix} 1 \\ 0 \\ 0 \end{pmatrix}, \quad A \begin{pmatrix} x' \\ y' \\ z' \end{pmatrix} = \begin{pmatrix} 0 \\ 1 \\ 0 \end{pmatrix}, \quad A \begin{pmatrix} x'' \\ y'' \\ z'' \end{pmatrix} = \begin{pmatrix} 0 \\ 0 \\ 1 \end{pmatrix}$$

のように行列を使って表すことができる．未知数に関しては記号をいろいろ置き換えることを考慮すると，これらの連立 1 次方程式は，左辺の行列 A と右辺の列ベクトルの情報があれば十分である．そこでこの章では，連立 1 次方程式を行列の立場から考察することにしよう．

一般に $x_1, x_2, \ldots, x_n$ を未知数とする連立 1 次方程式

$$(3.1) \quad \begin{cases} a_{11}x_1 + a_{12}x_2 + \cdots + a_{1n}x_n = b_1 \\ a_{21}x_1 + a_{22}x_2 + \cdots + a_{2n}x_n = b_2 \\ \quad\quad\quad\quad \vdots \\ a_{m1}x_1 + a_{m2}x_2 + \cdots + a_{mn}x_n = b_m \end{cases}$$

に対して

$$A = \begin{pmatrix} a_{11} & a_{12} & \cdots & a_{1n} \\ a_{21} & a_{22} & \cdots & a_{2n} \\ \vdots & \vdots & & \vdots \\ a_{m1} & a_{m2} & \cdots & a_{mn} \end{pmatrix}, \quad \boldsymbol{b} = \begin{pmatrix} b_1 \\ b_2 \\ \vdots \\ b_m \end{pmatrix}, \quad \boldsymbol{x} = \begin{pmatrix} x_1 \\ x_2 \\ \vdots \\ x_n \end{pmatrix}$$

とおくと，連立 1 次方程式 (3.1) は

$$(3.2) \quad\quad\quad\quad A\boldsymbol{x} = \boldsymbol{b}$$

と表すことができる．このとき A をこの連立 1 次方程式の**係数行列**といい，また

$$\hat{A} = (A, \boldsymbol{b}) = \begin{pmatrix} a_{11} & a_{12} & \cdots & a_{1n} & b_1 \\ a_{21} & a_{22} & \cdots & a_{2n} & b_2 \\ \vdots & \vdots & & \vdots & \vdots \\ a_{m1} & a_{m2} & \cdots & a_{mn} & b_m \end{pmatrix}$$

を**拡大係数行列**という．連立 1 次方程式の情報はすべて拡大係数行列によって与えられるので，拡大係数行列の性質と連立 1 次方程式の解の様子とは密接に関連している．

§3.1 正則な連立1次方程式

高等学校までは未知数と方程式の個数とが同じ場合を主に扱ってきたので，まず $m = n$ つまり係数行列が正方行列である場合を扱うことにしよう．

連立1次方程式 $A\bm{x} = \bm{b}$ について，係数行列 A が正方行列で正則であるとき，この連立1次方程式は**正則**であるという．この場合，方程式 (3.2) の両辺に A の逆行列を掛けることで

$$A^{-1}A\bm{x} = A^{-1}\bm{b} \quad \text{より} \quad \bm{x} = A^{-1}\bm{b}$$

のように解を求めることができる．すなわち，

命題 3.1

正則な連立1次方程式 $A\bm{x} = \bm{b}$ は $\bm{x} = A^{-1}\bm{b}$ をただ1つの解とする．

例 3.1 連立1次方程式

$$\begin{cases} 3x - y - z = 7 \\ -x + 3y - z = 3 \\ -x - y + 3z = -1 \end{cases}$$

について，係数行列

$$A = \begin{pmatrix} 3 & -1 & -1 \\ -1 & 3 & -1 \\ -1 & -1 & 3 \end{pmatrix}$$

は，

$$|A| = \begin{vmatrix} 1 & 1 & 1 \\ -1 & 3 & -1 \\ -1 & -1 & 3 \end{vmatrix} = \begin{vmatrix} 1 & 1 & 1 \\ 0 & 4 & 0 \\ 0 & 0 & 4 \end{vmatrix} = 16 \, (\neq 0)$$

であるから，正則である．

$$A^{-1} = \frac{1}{4}\begin{pmatrix} 2 & 1 & 1 \\ 1 & 2 & 1 \\ 1 & 1 & 2 \end{pmatrix} \text{ であるから } \begin{pmatrix} x \\ y \\ z \end{pmatrix} = A^{-1}\begin{pmatrix} 7 \\ 3 \\ -1 \end{pmatrix} = \begin{pmatrix} 4 \\ 3 \\ 2 \end{pmatrix} \quad \diamondsuit$$

問題 3.1 次の連立 1 次方程式を係数行列の逆行列を使って解を求めよ．

(1) $\begin{cases} x - 2y + z = 4 \\ -x + 3y + 2z = 3 \\ 2x - 5y + 3z = 9 \end{cases}$ (2) $\begin{cases} 2x + y - 3z = 1 \\ x + 2y + z = 1 \\ -x - 3y + 2z = 8 \end{cases}$

逆行列を使って連立 1 次方程式の解を与えたが，この解をもう少し具体的に表示してみよう．まず正則な 3 元 1 次方程式

$$A\boldsymbol{v} = \boldsymbol{b}; \quad A = \begin{pmatrix} a_{11} & a_{12} & a_{13} \\ a_{21} & a_{22} & a_{23} \\ a_{31} & a_{32} & a_{33} \end{pmatrix}, \quad \boldsymbol{b} = \begin{pmatrix} b_1 \\ b_2 \\ b_3 \end{pmatrix}, \quad \boldsymbol{v} = \begin{pmatrix} x \\ y \\ z \end{pmatrix}$$

について

$$A^{-1}\boldsymbol{b} = \frac{1}{|A|} \begin{pmatrix} A_{11} & A_{21} & A_{31} \\ A_{12} & A_{22} & A_{32} \\ A_{13} & A_{23} & A_{33} \end{pmatrix} \begin{pmatrix} b_1 \\ b_2 \\ b_3 \end{pmatrix}$$

$$= \frac{1}{|A|} \begin{pmatrix} b_1 A_{11} + b_2 A_{21} + b_3 A_{31} \\ b_1 A_{12} + b_2 A_{22} + b_3 A_{32} \\ b_1 A_{13} + b_2 A_{23} + b_3 A_{33} \end{pmatrix}$$

であるから，命題 2.10 を利用すると

$$x = \frac{1}{|A|}(b_1 A_{11} + b_2 A_{21} + b_3 A_{31}) = \frac{1}{|A|} \begin{vmatrix} b_1 & a_{12} & a_{13} \\ b_2 & a_{22} & a_{23} \\ b_3 & a_{32} & a_{33} \end{vmatrix}$$

$$y = \frac{1}{|A|}(b_1 A_{12} + b_2 A_{22} + b_3 A_{32}) = \frac{1}{|A|} \begin{vmatrix} a_{11} & b_1 & a_{13} \\ a_{21} & b_2 & a_{23} \\ a_{31} & b_3 & a_{33} \end{vmatrix}$$

$$z = \frac{1}{|A|}(b_1 A_{13} + b_2 A_{23} + b_3 A_{33}) = \frac{1}{|A|} \begin{vmatrix} a_{11} & a_{12} & b_1 \\ a_{21} & a_{22} & b_2 \\ a_{31} & a_{32} & b_3 \end{vmatrix}$$

となる．つまり x を求めるときは x の係数列ベクトルをベクトル $\boldsymbol{b}$ に置き換えた行列の行列式を使って，y を求めるときは y の係数列ベクトルを $\boldsymbol{b}$ に置き換えた行列の行列式を使って，という具合に計算すればよい．

§3.1 正則な連立1次方程式

例 3.2 連立1次方程式

$$\begin{pmatrix} 2 & 3 & 4 \\ 1 & -1 & 1 \\ 5 & 2 & 3 \end{pmatrix} \begin{pmatrix} x \\ y \\ z \end{pmatrix} = \begin{pmatrix} 1 \\ 6 \\ 5 \end{pmatrix}$$

について,

$$\begin{vmatrix} 2 & 3 & 4 \\ 1 & -1 & 1 \\ 5 & 2 & 3 \end{vmatrix} = 24 \quad \text{であるから,} \quad x = \frac{1}{24} \begin{vmatrix} 1 & 3 & 4 \\ 6 & -1 & 1 \\ 5 & 2 & 3 \end{vmatrix} = \frac{24}{24} = 1,$$

$$y = \frac{1}{24} \begin{vmatrix} 2 & 1 & 4 \\ 1 & 6 & 1 \\ 5 & 5 & 3 \end{vmatrix} = \frac{-72}{24} = -3, \quad z = \frac{1}{24} \begin{vmatrix} 2 & 3 & 1 \\ 1 & -1 & 6 \\ 5 & 2 & 5 \end{vmatrix} = \frac{48}{24} = 2 \quad \diamond$$

一般に正則な連立1次方程式 $A\boldsymbol{x} = \boldsymbol{b}$ の解に関して A の逆行列を余因子を用いて表すと

$$\boldsymbol{x} = A^{-1}\boldsymbol{b} = \frac{1}{|A|} \begin{pmatrix} A_{11} & \cdots & A_{n1} \\ \vdots & & \vdots \\ A_{1n} & \cdots & A_{nn} \end{pmatrix} \begin{pmatrix} b_1 \\ \vdots \\ b_n \end{pmatrix} = \frac{1}{|A|} \begin{pmatrix} \sum_{i=1}^{n} A_{i1}b_i \\ \vdots \\ \sum_{i=1}^{n} A_{in}b_i \end{pmatrix}$$

となることから,命題 2.10 により次の**クラーメルの公式**が得られる.

命題 3.2（クラーメルの公式）

正則な連立1次方程式 $A\boldsymbol{x} = \boldsymbol{b}$ はただ1つの解をもち,その解は

$$x_i = \frac{1}{|A|} \begin{vmatrix} a_{11} & \cdots & a_{1\,i-1} & \overset{i}{\smile} \\ \vdots & & \vdots & b_1 & a_{1\,i+1} & \cdots & a_{1n} \\ \vdots & & \vdots & \vdots & \vdots & & \vdots \\ a_{n1} & \cdots & a_{n\,i-1} & b_n & a_{n\,i+1} & \cdots & a_{nn} \end{vmatrix} \quad (i = 1, 2, \ldots, n)$$

として与えられる.

問題 3.2 次の連立 1 次方程式をクラーメルの公式により解け.

(1) $\begin{cases} 3x + 2y + z = 5 \\ 4x - y + 2z = 1 \\ -x + 3y + z = -2 \end{cases}$
(2) $\begin{cases} x - y + w = 3 \\ 2x + z - w = 5 \\ -x + y + 2z = 0 \\ 3y + 4z + 2w = -3 \end{cases}$

ここで命題 3.1 をもう一度考察してみよう. 定数項がすべて 0 である連立 1 次方程式, つまり (3.2) において $\boldsymbol{b} = \boldsymbol{0}$ で $A\boldsymbol{x} = \boldsymbol{0}$ と表される連立 1 次方程式は**同次**であるといわれる. 形からわかるように, この方程式は $\boldsymbol{x} = \boldsymbol{0}$ を解とする. これを同次連立 1 次方程式の**自明な解**という.

命題 3.3 （消去の原理）

係数行列が正方行列である同次連立 1 次方程式 $A\boldsymbol{x} = \boldsymbol{0}$ が自明ではない解をもつための必要十分条件は, 係数行列 A が正則ではないこと, つまり $|A| = 0$ となることである.

系 3.1

連立 1 次方程式

$$\begin{cases} a_{11}x_1 + \cdots + a_{1\,n-1}x_{n-1} + a_{1n} = 0 \\ \phantom{a_{11}x_1 + \cdots} \cdots\cdots\cdots\cdots \\ a_{n1}x_1 + \cdots + a_{n\,n-1}x_{n-1} + a_{nn} = 0 \end{cases}$$

の解があれば, 正方行列 $A = (a_{ij})$ は正則ではない.

問題 3.3 x, y に関する連立 1 次方程式

$$\begin{cases} ax + b(x-1) + c(x-y) = 0 \\ a(y-1) + by + c(y-x) = 0 \\ a(1-y) + b(1-x) + c = 0 \end{cases}$$

が解をもつとき, 係数 a, b, c が満たす関係式を調べよ.

§3.2　行基本変形

前節では正則な連立1次方程式の解を逆行列を利用して求めたが，中学校以来習ってきた方法とは異なっている．そこで我々がよく知っているやり方を見つめてみよう．後のために対応する拡大係数行列を横に書いておこう．

連立1次方程式

$$\begin{cases} x + y + 2z = 6 & \cdots\cdots ① \\ 2x + y + z = 3 & \cdots\cdots ② \\ x + 2y - 2z = 1 & \cdots\cdots ③ \end{cases} \qquad \begin{pmatrix} 1 & 1 & 2 & 6 \\ 2 & 1 & 1 & 3 \\ 1 & 2 & -2 & 1 \end{pmatrix} \begin{matrix} \cdots\cdots ① \\ \cdots\cdots ② \\ \cdots\cdots ③ \end{matrix}$$

を解くために，例えば ② − ① × 2 や ③ − ① により x を消去して

$$\begin{cases} \text{省略} & \cdots\cdots ① \\ -y - 3z = -9 & \cdots\cdots ④ \\ y - 4z = -5 & \cdots\cdots ⑤ \end{cases} \qquad \begin{pmatrix} 1 & 1 & 2 & 6 \\ 0 & -1 & -3 & -9 \\ 0 & 1 & -4 & -5 \end{pmatrix} \begin{matrix} \cdots\cdots ① \\ \cdots\cdots ④ \\ \cdots\cdots ⑤ \end{matrix}$$

これよりさらに1つの未知数 y を消去するために ⑤ + ④ として

$$\begin{cases} \text{省略} & \cdots\cdots ① \\ \text{省略} & \cdots\cdots ④ \\ -7z = -14 & \end{cases} \qquad \begin{pmatrix} 1 & 1 & 2 & 6 \\ 0 & -1 & -3 & -9 \\ 0 & 0 & -7 & -14 \end{pmatrix}$$

すなわち，少し整理をして

$$\begin{cases} \text{省略} & \cdots\cdots ① \\ y + 3z = 9 & \cdots\cdots ④' \\ z = 2 & \cdots\cdots ⑥ \end{cases} \qquad \begin{pmatrix} 1 & 1 & 2 & 6 \\ 0 & 1 & 3 & 9 \\ 0 & 0 & 1 & 2 \end{pmatrix} \begin{matrix} \cdots\cdots ① \\ \cdots\cdots ④' \\ \cdots\cdots ⑥ \end{matrix}$$

したがって，④' に ⑥ を代入して，つまり ④' − ⑥ × 3 として

$$\begin{cases} \text{省略} & \cdots\cdots ① \\ y = 3 & \cdots\cdots ⑦ \\ z = 2 & \cdots\cdots ⑥ \end{cases} \qquad \begin{pmatrix} 1 & 1 & 2 & 6 \\ 0 & 1 & 0 & 3 \\ 0 & 0 & 1 & 2 \end{pmatrix} \begin{matrix} \cdots\cdots ① \\ \cdots\cdots ⑦ \\ \cdots\cdots ⑥ \end{matrix}$$

最後に ⑥, ⑦ を ① に代入して，つまり ① − ⑥ × 2 − ⑦ より

$$\begin{cases} x = -1 \\ y = 3 \\ z = 2 \end{cases} \qquad \begin{pmatrix} 1 & 0 & 0 & -1 \\ 0 & 1 & 0 & 3 \\ 0 & 0 & 1 & 2 \end{pmatrix}$$

を得た．

連立1次方程式を解くときは，変形しない式については改めて表示せずに計算するが，後でその変形しなかった式を利用するので，その式も含めて拡大係数行列として表現した行列を見てみよう．縦に行列の変化を眺めると，拡大係数行列の行の和や定数倍という操作をしていることがわかるであろう．

この例を参考にして，以下の行列に関する3つの操作

(I) 第 i 行を λ ($\neq 0$) 倍する

(II) 第 i 行に第 k 行を加える

(III) 第 i 行と第 k 行とを入れ替える

を**行基本変形**という．なお (I), (II) の操作を組み合わせた

(IV) 第 i 行に第 k 行の λ 倍を加える

も考える．この操作 (IV) においてはもちろん $\lambda = 0$ であってもよい．

行基本変形は，実は特別な形の行列を掛けることと同じことになる．$m \times n$ 行列 A に対して，4つの正則な m 次正方行列

$$P_i^{\mathrm{I}}(\lambda) = \begin{pmatrix} 1 & & & & & & \\ & \ddots & & & & & \\ & & 1 & & & & \\ & & & \lambda & \cdots\cdots\cdots & & \\ & & & & 1 & & \\ & & & \vdots & & \ddots & \\ & & & & & & 1 \end{pmatrix} \begin{matrix} \\ \\ \\ \langle i \\ \\ \\ \end{matrix}, \quad P_{ik}^{\mathrm{II}} = \begin{pmatrix} 1 & & & & & & \\ & \ddots & & & & & \\ & & 1 & \cdots & 1 & \cdots\cdots & \\ & & \vdots & \ddots & \vdots & & \\ & & & & 1 & \cdots\cdots & \\ & & & & & \ddots & \\ & & & & & & 1 \end{pmatrix} \begin{matrix} \\ \\ \langle i \\ \\ \langle k \\ \\ \end{matrix},$$

$$P_{ik}^{\mathrm{III}} = \begin{pmatrix} 1 & & & & & & \\ & \ddots & & & & & \\ & & 1 & & & & \\ & & & 0 & \cdots & 1 & \cdots\cdots \\ & & & \vdots & \ddots & \vdots & \\ & & & 1 & \cdots & 0 & \\ & & & & & & 1 \\ & & & & & & \ddots \\ & & & & & & & 1 \end{pmatrix} \begin{matrix} \\ \\ \\ \langle i \\ \\ \langle k \\ \\ \end{matrix}, \quad P_{ik}^{\mathrm{IV}}(\lambda) = \begin{pmatrix} 1 & & & & & & \\ & \ddots & & & & & \\ & & 1 & \cdots & \lambda & \cdots\cdots & \\ & & \vdots & \ddots & \vdots & & \\ & & & & 1 & & \\ & & & & & \ddots & \\ & & & & & & 1 \end{pmatrix} \begin{matrix} \\ \\ \langle i \\ \\ \langle k \\ \\ \end{matrix}$$

を考えると，(I), (II), (III), (IV) の行基本変形はそれぞれ $P_i^{\mathrm{I}}(\lambda) A$, $P_{ik}^{\mathrm{II}} A$, $P_{ik}^{\mathrm{III}} A$, $P_{ik}^{\mathrm{IV}}(\lambda) A$ を計算することと同じである．

§3.2 行基本変形

では，この行基本変形という操作をしてどのような行列に変形すれば連立1次方程式は見やすい形になるのであろうか？ もう少し複雑な連立1次方程式で見てみることにしよう．

$$\begin{cases} 0x + 2y + 5z + 2w - 2s = 4 \\ 0x + 4y + 9z + 6w - 7s = -1 \\ 0x + y + 2z + 2w - 3s = -2 \\ 0x - 3y - 8z - 2w + 2s = -11 \end{cases} \Longleftrightarrow \begin{pmatrix} 0 & 2 & 5 & 2 & -2 & 4 \\ 0 & 4 & 9 & 6 & -7 & -1 \\ 0 & 1 & 2 & 2 & -3 & -2 \\ 0 & -3 & -8 & -2 & 2 & -11 \end{pmatrix}$$

を考えると，情報が全くない（つまり係数が 0 になっている）x については調べる術はないからそのままにして，情報がある y から始める．$2y$ の情報より y の情報の方がありがたく，また複数の式に y の情報がまたがっていない方がよいから，y を消去すると

$$\downarrow$$

$$\begin{pmatrix} 0 & 1 & 2 & 2 & -3 & -2 \\ 0 & 4 & 9 & 6 & -7 & -1 \\ 0 & 2 & 5 & 2 & -2 & 4 \\ 0 & -3 & -8 & -2 & 2 & -11 \end{pmatrix}$$

$$\downarrow$$

$$\begin{cases} y + 2z + 2w - 3s = -2 \\ \quad z - 2w + 5s = 7 \\ \quad z - 2w + 4s = 8 \\ \quad -2z + 4w - 7s = -17 \end{cases} \Longleftrightarrow \begin{pmatrix} 0 & 1 & 2 & 2 & -3 & -2 \\ 0 & 0 & 1 & -2 & 5 & 7 \\ 0 & 0 & 1 & -2 & 4 & 8 \\ 0 & 0 & -2 & 4 & -7 & -17 \end{pmatrix}$$

次のステップとして y の情報を除いた3式から同じ考えで z の消去を行うと

$$\downarrow$$

$$\begin{cases} y + 2z + 2w - 3s = -2 \\ \quad z - 2w + 5s = 7 \\ \quad -s = 1 \\ \quad 3s = -3 \end{cases} \Longleftrightarrow \begin{pmatrix} 0 & 1 & 2 & 2 & -3 & -2 \\ 0 & 0 & 1 & -2 & 5 & 7 \\ 0 & 0 & 0 & 0 & -1 & 1 \\ 0 & 0 & 0 & 0 & 3 & -3 \end{pmatrix}$$

z の情報は2番目の式に集約して最初の式から z を消去すると

$$
\begin{cases} y +6w-13s=-16 \\ z-2w+5s=7 \\ -s=1 \\ 3s=-3 \end{cases} \Longleftrightarrow \begin{pmatrix} 0 & 1 & 0 & 6 & -13 & -16 \\ 0 & 0 & 1 & -2 & 5 & 7 \\ 0 & 0 & 0 & 0 & -1 & 1 \\ 0 & 0 & 0 & 0 & 3 & -3 \end{pmatrix}
$$

さらに s についてこれらのステップと同じように考えると

$$
\downarrow
$$

$$
\begin{pmatrix} 0 & 1 & 0 & 6 & -13 & -16 \\ 0 & 0 & 1 & -2 & 5 & 7 \\ 0 & 0 & 0 & 0 & 1 & -1 \\ 0 & 0 & 0 & 0 & 3 & -3 \end{pmatrix}
$$

$$
\downarrow
$$

$$
\begin{cases} y+6w=-29 \\ z-2w=12 \\ s=-1 \\ 0=0 \end{cases} \Longleftrightarrow \begin{pmatrix} 0 & 1 & 0 & 6 & 0 & -29 \\ 0 & 0 & 1 & -2 & 0 & 12 \\ 0 & 0 & 0 & 0 & 1 & -1 \\ 0 & 0 & 0 & 0 & 0 & 0 \end{pmatrix}
$$

ここで左側の方程式を見てもわかるように，これ以上連立 1 次方程式を簡単にすることはできない．なお，この連立 1 次方程式は無限個の解をもち，$x=a$, $w=b$（a,b は定数）と任意に定めると

$$
x=a, \quad y=-29-6b, \quad z=12+2b, \quad w=b, \quad s=-1
$$

という解になる．そこで行列を連立方程式と考えて，これ以上単純にはできない形の行列を目標に行基本変形を行うことにしよう．最後に現れた行列を見ると 1 を端にする階段ができていることがわかるであろう．このような形の行列を **階段行列** という．もう少し正確に述べると，零行列ではない $m \times n$ 行列が階段行列であるとは，次の 4 つの性質を満たすように $1 \leqq r \leqq m$ である r と $1 \leqq q_1 < q_2 < \cdots < q_r \leqq n$ である数列 $\{q_i\}_{i=1}^r$ を選ぶことができることをいう．

(1) 第 q_i 列は
$$\boldsymbol{e}_i = \begin{pmatrix} 0 \\ \vdots \\ 1 \\ \vdots \\ 0 \end{pmatrix} \langle i$$

(2) 第 $1, 2, \ldots, q_1 - 1$ 列は $\boldsymbol{0}$

(3) 第 $q_i + 1, \ldots, q_{i+1} - 1$ 列は $i+1$ 行以下の成分がすべて 0：
$$\begin{pmatrix} * \\ \vdots \\ * \\ 0 \\ \vdots \\ 0 \end{pmatrix} \langle i+1$$

(4) 第 $q_r + 1, \ldots, n$ 列は r 行以下の成分がすべて 0

ただし，条件 (3) のベクトルの成分 $*$ はどのような数字でもよいことを意味する．ここに現れる r を階段行列の**階数**といい，また $(q_1, q_2, \ldots, q_r)$ を階段行列の**型**という．前ページの連立 1 次方程式に対応させて拡大係数行列を変形してできた階段行列の場合，階数は $r = 3$，型は $(2, 3, 5)$ である．

一般の階段行列を書くと次のようになる．

$$\begin{pmatrix} 0 \cdots 0 & \overset{q_1}{1} & * \cdots * & \overset{q_2}{0} & * \cdots * & \overset{q_3}{0} & \star \cdots \star & \cdots & \overset{q_r}{0} & * \cdots * \\ & & & 1 & * \cdots * & 0 & \star \cdots \star & & 0 & * \cdots * \\ & & & & & 1 & \star \cdots \star & & 0 & * \cdots * \\ & & & & & & \ddots & \vdots & \vdots & \vdots \\ & \left(\begin{array}{l}\text{記号を略した部分} \\ \text{はすべて 0 である}\end{array}\right) & & & & & \star & 0 & * \cdots * \\ & & & & & & & & 1 & * \cdots * \end{pmatrix}$$

すでに2つの例を見てきたので，おおよそのところ，階段行列に変形する方法を捉えることができているであろうが，ここで階段行列に変形するための一般的な方法を述べておくことにする．

$m \times n$ 行列 A が与えられている．

[**ステップ1**]　$\mathbf{0}$ ではない最初の列ベクトルが第 q_1 列ベクトルであるとする．
　（a）行基本変形により $(1, q_1)$ 成分を 1 にする．
　（b）行基本変形によりこの 1 の下，つまり (i, q_1) 成分 $(i \geqq 2)$ を 0 にする．

$$A \longrightarrow \begin{pmatrix} 0 \cdots 0 & \overset{q_1}{1} & * \cdots * \\ 0 \cdots 0 & \sharp & \\ \vdots & \vdots & \vdots & \widehat{B} \\ 0 \cdots 0 & * & \end{pmatrix} \longrightarrow A' = \begin{pmatrix} 0 \cdots 0 & 1 & * \cdots * \\ 0 \cdots 0 & 0 & \\ \vdots & \vdots & \vdots & B \\ 0 \cdots 0 & 0 & \end{pmatrix}$$

[**ステップ2**]　$(m-1) \times (n-q_1)$ 行列 B について [ステップ1] の操作を行う．つまり B の $\mathbf{0}$ ではない最初の列ベクトルが，A を変形した行列 A' における第 q_2 列ベクトルの一部分にあたる．
　（a）A' を変形して $(2, q_2)$ 成分を 1 にする．
　（b）この 1 の下，つまり (i, q_2) 成分 $(i \geqq 3)$ を 0 にする．

$$A' \longrightarrow \begin{pmatrix} 0 \cdots 0 & 1 & * \cdots * & \overset{q_2}{\sharp} & * \cdots * \\ 0 \cdots 0 & 0 & 0 \cdots 0 & 1 & * \cdots * \\ 0 \cdots 0 & 0 & 0 \cdots 0 & 0 & \\ \vdots & \vdots & \vdots & \vdots & \vdots & C \\ 0 \cdots 0 & 0 & 0 \cdots 0 & 0 & \end{pmatrix}$$

以下 C に対して同様に考えて操作を繰り返す．

$$\begin{pmatrix} 0 \cdots 0 & 1 & * \cdots * & \sharp & * \cdots * & \sharp & \star \cdots \star & \sharp & * \cdots * \\ & & & 1 & * \cdots * & \sharp & \star \cdots \star & \sharp & * \cdots * \\ & & & & & 1 & \star \cdots \star & \sharp & * \cdots * \\ & & & & & & \ddots & \vdots & \vdots & \vdots \\ & \begin{pmatrix} \text{記号を略した部分} \\ \text{はすべて 0 である} \end{pmatrix} & & & & & \star & \sharp & * \cdots * \\ & & & & & & & 1 & * \cdots * \end{pmatrix}$$

[**ステップ 3**]　1 になっている (j, q_j) 成分の上の $\sharp$ も 0 にする．

このように考えると行列の変形に関して次のことがわかる．

定理 3.1

任意の行列は，有限回の操作により階段行列に変形できる．

例題 3.1　次の行列を階段行列に変形せよ．

$$A = \begin{pmatrix} 2 & 3 & -4 & 3 \\ 1 & 2 & -1 & 1 \\ 3 & 8 & 1 & 4 \end{pmatrix}, \quad B = \begin{pmatrix} 2 & -1 & 4 & -2 \\ 2 & 1 & 8 & 3 \\ 3 & 0 & 9 & 5 \end{pmatrix}$$

[解]

$$A \to \begin{pmatrix} 1 & 2 & -1 & 1 \\ 2 & 3 & -4 & 3 \\ 3 & 8 & 1 & 4 \end{pmatrix} \to \begin{pmatrix} 1 & 2 & -1 & 1 \\ 0 & -1 & -2 & 1 \\ 0 & 2 & 4 & 1 \end{pmatrix} \to \begin{pmatrix} 1 & 2 & -1 & 1 \\ 0 & -1 & -2 & 1 \\ 0 & 0 & 0 & 3 \end{pmatrix}$$

$$\to \begin{pmatrix} 1 & 2 & -1 & 1 \\ 0 & 1 & 2 & -1 \\ 0 & 0 & 0 & 1 \end{pmatrix} \to \begin{pmatrix} 1 & 2 & -1 & 0 \\ 0 & 1 & 2 & 0 \\ 0 & 0 & 0 & 1 \end{pmatrix} \to \begin{pmatrix} 1 & 0 & -5 & 0 \\ 0 & 1 & 2 & 0 \\ 0 & 0 & 0 & 1 \end{pmatrix},$$

$$B \to \begin{pmatrix} 2 & -1 & 4 & -2 \\ 2 & 1 & 8 & 3 \\ 1 & 1 & 5 & 7 \end{pmatrix} \to \begin{pmatrix} 1 & 1 & 5 & 7 \\ 2 & 1 & 8 & 3 \\ 2 & -1 & 4 & -2 \end{pmatrix} \to \begin{pmatrix} 1 & 1 & 5 & 7 \\ 0 & -1 & -2 & -11 \\ 0 & -3 & -6 & -16 \end{pmatrix}$$

$$\to \begin{pmatrix} 1 & 1 & 5 & 7 \\ 0 & 1 & 2 & 11 \\ 0 & 0 & 0 & 1 \end{pmatrix} \to \begin{pmatrix} 1 & 1 & 5 & 0 \\ 0 & 1 & 2 & 0 \\ 0 & 0 & 0 & 1 \end{pmatrix} \to \begin{pmatrix} 1 & 0 & 3 & 0 \\ 0 & 1 & 2 & 0 \\ 0 & 0 & 0 & 1 \end{pmatrix} \quad \square$$

[テクニック]　　階段の 1 を作るのに
(1)　割り算はなるべく避け，分数成分を回避する
(2)　p, q が互いに素であれば $\lambda p + \mu q = 1$ となる整数 λ, μ があるので利用する．

定理 3.2

行基本変形を行ってできる階段行列について，その階数や型は行基本変形の方法によらない．

問題 3.4　次の行列を階段行列に変形せよ．

(1)　$\begin{pmatrix} 2 & -4 & -1 & -5 \\ 1 & -2 & -1 & -4 \\ -3 & 6 & 2 & 9 \end{pmatrix}$
(2)　$\begin{pmatrix} 2 & 3 & 1 & 5 \\ 5 & 7 & 4 & 9 \\ 4 & 5 & 5 & 3 \end{pmatrix}$

(3)　$\begin{pmatrix} 2 & 1 & -1 & -2 & 7 & 1 \\ 1 & 1 & -2 & -1 & 4 & 3 \\ 2 & -1 & 5 & -5 & -1 & 1 \\ 1 & 0 & 1 & -2 & 1 & 1 \end{pmatrix}$
(4)　$\begin{pmatrix} 99 & 98 & 97 \\ 54 & 55 & 56 \\ 27 & 28 & 29 \end{pmatrix}$

§3.3　行列の階数

前節で階段行列に対して階数を定義したが，階数とは何を表すのであろうか．この節では一般の行列に対して階数を再考察することにしよう．この節に限って階段行列としての階数を敢えて階段数ということにする．

$m \times n$ 行列 $A = (a_{ij})$ が与えられているとき，$1 \leqq r \leqq \min\{m, n\}$ である r に対して，まず r 個の行を選び $r \times n$ 行列を作り，さらにそこから r 個の列を選ぶことで r 次正方行列を作る．すなわち $i_1, i_2, \ldots, i_r$ と $j_1, j_2, \ldots, j_r$ を $1 \leqq i_1 < \cdots < i_r \leqq m$, $1 \leqq j_1 < \cdots < j_r \leqq n$ を満たすように選び

§3.3 行列の階数

$$\Delta \begin{pmatrix} i_1, \ldots, i_r \\ j_1, \ldots, j_r \end{pmatrix} = \begin{pmatrix} a_{i_1 j_1} & \cdots & a_{i_1 j_r} \\ \vdots & & \vdots \\ a_{i_r j_1} & \cdots & a_{i_r j_r} \end{pmatrix}$$

と定める．この正方行列の行列式 $\left|\Delta \begin{pmatrix} i_1, \ldots, i_r \\ j_1, \ldots, j_r \end{pmatrix}\right|$ を A の r 次の**小行列式**の1つであるという．

例 3.3 3×4 行列

$$\begin{pmatrix} 1 & 2 & 6 & -3 \\ -2 & 3 & 0 & 5 \\ 4 & -1 & 8 & 9 \end{pmatrix}$$

について

(1) 1次の小行列式は各成分

$$1,\ 2,\ 6,\ -3,\ -2,\ 3,\ 0,\ 5,\ 4,\ -1,\ 8,\ 9$$

のことである．

(2) 2次の小行列式は，3行の中から2行を選び4列の中から2列を選んだ行列の行列式で ${}_3C_2 \times {}_4C_2 = 18$ 個ある．その内のいくつかを挙げると

$$\left|\Delta \begin{pmatrix} 1,2 \\ 1,2 \end{pmatrix}\right| = \begin{vmatrix} 1 & 2 \\ -2 & 3 \end{vmatrix},\ \left|\Delta \begin{pmatrix} 1,2 \\ 1,3 \end{pmatrix}\right| = \begin{vmatrix} 1 & 6 \\ -2 & 0 \end{vmatrix},\ \left|\Delta \begin{pmatrix} 1,2 \\ 2,4 \end{pmatrix}\right| = \begin{vmatrix} 2 & -3 \\ 3 & 5 \end{vmatrix}$$

のことである．

(3) 3次の小行列式は，1つの列を除いてできる正方行列の行列式で

$$\left|\Delta \begin{pmatrix} 1,2,3 \\ 1,2,3 \end{pmatrix}\right| = \begin{vmatrix} 1 & 2 & 6 \\ -2 & 3 & 0 \\ 4 & -1 & 8 \end{vmatrix},\ \left|\Delta \begin{pmatrix} 1,2,3 \\ 1,2,4 \end{pmatrix}\right| = \begin{vmatrix} 1 & 2 & -3 \\ -2 & 3 & 5 \\ 4 & -1 & 9 \end{vmatrix}$$

など4つある．

(4) 4次以上の小行列式は考えられない． ◇

零行列ではない行列 A について

(i) A の r 次の小行列式の中に 1 つは値が 0 ではないものがある．

(ii) $r+1 > \min\{m, n\}$ であるか，$r+1 \leqq s \leqq \min\{m, n\}$ である s について A の s 次の小行列式の値はすべて 0 である．

という性質を満たす自然数 r を見つけることができるが，この r を A の**階数**といい $\mathrm{rank}(A)$ と表す．また零行列 O については $\mathrm{rank}(O) = 0$ と約束する．したがって特に n 次正則行列の階数は n である．

例 3.4 （1）
$$A = \begin{pmatrix} 2 & 3 & 1 \\ 1 & 6 & 2 \end{pmatrix}$$
について $\begin{vmatrix} 2 & 3 \\ 1 & 6 \end{vmatrix} = 9 \ (\neq 0)$ であるから $\mathrm{rank}(A) = 2$．

（2）
$$B = \begin{pmatrix} 1 & 2 & 3 \\ 2 & 4 & 6 \end{pmatrix}$$
について，第 2 行ベクトルは第 1 行ベクトルの 2 倍になっていることからわかるように，2 次の小行列式はすべて 0 になり，0 ではない成分をもつことから $\mathrm{rank}(B) = 1$ である．

（3）
$$C = \begin{pmatrix} 2 & 3 & 1 & 5 \\ 1 & 6 & 2 & -3 \\ 3 & 9 & 3 & 2 \end{pmatrix}$$
について

$$\begin{vmatrix} 2 & 3 & 1 \\ 1 & 6 & 2 \\ 3 & 9 & 3 \end{vmatrix} = \begin{vmatrix} 2 & 3 & 5 \\ 1 & 6 & -3 \\ 3 & 9 & 2 \end{vmatrix} = \begin{vmatrix} 2 & 1 & 5 \\ 1 & 2 & -3 \\ 3 & 3 & 2 \end{vmatrix} = \begin{vmatrix} 3 & 1 & 5 \\ 6 & 2 & -3 \\ 9 & 3 & 2 \end{vmatrix} = 0$$

かつ
$$\begin{vmatrix} 2 & 3 \\ 1 & 6 \end{vmatrix} = 9 \ (\neq 0)$$

であるから $\mathrm{rank}(C) = 2$ となる．　　　　　　　　　　　　　　◇

§3.3 行列の階数

問題 3.5 次の行列について，小行列式を調べることで階数を求めよ．

（1） $\begin{pmatrix} 3 & 0 & 3 & 1 \\ 1 & 2 & 3 & -1 \\ 0 & 1 & 5 & 1 \end{pmatrix}$

（2） $\begin{pmatrix} 4 & -1 & 2 \\ -8 & 2 & -4 \end{pmatrix}$

（3） $\begin{pmatrix} 4 & -1 & 2 \\ -8 & 2 & 3 \end{pmatrix}$

（4） $\begin{pmatrix} 2 & 1 & 1 \\ 6 & 3 & 3 \\ 8 & 4 & 4 \end{pmatrix}$

階数の意味を標語的に述べると，行列の中に隠れている正則行列の最大次数ということができる．零行列は正則行列から最も対極の位置にあると考えると，階数は"正則性"の程度を測った量ということができる．しかし上の例でもわかるように，具体例に対して階数を小行列式を使って調べるのはたいへんである．ところで階段行列の場合，階段をなす 1 の行と列とをとりだすと

$$\begin{pmatrix} 1 & 3 & 0 & 0 & 9 \\ 0 & 0 & 1 & 0 & 5 \\ 0 & 0 & 0 & 1 & 2 \\ 0 & 0 & 0 & 0 & 0 \end{pmatrix} \rightsquigarrow \begin{pmatrix} 1 & 0 & 0 \\ 0 & 1 & 0 \\ 0 & 0 & 1 \end{pmatrix}$$

のように単位行列になり，これより大きい次数の小行列式は構成できてもかならず零行ベクトルを含んで 0 になる．すなわち

命題 3.4

階段行列の階数は階段数（階段行列の階数）に一致する．

[証明]

$$A = \begin{pmatrix} 0 \cdots 0 & 1 & * \cdots * & 0 & * \cdots * & 0 & \star \cdots \star & 0 & * \cdots * \\ & & & 1 & * \cdots * & 0 & \star \cdots \star & 0 & * \cdots * \\ & & & & & 1 & \star \cdots \star & 0 & * \cdots * \\ & & & & & & \ddots & \vdots & \vdots & \vdots \\ & & & & & & & \star & 0 & * \cdots * \\ & & & & & & & & 1 & * \cdots * \end{pmatrix} \}\langle r$$

（記号を略した部分はすべて 0 である）

列の位置: $p_1, p_2, p_3, \ldots, p_r$

について，第 1 行から第 r 行までと第 $p_1, p_2, \ldots, p_r$ 列とを取り出した r 次正方行列 $\Delta\binom{1,\ldots,r}{p_1,\ldots,p_r}$ は単位行列であり，$r+1 \leqq \min\{m, n\}$ のとき第 $r+1$ 行ベクトルは 0 ベクトルになっているわけであるから $\mathrm{rank}(A) = r$ である． □

もう少し効率よく調べるために，行基本変形と階数との関係を調べておこう．

命題 3.5

行基本変形を行っても階数は変化しない．したがって，行列の階数はその行列を階段行列に変形したときの階段数に一致する．

例 3.5 例 3.4（3）の

$$C = \begin{pmatrix} 2 & 3 & 1 & 5 \\ 1 & 6 & 2 & -3 \\ 3 & 9 & 3 & 2 \end{pmatrix}$$

について

$$\begin{pmatrix} 2 & 3 & 1 & 5 \\ 1 & 6 & 2 & -3 \\ 3 & 9 & 3 & 2 \end{pmatrix} \longrightarrow \begin{pmatrix} 2 & 3 & 1 & 5 \\ 1 & 6 & 2 & -3 \\ 1 & 6 & 2 & -3 \end{pmatrix} \longrightarrow \begin{pmatrix} 1 & 6 & 2 & -3 \\ 0 & -9 & -3 & 11 \\ 0 & 0 & 0 & 0 \end{pmatrix}$$

であるから（まだ階段行列には変形されてはいないが）$\mathrm{rank}(C) = 2$ であることがわかる． ◇

問題 3.6 次の行列の階数を調べよ．

（1） $\begin{pmatrix} 1 & 2 & 3 & -2 \\ 4 & 2 & 6 & -5 \\ 0 & -4 & 3 & -2 \end{pmatrix}$ （2） $\begin{pmatrix} 3 & -6 & 5 & -3 \\ 1 & -2 & 1 & 1 \\ 4 & -8 & 6 & -2 \end{pmatrix}$

（3） $\begin{pmatrix} 1 & 0 & 3 & 2 & -1 \\ 2 & 1 & 8 & 1 & 2 \\ -1 & 2 & 1 & -7 & 8 \\ -4 & 3 & -6 & 2 & -3 \end{pmatrix}$ （4） $\begin{pmatrix} 2 & 4 & 6 & 8 \\ 3 & a+6 & 7a+9 & 12 \\ a & 2a & a^2 & 4a \end{pmatrix}$

命題 3.6

$$\mathrm{rank}({}^t\!A) = \mathrm{rank}(A)$$

また次章で学習することを利用すると，階数に関して次の基本的な性質が成り立つことがわかる（（1）の証明は 99 ページ，（2）は演習問題 C4.4）．

命題 3.7

（1） $\mathrm{rank}(AB) \leqq \min\{\mathrm{rank}(A), \mathrm{rank}(B)\}$
（2） $\mathrm{rank}(A+B) \leqq \mathrm{rank}(A) + \mathrm{rank}(B)$

［命題 3.5 の証明］3 つの行基本変形に関して階数の不変性を示せばよい．

（I） 第 k 行を $\lambda\,(\neq 0)$ 倍する操作では，小行列式 $\left|\Delta\binom{i_1,\ldots,i_s}{j_1,\ldots,j_s}\right|$ は $\{i_1,\ldots,i_s\}$ が k を含まなければ不変であり，含めば λ 倍されるが 0 であるか否かは変わらない．

（Ⅲ） 第 k 行と第 l 行とを入れ替える操作では，$\{i_1,\ldots,i_s\}$ が k, l をともに含まなければ不変であり，ともに含めば符号だけが変わる．どちらか一方のみを含む場合，他方を含む小行列式に必要な符号を付けたものになる．

（Ⅱ） 第 k 行に第 l 行を加える操作では，$\left|\Delta\binom{i_1,\ldots,i_s}{j_1,\ldots,j_s}\right|$ は $\{i_1,\ldots,i_s\}$ が k を含まないか，k, l をともに含めば不変である．k のみを含む場合

$$\left|\Delta\binom{i_1,\ldots,k,\ldots,i_s}{j_1,\ldots,j_s}\right| + \left|\Delta\binom{i_1,\ldots,l,\ldots,i_s}{j_1,\ldots,j_s}\right|$$

の形になるが，これが 0 でかつ $\left|\Delta\binom{i_1,\ldots,k,\ldots,i_s}{j_1,\ldots,j_s}\right| \neq 0$ であれば

$$\left|\Delta\binom{i_1,\ldots,l,\ldots,i_s}{j_1,\ldots,j_s}\right| \neq 0$$

である．残る自明なケースを含めて s 次小行列式全体として，すべて 0 であるか否かという性質は不変である． □

§3.4 一般の連立1次方程式

正則な連立1次方程式が作る拡大係数行列について調べてみよう．例えば

$$\begin{cases} x+2y-z=2 \\ 2x-y+2z=6 \\ 3x+6y-4z=3 \end{cases} \quad \text{つまり} \quad \begin{pmatrix} 1 & 2 & -1 \\ 2 & -1 & 2 \\ 3 & 6 & -4 \end{pmatrix} \begin{pmatrix} x \\ y \\ z \end{pmatrix} = \begin{pmatrix} 2 \\ 6 \\ 3 \end{pmatrix}$$

について，その係数行列 A は $|A|=5$ より正則であり，行基本変形により次のように単位行列に変形される．

$$\begin{pmatrix} 1 & 2 & -1 \\ 2 & -1 & 2 \\ 3 & 6 & -4 \end{pmatrix} \to \begin{pmatrix} 1 & 2 & -1 \\ 0 & -5 & 4 \\ 0 & 0 & -1 \end{pmatrix} \to \begin{pmatrix} 1 & 2 & 0 \\ 0 & -5 & 0 \\ 0 & 0 & 1 \end{pmatrix} \to \begin{pmatrix} 1 & 0 & 0 \\ 0 & 1 & 0 \\ 0 & 0 & 1 \end{pmatrix}$$

拡大係数行列は列が右端に増えているだけであるから

$$\begin{pmatrix} 1 & 2 & -1 & 2 \\ 2 & -1 & 2 & 6 \\ 3 & 6 & -4 & 3 \end{pmatrix} \to \begin{pmatrix} 1 & 2 & -1 & 2 \\ 0 & -5 & 4 & 2 \\ 0 & 0 & -1 & -3 \end{pmatrix}$$

$$\to \begin{pmatrix} 1 & 2 & 0 & 5 \\ 0 & -5 & 0 & -10 \\ 0 & 0 & 1 & 3 \end{pmatrix} \to \begin{pmatrix} 1 & 0 & 0 & 1 \\ 0 & 1 & 0 & 2 \\ 0 & 0 & 1 & 3 \end{pmatrix}$$

のように，列が増えていることを除けば全く同じ手続きにより階段行列に変形されて，方程式の形に戻すと

$$\begin{cases} x = 1 \\ y = 2 \\ z = 3 \end{cases}$$

となって，最後の列が解になっていることがわかる．

未知数が m 個の場合の正則な連立1次方程式でも同様で，拡大係数行列 $\widehat{A}$ は $m \times (m+1)$ 行列であるが，その一部分である $m \times m$ 行列の係数行列 A が正則なため，$\mathrm{rank}(\widehat{A}) = m$ である．拡大係数行列を行基本変形すると

§3.4 一般の連立1次方程式

$$\widehat{A} = \begin{pmatrix} a_{11} & \cdots & a_{1m} & b_1 \\ \vdots & & \vdots & \vdots \\ \vdots & & \vdots & \vdots \\ a_{m1} & \cdots & a_{mm} & b_m \end{pmatrix} \rightarrow \begin{pmatrix} 1 & & & & c_1 \\ & 1 & & & c_2 \\ & & \ddots & & \vdots \\ & & & 1 & c_m \end{pmatrix}$$

のようになり

$$x_1 = c_1, \ x_2 = c_2, \ \ldots, \ x_m = c_m$$

がただ1つの解になる．このように行基本変形により連立1次方程式の解を求める方法を**掃き出し法**という．

問題 3.7 次の正則な連立1次方程式を掃き出し法により解け．

（1）$\begin{cases} 3x + 2y + 3z = 4 \\ 2x + y + 2z = 2 \\ 3x + 3y + 4z = 1 \end{cases}$
（2）$\begin{cases} x + 2y - z + 2w = 2 \\ 2x + 2y - z + w = 3 \\ x + y - z + w = 2 \\ 2x + y - z + 2w = 7 \end{cases}$

掃き出し法による連立1次方程式の解法を利用して，正則行列の逆行列を求めることにしよう．3次の正則行列

$$A = \begin{pmatrix} a_{11} & a_{12} & a_{13} \\ a_{21} & a_{22} & a_{23} \\ a_{31} & a_{32} & a_{33} \end{pmatrix}$$

の逆行列を求めるために

$$A^{-1} = \begin{pmatrix} x_{11} & x_{12} & x_{13} \\ x_{21} & x_{22} & x_{23} \\ x_{31} & x_{32} & x_{33} \end{pmatrix}$$

と表して調べてみよう．

$$\begin{pmatrix} a_{11} & a_{12} & a_{13} \\ a_{21} & a_{22} & a_{23} \\ a_{31} & a_{32} & a_{33} \end{pmatrix} \begin{pmatrix} x_{11} & x_{12} & x_{13} \\ x_{21} & x_{22} & x_{23} \\ x_{31} & x_{32} & x_{33} \end{pmatrix} = \begin{pmatrix} 1 & 0 & 0 \\ 0 & 1 & 0 \\ 0 & 0 & 1 \end{pmatrix}$$

であるから,まず1列目に注目すると

$$\begin{pmatrix} a_{11} & a_{12} & a_{13} \\ a_{21} & a_{22} & a_{23} \\ a_{31} & a_{32} & a_{33} \end{pmatrix} \begin{pmatrix} x_{11} \\ x_{21} \\ x_{31} \end{pmatrix} = \begin{pmatrix} 1 \\ 0 \\ 0 \end{pmatrix}$$

という x_{11}, x_{21}, x_{31} を未知数とする正則な連立1次方程式ができる.拡大係数行列の行基本変形によりこの方程式を解くと

$$\begin{pmatrix} a_{11} & a_{12} & a_{13} & 1 \\ a_{21} & a_{22} & a_{23} & 0 \\ a_{31} & a_{32} & a_{33} & 0 \end{pmatrix} \to \cdots \to \begin{pmatrix} 1 & 0 & 0 & c_{11} \\ 0 & 1 & 0 & c_{21} \\ 0 & 0 & 1 & c_{31} \end{pmatrix}$$

と変形できれば $x_{11} = c_{11},\ x_{21} = c_{21},\ x_{31} = c_{31}$ である.次に2列目に注目すると

$$\begin{pmatrix} a_{11} & a_{12} & a_{13} \\ a_{21} & a_{22} & a_{23} \\ a_{31} & a_{32} & a_{33} \end{pmatrix} \begin{pmatrix} x_{12} \\ x_{22} \\ x_{32} \end{pmatrix} = \begin{pmatrix} 0 \\ 1 \\ 0 \end{pmatrix}$$

という x_{12}, x_{22}, x_{32} を未知数とする正則な連立1次方程式ができる.係数行列は1列目と同じ A であるから,同じ行基本変形により

$$\begin{pmatrix} a_{11} & a_{12} & a_{13} & 0 \\ a_{21} & a_{22} & a_{23} & 1 \\ a_{31} & a_{32} & a_{33} & 0 \end{pmatrix} \to \cdots \to \begin{pmatrix} 1 & 0 & 0 & c_{12} \\ 0 & 1 & 0 & c_{22} \\ 0 & 0 & 1 & c_{32} \end{pmatrix}$$

となり x_{12}, x_{22}, x_{32} が得られる.3列目も全く同じであるから,3列目の方程式も合わせたこれら3組の正則な連立1次方程式を同時に扱い,

$$\begin{pmatrix} a_{11} & a_{12} & a_{13} & 1 & 0 & 0 \\ a_{21} & a_{22} & a_{23} & 0 & 1 & 0 \\ a_{31} & a_{32} & a_{33} & 0 & 0 & 1 \end{pmatrix} \to \cdots \to \begin{pmatrix} 1 & 0 & 0 & c_{11} & c_{12} & c_{13} \\ 0 & 1 & 0 & c_{21} & c_{22} & c_{23} \\ 0 & 0 & 1 & c_{31} & c_{32} & c_{33} \end{pmatrix}$$

と行基本変形により階段行列に変形できて

$$A^{-1} = \begin{pmatrix} c_{11} & c_{12} & c_{13} \\ c_{21} & c_{22} & c_{23} \\ c_{31} & c_{32} & c_{33} \end{pmatrix}$$

である.一般の正則行列でも同様で

§3.4 一般の連立1次方程式

命題 3.8

正則行列 A について (A, E) を行基本変形して階段行列に変形すると (E, A^{-1}) になる. すなわち $A = (a_{ij})$ の逆行列 A^{-1} は,

$$\begin{pmatrix} a_{11} & \cdots & a_{1m} & 1 & & 0 \\ \vdots & & \vdots & & \ddots & \\ a_{m1} & \cdots & a_{mm} & 0 & & 1 \end{pmatrix} \to \cdots \to \begin{pmatrix} 1 & & 0 & c_{11} & \cdots & c_{1m} \\ & \ddots & & \vdots & & \vdots \\ 0 & & 1 & c_{m1} & \cdots & c_{mm} \end{pmatrix}$$

と変形することで, 次のように得られる.

$$A^{-1} = \begin{pmatrix} c_{11} & \cdots & c_{1m} \\ \vdots & & \vdots \\ c_{m1} & \cdots & c_{mm} \end{pmatrix}$$

問題 3.8 次の正則行列の逆行列を掃き出し法で求めよ.

(1) $\begin{pmatrix} 2 & 1 & 1 \\ 0 & 1 & 2 \\ 1 & 1 & 1 \end{pmatrix}$ (2) $\begin{pmatrix} 0 & 1 & 0 & 0 \\ 1 & 1 & 1 & 1 \\ 1 & 0 & -2 & 0 \\ 0 & 2 & -1 & 0 \end{pmatrix}$ (3) $\begin{pmatrix} 2 & -3 & 1 \\ 4 & -6 & 3 \\ -2 & 1 & -1 \end{pmatrix}$

逆行列の計算方法として, 掃き出し法と第2章の逆転公式の2つの方法を学習したが, 具体例で計算する場合の1つの指針としては次のようになる. 一般には逆行列に分数成分が現れることから, 3次以下の行列の逆行列を手計算で求める場合は逆転公式の方が使いやすい. 一方, 4次以上の行列では, 特殊な行列を除き掃き出し法が有益である.

中学校以来習ってきた連立1次方程式の解き方から行基本変形と階段行列を導入した. そこで再び連立1次方程式に戻って一般論を完成させよう.

はじめに次の2つの連立1次方程式を解いてみよう.

(1) $\begin{cases} x + y - z = 1 \\ 2x + y + 3z = 4 \\ 3x + 2y + 2z = 5 \end{cases}$ (2) $\begin{cases} 2x - y - 4z = 3 \\ -4x + 2y + 8z = -1 \\ x + y + z = 0 \end{cases}$

中学校以来の方法は各自に譲り，同等の拡大係数行列の基本変形で見ると

（１）
$$\begin{pmatrix} 1 & 1 & -1 & 1 \\ 2 & 1 & 3 & 4 \\ 3 & 2 & 2 & 5 \end{pmatrix} \to \begin{pmatrix} 1 & 1 & -1 & 1 \\ 0 & -1 & 5 & 2 \\ 0 & -1 & 5 & 2 \end{pmatrix} \to \begin{pmatrix} 1 & 0 & 4 & 3 \\ 0 & 1 & -5 & -2 \\ 0 & 0 & 0 & 0 \end{pmatrix}$$

つまり
$$\begin{cases} x \quad +4z = 3 \\ \quad y - 5z = -2 \end{cases} \text{より} \begin{cases} x = 3 - 4z \\ y = -2 + 5z \\ (z \text{は任意}) \end{cases}$$

のように方程式の数が足らず（じつは，与えられた連立１次方程式では，第１式＋第２式＝第３式 になっている），**不定**（無数の解をもつ）になる．

（２）
$$\begin{pmatrix} 2 & -1 & -4 & 3 \\ -4 & 2 & 8 & -1 \\ 1 & 1 & 1 & 0 \end{pmatrix} \to \begin{pmatrix} 1 & 1 & 1 & 0 \\ 0 & -3 & -6 & 3 \\ 0 & 6 & 12 & -1 \end{pmatrix} \to \begin{pmatrix} 1 & 1 & 1 & 0 \\ 0 & 1 & 2 & -1 \\ 0 & 0 & 0 & 5 \end{pmatrix}$$

ここで一番下の行から $0x + 0y + 0z = 5$ となり，解は存在しない（**不能**）．

ここまで３つのタイプの連立１次方程式を扱ったことになる．解がただ１つに決まるという正則な連立１次方程式，解が無限個ある不定形，解が１つもない不能形，これらの間にはどのような違いがあるのであろうか．

基本変形してできる階段行列に注目してみると，正則な方程式は階段がきれいに構成されているのに対して，不定形や不能形では長い段ができている．また不能形では最終列で階段が新たにできていて，これが $0 = 1$ という不能性を与えている．

$$\begin{pmatrix} 1 & 0 & 0 & * \\ 0 & 1 & 0 & * \\ 0 & 0 & 1 & * \end{pmatrix} \quad \begin{pmatrix} 1 & * & 0 & * \\ 0 & 0 & 1 & * \\ 0 & 0 & 0 & 0 \end{pmatrix} \quad \begin{pmatrix} 1 & * & 0 & * \\ 0 & 0 & 1 & * \\ 0 & 0 & 0 & 1 \end{pmatrix}$$

正則　　　　　　　不定　　　　　　　不能

§3.4 一般の連立1次方程式

なお，未知数よりも方程式の個数が多く連立1次方程式が正則ではなくても

$$\begin{cases} x + 2y - z = 2 \\ 2x - y + 2z = 6 \\ 3x + 6y - 4z = 3 \\ x - 3y + 3z = 4 \end{cases}$$

のように

$$\begin{pmatrix} 1 & 2 & -1 & 2 \\ 2 & -1 & 2 & 6 \\ 3 & 6 & -4 & 3 \\ 1 & -3 & 3 & 4 \end{pmatrix} \longrightarrow \begin{pmatrix} 1 & 2 & -1 & 2 \\ 0 & -5 & 4 & 2 \\ 0 & 0 & -1 & -3 \\ 0 & -5 & 4 & 2 \end{pmatrix}$$

$$\longrightarrow \begin{pmatrix} 1 & 2 & -1 & 2 \\ 0 & -5 & 4 & 2 \\ 0 & 0 & 1 & 3 \\ 0 & 0 & 0 & 0 \end{pmatrix} \longrightarrow \begin{pmatrix} 1 & 2 & 0 & 5 \\ 0 & -5 & 0 & -10 \\ 0 & 0 & 1 & 3 \\ 0 & 0 & 0 & 0 \end{pmatrix}$$

$$\longrightarrow \begin{pmatrix} 1 & 2 & 0 & 5 \\ 0 & 1 & 0 & 2 \\ 0 & 0 & 1 & 3 \\ 0 & 0 & 0 & 0 \end{pmatrix} \longrightarrow \begin{pmatrix} 1 & 0 & 0 & 1 \\ 0 & 1 & 0 & 2 \\ 0 & 0 & 1 & 3 \\ 0 & 0 & 0 & 0 \end{pmatrix}$$

のようにきれいな階段ができて，ただ1つの解をもつこともある．この連立1次方程式は，正則な連立1次方程式にそれらから導かれる4番目の関係式が追加されている．そこで拡大係数行列の階数に注目してみよう．

一般に n 個の未知数に対する m 個の方程式からなる連立1次方程式 (3.1) について，拡大係数行列を行基本変形により階段行列に変形してみると，係数行列は拡大係数行列の一部分であるから

（係数行列の階数）≦（拡大係数行列の階数）

という関係が成り立つ．また係数行列の列の個数は未知数の個数になるから

（係数行列の階数）≦（未知数の個数 n）

である．この観点で分類すると次のようになる．

定理 3.3

連立 1 次方程式について

（1）（係数行列の階数）＜（拡大係数行列の階数）であれば解をもたない（不能）．

（2）（係数行列の階数）＝（拡大係数行列の階数）であれば解をもつ．

　　（a）（係数行列の階数）＝（未知数の個数）であればただ 1 つの解をもつ．

　　（b）（係数行列の階数）＜（未知数の個数）であれば無限個の解をもつ（不定）．

例題 3.2 次の連立 1 次方程式を解け．

（1）$\begin{cases} x+y-z=3 \\ 2x+3y=5 \\ 2x+4y+2z=4 \end{cases}$　（2）$\begin{cases} x+2y-z=3 \\ 2x+4y+z=0 \\ x+2y+2z=-3 \end{cases}$

（3）$\begin{cases} x+2y-z+2w=3 \\ 2x+4y-z+w=7 \\ x+2y-w=4 \end{cases}$

[解]（1）

$\begin{pmatrix} 1 & 1 & -1 & 3 \\ 2 & 3 & 0 & 5 \\ 2 & 4 & 2 & 4 \end{pmatrix} \longrightarrow \begin{pmatrix} 1 & 0 & -3 & 4 \\ 0 & 1 & 2 & -1 \\ 0 & 0 & 0 & 0 \end{pmatrix}$　つまり　$\begin{cases} x-3z=4 \\ y+2z=-1 \end{cases}$

であるから

$$x=4+3t, \quad y=-1-2t, \quad z=t \quad (t \text{ は任意定数})$$

となる．

（2）

$\begin{pmatrix} 1 & 2 & -1 & 3 \\ 2 & 4 & 1 & 0 \\ 1 & 2 & 2 & -3 \end{pmatrix} \longrightarrow \begin{pmatrix} 1 & 2 & 0 & 1 \\ 0 & 0 & 1 & -2 \\ 0 & 0 & 0 & 0 \end{pmatrix}$　つまり　$\begin{cases} x+2y=1 \\ z=-2 \end{cases}$

であるから
$$x = 1 - 2t, \quad y = t, \quad z = -2 \quad (t\text{ は任意定数})$$
となる.

（3）
$$\begin{pmatrix} 1 & 2 & -1 & 2 & 3 \\ 2 & 4 & -1 & 1 & 7 \\ 1 & 2 & 0 & -1 & 4 \end{pmatrix} \longrightarrow \begin{pmatrix} 1 & 2 & 0 & -1 & 4 \\ 0 & 0 & 1 & -3 & 1 \\ 0 & 0 & 0 & 0 & 0 \end{pmatrix}$$

つまり
$$\begin{cases} x + 2y - w = 4 \\ z - 3w = 1 \end{cases}$$

であるから
$$x = 4 - 2s + t, \quad y = s, \quad z = 1 + 3t, \quad w = t \quad (s, t\text{ は任意定数})$$
となる. □

ここでは説明のために階段行列に変形された拡大係数行列を方程式に戻して解を表示したが，実際に解く場合には戻す必要はない．長い階段が現れるところに注意して表示すればよい．なお，解の表示に現れる任意定数の個数（これを連立1次方程式の**解の自由度**という）について

命題 3.9

不定形の連立1次方程式に関して

（解の自由度）＝（未知数の数）−（係数行列の階数）

である.

解の自由度はちょうど階段が1段ずつにはなっていない部分の変数の数になっているので，次のように（階段行列に変形したとき q_i 番目ではない）変数を任意定数と表示すればよい．

$$\begin{pmatrix} \overset{q_1}{\underline{1}} & * & 0 & * & * & 0 & a \\ 0 & 0 & \underline{1} & * & * & 0 & b \\ 0 & 0 & 0 & 0 & 0 & \underline{1} & c \\ 0 & 0 & 0 & 0 & 0 & 0 & 0 \end{pmatrix} \rightsquigarrow \quad y, u, v \text{を任意定数とし} \\ \text{て解を表示する}$$

$$ x y z u v w$$

問題 3.9 次の連立 1 次方程式を掃き出し法により解け.

(1) $\begin{cases} 2x - y - z = 2 \\ x + 2y + z = 3 \\ x + y + z = 4 \\ 4x + 3y + z = 8 \end{cases}$
(2) $\begin{cases} x - y + 2z = 3 \\ 2x + 3y - z = 1 \\ x + 4y - 3z = -2 \\ 3x + 5y - 4z = -1 \end{cases}$

(3) $\begin{cases} 2x + y - z = 5 \\ x - y + 4z = 1 \\ x + 2y - 5z = 4 \end{cases}$
(4) $\begin{cases} 3x + y - z = 5 \\ 2x - y + z = 1 \\ 7x - y + z = 3 \\ 4x + 3y - 3z = 9 \end{cases}$

(5) $\begin{cases} x + 3y - 2z + w = 2 \\ 3x + 9y - 5z + 5w = 9 \\ 2x + 6y - 3z + 4w = 7 \\ x + 3y + 5w = 8 \end{cases}$
(6) $\begin{cases} ax + y + z = 1 \\ x + ay + z = 1 \\ x + y + az = 1 \end{cases}$

最後に第 1 章で述べた座標空間内の 3 平面の位置関係を, 連立 1 次方程式の観点から調べてみよう. 3 平面

$$a_i x + b_i y + c_i z = d_i \quad (i = 1, 2, 3)$$

の共有点は, これらを表す 1 次式による連立 1 次方程式の解になる. この連立 1 次方程式の係数行列 Q は, 平面の法ベクトル $\boldsymbol{n}_i = (a_i, b_i, c_i)$ を並べたものである. 拡大係数行列

$$\widehat{Q} = \begin{pmatrix} a_1 & a_2 & a_3 & d_1 \\ b_1 & b_2 & b_3 & d_2 \\ c_1 & c_2 & c_3 & d_3 \end{pmatrix}$$

を行基本変形により変形する.

§3.4 一般の連立1次方程式

まず $\mathrm{rank}(Q) = \mathrm{rank}(\widehat{Q})$ の場合を考えよう．この場合連立1次方程式は必ず解をもつわけであるが，

（1） $\mathrm{rank}(Q) = 3$ ならば正則で

$$\begin{pmatrix} 1 & 0 & 0 & x_0 \\ 0 & 1 & 0 & y_0 \\ 0 & 0 & 1 & z_0 \end{pmatrix}$$

と変形されるので，1点 (x_0, y_0, z_0) だけで交わる（図 1.11）．

（2） $\mathrm{rank}(Q) = 2$ ならば

（ⅰ） $\begin{pmatrix} 1 & 0 & \alpha & x_0 \\ 0 & 1 & \beta & y_0 \\ 0 & 0 & 0 & 0 \end{pmatrix}$ （ⅱ） $\begin{pmatrix} 1 & \alpha & 0 & x_0 \\ 0 & 0 & 1 & z_0 \\ 0 & 0 & 0 & 0 \end{pmatrix}$

（ⅲ） $\begin{pmatrix} 0 & 1 & 0 & y_0 \\ 0 & 0 & 1 & z_0 \\ 0 & 0 & 0 & 0 \end{pmatrix}$

のいずれかになり，解すなわち共有点の集合はいずれも直線になる（図 1.12, 1.13）．

（ⅰ） $\dfrac{x - x_0}{\alpha} = \dfrac{y - y_0}{\beta} = -z$

（ⅱ） $(x - x_0) + \alpha y = 0,\ z = z_0$

（ⅲ） x 軸に平行な直線 $y = y_0,\ z = z_0$

（3） $\mathrm{rank}(Q) = 1$ ならば

$$\begin{pmatrix} a_1 & b_1 & c_1 & d_1 \\ 0 & 0 & 0 & 0 \\ 0 & 0 & 0 & 0 \end{pmatrix}$$

となり，3平面は完全に重なる（図 1.14）．

次に $\mathrm{rank}(Q) < \mathrm{rank}(\widehat{Q})$ の場合を考えると，解（共有点）は存在しない．

（1） $\mathrm{rank}(Q) = 2,\ \mathrm{rank}(\widehat{Q}) = 3$ の場合．3平面の法ベクトルはある平面上の点の位置ベクトルになっている（例えば $\boldsymbol{n}_3 = k_1 \boldsymbol{n}_1 + k_2 \boldsymbol{n}_2$）

から，2平面の交線に残りの平面は平行で交線を含まない（図 1.15，1.16）．

(2) $\text{rank}(Q) = 1$, $\text{rank}(\widehat{Q}) = 2$ の場合．3 平面の法ベクトルは 1 方向であるから，3 平面は互いに平行で，互いに重ならないか 1 組だけ重なるかのいずれかである（図 1.17，1.18）．

演習問題

A3.1 次の連立 1 次方程式をクラーメルの公式により解け．ただし a は定数．

(1) $\begin{cases} x - ay = 1 \\ ax + y = 1 \end{cases}$
(2) $\begin{cases} x + 3y - 2z = 0 \\ 2x + 5y - 2z = 1 \\ 2x + y - z = 5 \end{cases}$

(3) $\begin{cases} x + 2y + 3z = 7 \\ x + 3y + 7z = 6 \\ 2x + 3y + 9z = 8 \end{cases}$
(4) $\begin{cases} 3x - y + 3z = -1 \\ 2x - 5y + z = 1 \\ 3x + y + 9z = 1 \end{cases}$

A3.2 次の連立 1 次方程式を解け．

(1) $\begin{cases} 2x - 3y - z = 4 \\ 3x + 2y + 2z = 7 \\ 4x + 3y + z = 2 \end{cases}$
(2) $\begin{cases} x - 2y + 3z = 1 \\ x + 2y - 5z = 3 \end{cases}$

(3) $\begin{cases} x + y - z = 2 \\ x - y + z = 1 \\ -x - 3y + 3z = 0 \end{cases}$
(4) $\begin{cases} x + 4y + 7z = 4 \\ 2x + 3y + 4z = 8 \\ 2x + 5y + 7z = 9 \\ 4x + 2y + 9z = 7 \end{cases}$

(5) $\begin{cases} x + 2y + 3z = 2 \\ 2x + y + 3z = 7 \\ 2x - y + z = 9 \\ 3x + 4y + 7z = 8 \end{cases}$
(6) $\begin{cases} 2x - y + z = 1 \\ 4x - 2y + 3z = 1 \\ 8x - 4y + z = 7 \end{cases}$

(7) $\begin{cases} 2x - y + 5z + 3w = -3 \\ -x + 2y + z - 4w = 9 \\ x + 4z + w = 1 \end{cases}$
(8) $\begin{cases} 2x + y - 5z + w = 2 \\ x - y - z - 2w = 1 \\ -x + 2y + 4w = -1 \end{cases}$

(9) $\begin{cases} x - y + 3z + 4w = -1 \\ 2x + 2y + z + 10w = -2 \\ x - y - 2z + w = -3 \\ -x + 2y - w = 3 \end{cases}$

(10) $\begin{cases} x_1 + 2x_2 + x_3 + 2x_4 + x_5 = 2 \\ x_1 + 3x_2 + 3x_3 + 3x_4 + x_5 = 7 \\ 2x_2 + 4x_3 + 2x_4 + x_5 = 9 \end{cases}$

A3.3 次の連立 1 次方程式が解をもつための定数 a, b, c, d が満たす条件を求めよ.

(1) $\begin{cases} 2ax + b(x+y) + c(x+1) = 0 \\ a(x+y) + 2by + c(y+1) = 0 \\ a(x+1) + b(y+1) + 2c = 0 \end{cases}$

(2) $\begin{cases} x + y + 2z = a \\ x - y + z = b \\ 3x - y + 4z = c \end{cases}$

(3) $\begin{cases} x + y = a \\ y + z = b \\ z + w = c \\ x + w = d \end{cases}$

A3.4 次の連立 1 次方程式を解け. ただし a は定数.

(1) $\begin{cases} x + ay + az = 2a \\ ax + y + az = 1 \\ ax + ay + z = 0 \end{cases}$

(2) $\begin{cases} x - y + z = 1 \\ x - 7y + z = -2 \\ x + ay + a^2 z = 2 \end{cases}$

(3) $\begin{cases} x + 2y + az = 1 \\ x + y + 2z = a \\ 3x + ay + 8z = 3 \end{cases}$

(4) $\begin{cases} x + ay = 1 \\ ax + 2y + az = -3 \\ ay + z = 2 \end{cases}$

A3.5 次の連立 1 次方程式が解をもつように a の値を定めよ.

(1) $\begin{cases} x + 2y + (a-2)z = -a \\ 2x + 5y + (2a-5)z = -2a \\ x - 2y + a^2 z = -2 \\ ax + a^2 z = -a - 2 \end{cases}$

(2) $\begin{cases} x - 3y + 2z = 5 \\ 2x + y + az = 4a \\ 4x + 2y + (3a+1)z = 7a \\ 3x - 2y + (a+2)z = a^2 \end{cases}$

A3.6 次の行列の階数を調べよ．ただし a, b, c は定数．

(1) $\begin{pmatrix} 2 & 1 & -1 & 10 \\ -1 & 2 & -1 & -5 \\ 0 & 5 & -3 & 0 \end{pmatrix}$
(2) $\begin{pmatrix} 1 & 3 & 2 & 4 & 7 \\ 2 & 5 & 5 & 6 & 8 \\ 3 & 7 & 8 & 8 & 3 \\ 2 & 7 & 3 & 10 & 4 \end{pmatrix}$

(3) $\begin{pmatrix} 1 & 1 & 1 & a \\ 1 & 1 & a & 1 \\ 1 & a & 1 & 1 \\ a & 1 & 1 & 1 \end{pmatrix}$
(4) $\begin{pmatrix} a & b & c \\ c & a & b \\ b & c & a \end{pmatrix}$

A3.7 次の行列を階段行列に変形し，階数を述べよ．

(1) $\begin{pmatrix} 3 & 1 & 6 & 4 & 7 \\ 1 & 1 & 4 & 1 & 3 \\ 2 & 1 & 5 & 3 & 7 \\ 1 & -1 & -2 & 2 & 1 \end{pmatrix}$
(2) $\begin{pmatrix} 2 & 1 & 3 & 1 \\ 4 & 3 & 1 & 5 \\ 6 & 3 & 9 & 3 \\ 4 & 1 & 8 & -1 \end{pmatrix}$

(3) $\begin{pmatrix} 0 & 7 & 4 & -1 & 10 & 2 \\ 0 & 1 & 1 & 2 & -2 & 1 \\ 0 & 3 & 2 & 1 & 2 & 0 \\ 0 & 4 & 3 & 3 & 0 & 3 \\ 0 & 9 & 7 & 8 & -2 & 5 \end{pmatrix}$
(4) $\begin{pmatrix} 2 & 4 & 5 & 7 & 4 \\ 3 & 2 & 4 & 6 & 1 \\ 7 & 2 & 7 & 5 & -6 \end{pmatrix}$

A3.8 次の正則行列の逆行列を求めよ．ただし a, b, c, d は定数．

(1) $\begin{pmatrix} 1 & 4 & 0 & 2 \\ 0 & 1 & 0 & 2 \\ 1 & 2 & 1 & -4 \\ -1 & 1 & 2 & 3 \end{pmatrix}$
(2) $\begin{pmatrix} 1 & 2 & 2 & 2 & 2 \\ 0 & 1 & 2 & 2 & 2 \\ 0 & 0 & 1 & 2 & 2 \\ 0 & 0 & 0 & 1 & 2 \\ 0 & 0 & 0 & 0 & 1 \end{pmatrix}$

(3) $\begin{pmatrix} 1 & 0 & 0 & 0 & a \\ 0 & 1 & 0 & 0 & b \\ 0 & 0 & 1 & 0 & c \\ 0 & 0 & 0 & 1 & d \\ 0 & 0 & 0 & 0 & 1 \end{pmatrix}$
(4) $\begin{pmatrix} 1 & 2 & 0 & 0 \\ 0 & 1 & 3 & 0 \\ 0 & 0 & 1 & 5 \\ 0 & 0 & 0 & 1 \end{pmatrix}$

(5) $\begin{pmatrix} 0 & 0 & 5 & 1 \\ 0 & 3 & 1 & 0 \\ 2 & 1 & 0 & 0 \\ 1 & 0 & 0 & 0 \end{pmatrix}$
(6) $\begin{pmatrix} 0 & 0 & 0 & 1 \\ 0 & 0 & 1 & 2 \\ 0 & 1 & 3 & 0 \\ 1 & 5 & 0 & 0 \end{pmatrix}$

(7) $\begin{pmatrix} 1 & 0 & 3 & -1 \\ 3 & 1 & 5 & 1 \\ 0 & 2 & 1 & 4 \\ 1 & 1 & 0 & 3 \end{pmatrix}$
(8) $\begin{pmatrix} 3 & 4 & 2 & 7 \\ 2 & 3 & 3 & 2 \\ 5 & 7 & 3 & 9 \\ 2 & 3 & 2 & 3 \end{pmatrix}$

B3.1 （１） 座標平面内の3直線

$$a_1x + b_1y + c_1 = 0, \quad a_2x + b_2y + c_2 = 0, \quad a_3x + b_3y + c_3 = 0$$

が1点で交われば

$$\begin{vmatrix} a_1 & b_1 & c_1 \\ a_2 & b_2 & c_2 \\ a_3 & b_3 & c_3 \end{vmatrix} = 0$$

が成り立つことを示せ.

（２） 座標平面内の3つの放物線

$$a_1x^2 + b_1y + c_1 = 0, \quad a_2x^2 + b_2y + c_2 = 0, \quad a_3x^2 + b_3y + c_3 = 0$$

が共有点をもてば（１）と同じ関係式が成り立つことを示せ.

B3.2 変数 x, y, z が関係式

$$\frac{6x - 10y - 4z}{x} = \frac{4x - 7y - 2z}{y} = \frac{-2x + 4y - z}{z}$$

を満たすとき, これらの変数の比 $x : y : z$ を求めよ.

B3.3 座標空間内の 3 点 (x_1, y_1, z_1), (x_2, y_2, z_2), (x_3, y_3, z_3) が同一直線上にはないとき，行列

$$\begin{pmatrix} x_1 & y_1 & z_1 & 1 \\ x_2 & y_2 & z_2 & 1 \\ x_3 & y_3 & z_3 & 1 \end{pmatrix}$$

の階数は 3 であること，すなわち 3 次の小行列式で値が 0 ではないものが存在することを示せ．

B3.4 演習問題 B2.2 に，連立 1 次方程式の理論を用いて別解を与えよ．

グラフと行列

頂点と辺とからなる 1 次元の図形を**グラフ**という．ここでは各辺の向きが指定されている有向グラフを考えるが，グラフはネットワークを模式化したものであり種々の面で利用される．

グラフと行列とは密接に関係している．グラフのつながり具合（辺の位置）を表現するために**隣接行列**とよばれる行列が利用される．この行列は，頂点 ① から頂点 ② へ向かう辺があれば $(1, 2)$ 成分は 1，なければ 0 という具合に定めた行列である．右のグラフの場合隣接行列は

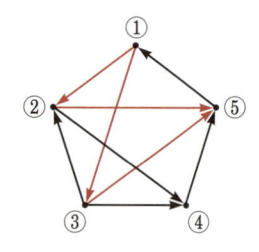

$$A = \begin{pmatrix} 0 & 1 & 1 & 0 & 0 \\ 0 & 0 & 0 & 1 & 1 \\ 0 & 1 & 0 & 1 & 1 \\ 0 & 0 & 0 & 0 & 1 \\ 1 & 0 & 0 & 0 & 0 \end{pmatrix}, \quad A^2 = \begin{pmatrix} 0 & 1 & 0 & 2 & 2 \\ 1 & 0 & 0 & 0 & 1 \\ 1 & 0 & 0 & 1 & 2 \\ 1 & 0 & 0 & 0 & 0 \\ 0 & 1 & 1 & 0 & 0 \end{pmatrix}$$

である．この例では，各頂点から辺が出ているので行ベクトルは零ベクトルではなく，各頂点へ辺が入ってきているので列ベクトルも零ベクトルではない．A^n を求めると n 個の辺を伝わって，ある頂点から別の頂点に移動する方法の数が成分として現れる．例えば A^2 の $(1, 5)$ 成分は ①－②－⑤，①－③－⑤ の 2 通りがあり 2 である．この他にも，各辺のデーターの送信量を考えて成分を 1 から実数に変えて考えることもある．

第4章
ベクトル空間

§4.1 一次独立

座標平面や座標空間を描くとき，x 軸 y 軸などの直交する座標軸を描く．この座標軸はどのような意味をもっているのであろう．

座標平面 $\mathbb{R}^2$ において x, y 両座標軸方向を表すベクトル

$$e_1 = \begin{pmatrix} 1 \\ 0 \end{pmatrix}, \quad e_2 = \begin{pmatrix} 0 \\ 1 \end{pmatrix}$$

をとると，平面ベクトル v は座標を表現した形の

$$v = \begin{pmatrix} a \\ b \end{pmatrix} = ae_1 + be_2$$

のように e_1, e_2 を用いて表すことができる．

一般に $\mathbb{R}^n$ のベクトル $u_1, u_2, \ldots, u_r$ に対して，スカラー倍と和とによりできるベクトル

$$v = \lambda_1 u_1 + \lambda_2 u_2 + \cdots + \lambda_r u_r$$

を $u_1, u_2, \ldots, u_r$ の**一次結合**または**線形結合**という．この言葉を使えば，平面ベクトルは e_1, e_2 の線形結合として表現できる，ということになる．

空間ベクトルについては x, y, z 座標軸方向を表す

$$e_1 = \begin{pmatrix} 1 \\ 0 \\ 0 \end{pmatrix}, \quad e_2 = \begin{pmatrix} 0 \\ 1 \\ 0 \end{pmatrix}, \quad e_3 = \begin{pmatrix} 0 \\ 0 \\ 1 \end{pmatrix}$$

の線形結合

$$\boldsymbol{v} = \begin{pmatrix} a \\ b \\ c \end{pmatrix} = a\boldsymbol{e}_1 + b\boldsymbol{e}_2 + c\boldsymbol{e}_3$$

によって表現され，より一般に $\mathbb{R}^n$ のベクトルは n 個のベクトル

$$\boldsymbol{e}_1 = \begin{pmatrix} 1 \\ 0 \\ \vdots \\ 0 \end{pmatrix}, \quad \boldsymbol{e}_2 = \begin{pmatrix} 0 \\ 1 \\ \vdots \\ 0 \end{pmatrix}, \quad \ldots, \quad \boldsymbol{e}_n = \begin{pmatrix} 0 \\ \vdots \\ 0 \\ 1 \end{pmatrix}$$

の線形結合で表現できる．$n \geqq 4$ の場合，空間 $\mathbb{R}^n$ を視覚的に図示することはできないが，これらが座標軸と同じ働きをしそうだということはわかるであろう．

再び平面に戻って，2つのベクトル

$$\boldsymbol{u}_1 = \begin{pmatrix} 1 \\ 0 \end{pmatrix}, \quad \boldsymbol{u}_2 = \begin{pmatrix} 1 \\ 2 \end{pmatrix}$$

について考えてみよう．これらに対しても平面ベクトル $\boldsymbol{v}$ は

$$\boldsymbol{v} = \begin{pmatrix} a \\ b \end{pmatrix} = \left(a - \frac{b}{2}\right)\boldsymbol{u}_1 + \frac{b}{2}\boldsymbol{u}_2$$

のように $\boldsymbol{u}_1, \boldsymbol{u}_2$ を用いて表すことができる．この意味を図形的に理解すると，図 4.1 のように斜めに交わる座標軸を考え，$\boldsymbol{u}_1, \boldsymbol{u}_2$ を基準とした目盛りをつけたときの座標が $\left(a - \dfrac{b}{2}, \dfrac{b}{2}\right)$ ということになる．

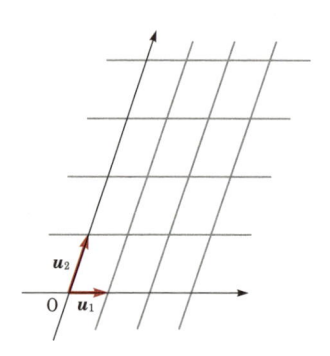

図 4.1

では平面 $\mathbb{R}^2$ において3つのベクトル

$$\boldsymbol{u}_1 = \begin{pmatrix} 1 \\ 0 \end{pmatrix}, \quad \boldsymbol{u}_2 = \begin{pmatrix} 0 \\ 1 \end{pmatrix}, \quad \boldsymbol{u}_3 = \begin{pmatrix} 1 \\ 2 \end{pmatrix}$$

を考えたときはどうであろう．$\boldsymbol{u}_3 = \boldsymbol{u}_1 + 2\boldsymbol{u}_2$ であるから，例えば

$$\begin{pmatrix} 2 \\ 1 \end{pmatrix} = 2\boldsymbol{u}_1 + \boldsymbol{u}_2 = \boldsymbol{u}_1 - \boldsymbol{u}_2 + \boldsymbol{u}_3 = -3\boldsymbol{u}_2 + 2\boldsymbol{u}_3$$

§4.1 一次独立

などのように，平面ベクトルをいろいろな方法で表現することができる．これは平面ベクトルを表現するのに 3 個の座標軸は無駄であることを意味している．

そこで $\mathbb{R}^n$ のベクトル $v_1, v_2, \ldots, v_r$ について

$$\lambda_1 v_1 + \lambda_2 v_2 + \cdots + \lambda_r v_r = \mathbf{0}$$

ならば $\quad \lambda_1 = \lambda_2 = \cdots = \lambda_r = 0$

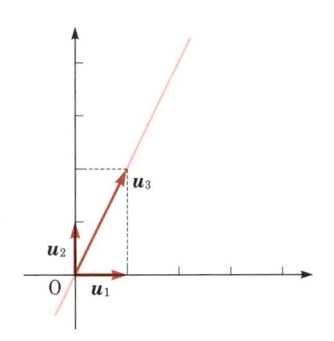

図 4.2

という性質が成り立つとき，ベクトル $v_1, v_2, \ldots, v_r$ は**一次独立**であるとか**線形独立**であるといい，一次独立ではないとき**一次従属**であるとか**線形従属**であるという．

このように定義は述べたが，これではあまりにもぶっきらぼうであるから少し言い換えてみることにしよう．まずベクトル $v_1, v_2, \ldots, v_r$ が一次従属である場合を考えてみよう．例えば

$$\lambda_1 v_1 + \lambda_2 v_2 + \cdots + \lambda_r v_r = \mathbf{0}, \quad \lambda_r \neq 0$$

であれば，

$$v_r = -\frac{\lambda_1}{\lambda_r} v_1 - \frac{\lambda_2}{\lambda_r} v_2 - \cdots - \frac{\lambda_{r-1}}{\lambda_r} v_{r-1}$$

のように v_r は残りのベクトルで表現されることになる．もちろん別の λ_i について $\lambda_i \neq 0$ であれば v_i が残りのベクトルを使って表現できることになる．つまり一次従属であれば，どれか 1 つのベクトルは残りのベクトルで表現されることになって，座標軸の基としては無駄があることを意味している．

今度はベクトル $v_1, v_2, \ldots, v_r$ が一次独立である場合を考えてみよう．2 つの線形結合が同じベクトルを表現することがあるかを調べてみよう．

$$\lambda_1 v_1 + \lambda_2 v_2 + \cdots + \lambda_r v_r = \mu_1 v_1 + \mu_2 v_2 + \cdots + \mu_r v_r$$

であれば

$$(\lambda_1 - \mu_1)\boldsymbol{v}_1 + (\lambda_2 - \mu_2)\boldsymbol{v}_2 + \cdots + (\lambda_r - \mu_r)\boldsymbol{v}_r = \boldsymbol{0}$$

より

$$\lambda_1 = \mu_1, \quad \lambda_2 = \mu_2, \quad \ldots, \quad \lambda_r = \mu_r$$

となる．つまり，同じベクトルを一次独立な $\boldsymbol{v}_1, \boldsymbol{v}_2, \ldots, \boldsymbol{v}_r$ を用いた異なる形の線形結合で表現することはできない，すなわち表現は一通りしかないことがわかる．

例 4.1 （1） $\mathbb{R}^3$ の 3 つのベクトル

$$\boldsymbol{u}_1 = \begin{pmatrix} 5 \\ 0 \\ 0 \end{pmatrix}, \quad \boldsymbol{u}_2 = \begin{pmatrix} 2 \\ 3 \\ 0 \end{pmatrix}, \quad \boldsymbol{u}_3 = \begin{pmatrix} 1 \\ 1 \\ 2 \end{pmatrix}$$

について

$$\lambda_1 \boldsymbol{u}_1 + \lambda_2 \boldsymbol{u}_2 + \lambda_3 \boldsymbol{u}_3 = \begin{pmatrix} 5\lambda_1 + 2\lambda_2 + \lambda_3 \\ 3\lambda_2 + \lambda_3 \\ 2\lambda_3 \end{pmatrix} = \begin{pmatrix} 0 \\ 0 \\ 0 \end{pmatrix}$$

であれば $\lambda_3 = \lambda_2 = \lambda_1 = 0$ となることから，$\boldsymbol{u}_1, \boldsymbol{u}_2, \boldsymbol{u}_3$ は一次独立である．

（2） $\mathbb{R}^3$ の 3 つのベクトル

$$\boldsymbol{u}_1 = \begin{pmatrix} 5 \\ 0 \\ 0 \end{pmatrix}, \quad \boldsymbol{u}_2 = \begin{pmatrix} 2 \\ 3 \\ 0 \end{pmatrix}, \quad \boldsymbol{u}_3 = \begin{pmatrix} 1 \\ 1 \\ 0 \end{pmatrix}$$

について

$$\boldsymbol{u}_1 + 5\boldsymbol{u}_2 - 15\boldsymbol{u}_3 = \boldsymbol{0}$$

であるから，$\boldsymbol{u}_1, \boldsymbol{u}_2, \boldsymbol{u}_3$ は一次従属である． ◇

なお（1），（2）のベクトルを図示すると，一次独立な（1）は平行六面体になるが一次従属な（2）はつぶれた箱の形になる．

§4.1 一次独立

(1) (2)

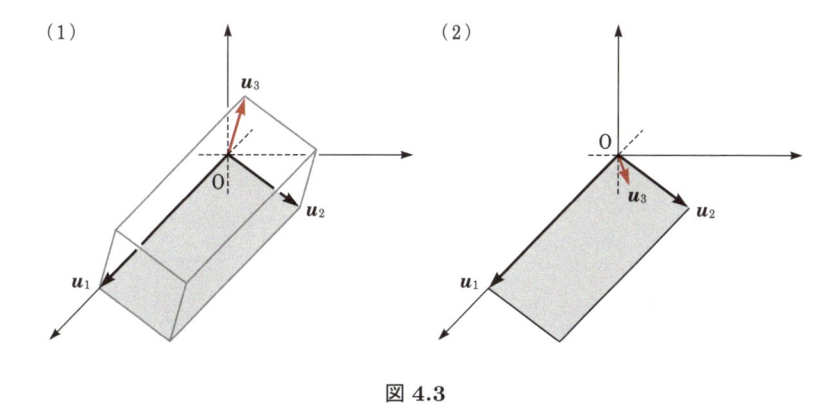

図 4.3

例 4.1（1）の計算を見ると，$\lambda_1, \lambda_2, \lambda_3$ を未知数とする連立 1 次方程式

$$\begin{pmatrix} 5 & 2 & 1 \\ 0 & 3 & 1 \\ 0 & 0 & 2 \end{pmatrix} \begin{pmatrix} \lambda_1 \\ \lambda_2 \\ \lambda_3 \end{pmatrix} = \begin{pmatrix} 0 \\ 0 \\ 0 \end{pmatrix}$$

の解が $\lambda_1 = \lambda_2 = \lambda_3 = 0$ ただ 1 つであることを見ている．ここでできる係数行列は u_1, u_2, u_3 の成分を並べてできた $(u_1 \ u_2 \ u_3)$ であることに注意しよう．

このことはより一般に考えることができる．例えば $\mathbb{R}^4$ の 3 個のベクトル

$$u_1 = \begin{pmatrix} 1 \\ 0 \\ 2 \\ 3 \end{pmatrix}, \quad u_2 = \begin{pmatrix} 0 \\ 1 \\ 4 \\ 2 \end{pmatrix}, \quad u_3 = \begin{pmatrix} 1 \\ 0 \\ 1 \\ 5 \end{pmatrix}$$

について

$$\lambda_1 u_1 + \lambda_2 u_2 + \lambda_3 u_3 = \mathbf{0}$$

は連立 1 次方程式

$$\begin{pmatrix} 1 & 0 & 1 \\ 0 & 1 & 0 \\ 2 & 4 & 1 \\ 3 & 2 & 5 \end{pmatrix} \begin{pmatrix} \lambda_1 \\ \lambda_2 \\ \lambda_3 \end{pmatrix} = \begin{pmatrix} 0 \\ 0 \\ 0 \\ 0 \end{pmatrix}$$

として表現される．したがって係数行列の階数が 3 になることから，3 つのベクトルは一次独立であることがわかる．このように定理 3.3 より

命題 4.1

$\mathbb{R}^n$ の r 個のベクトル $\boldsymbol{u}_1, \ldots, \boldsymbol{u}_r$ について
（1）$r > n$ であれば一次従属
（2）一次独立である必要十分条件は $\boldsymbol{u}_1, \ldots, \boldsymbol{u}_r$ が作る行列 A の階数が r となること．特に $r = n$ であれば，A が正則であることとこれらのベクトルが一次独立であることとは同値である．

▶注意 条件 A と条件 B とが互いに同値であるとは，条件 A が条件 B の必要十分条件になっていること，したがって条件 B が条件 A の必要十分条件になっていることを意味する．

問題 4.1 次のベクトルの組は一次独立か．

（1）$\left\{ \begin{pmatrix} 1 \\ -1 \\ 4 \end{pmatrix}, \begin{pmatrix} 3 \\ 1 \\ 2 \end{pmatrix}, \begin{pmatrix} 2 \\ 5 \\ -3 \end{pmatrix} \right\}$ （2）$\left\{ \begin{pmatrix} 6 \\ 2 \\ 3 \\ 4 \end{pmatrix}, \begin{pmatrix} 0 \\ 1 \\ 5 \\ 9 \end{pmatrix}, \begin{pmatrix} 0 \\ 0 \\ 7 \\ 8 \end{pmatrix} \right\}$

（3）$\left\{ \begin{pmatrix} 1 \\ 2 \\ -1 \\ 3 \end{pmatrix}, \begin{pmatrix} 0 \\ 1 \\ 4 \\ 2 \end{pmatrix}, \begin{pmatrix} 2 \\ 5 \\ 2 \\ 8 \end{pmatrix} \right\}$ （4）$\left\{ \begin{pmatrix} 1 \\ 2 \\ 3 \end{pmatrix}, \begin{pmatrix} 1 \\ 0 \\ 5 \end{pmatrix}, \begin{pmatrix} 5 \\ 1 \\ 7 \end{pmatrix}, \begin{pmatrix} 4 \\ 9 \\ 2 \end{pmatrix} \right\}$

問題 4.2 次のベクトルの組が一次従属となるような x, y の値を求めよ．

（1）$\left\{ \begin{pmatrix} x \\ 1 \\ 1 \end{pmatrix}, \begin{pmatrix} 1 \\ x \\ 1 \end{pmatrix}, \begin{pmatrix} 1 \\ 1 \\ x \end{pmatrix} \right\}$ （2）$\left\{ \begin{pmatrix} 3 \\ 2 \\ 9 \\ 7 \end{pmatrix}, \begin{pmatrix} 1 \\ 0 \\ 2 \\ 3 \end{pmatrix}, \begin{pmatrix} 2 \\ 4 \\ x \\ y \end{pmatrix} \right\}$

問題 4.3 r 個のベクトル $u_1, u_2, \ldots, u_r$ が一次独立であるとき,その中から k ($1 \leqq k \leqq r$) 個選んだ $u_1, u_2, \ldots, u_k$ も一次独立であることを示せ.

ここではベクトルの組の一次独立性を調べるのに階数を利用したが,逆に階数を次のように言い換えることができる.

命題 4.2

行列 A について次の各条件は互いに同値である.
(1)　$\mathrm{rank}(A) = r$
(2)　A の一次独立な行ベクトルの最大個数は r である.
(3)　A の一次独立な列ベクトルの最大個数は r である.

［命題 3.7（1）の証明］　行列 B を列ベクトルを使って $B = (b_1, \ldots, b_p)$ と表すと,AB は $AB = (Ab_1, \ldots, Ab_p)$ となる.AB の列ベクトル $Ab_{l_1}, \ldots, Ab_{l_k}$ が一次独立であるとき

$$\lambda_1 b_{l_1} + \cdots + \lambda_k b_{l_k} = \mathbf{0} \text{ ならば } \lambda_1 Ab_{l_1} + \cdots + \lambda_k Ab_{l_k} = A\mathbf{0} = \mathbf{0}$$

となることから $\lambda_1 = \cdots = \lambda_k = 0$ で B の列ベクトル $b_{l_1}, \ldots, b_{l_k}$ は一次独立であることがわかる.したがって命題 4.2 により $\mathrm{rank}(AB) \leqq \mathrm{rank}(B)$.
　一方,命題 3.6 を利用して

$$\mathrm{rank}(AB) = \mathrm{rank}({}^t(AB)) = \mathrm{rank}({}^tB\,{}^tA) \leqq \mathrm{rank}({}^tA) = \mathrm{rank}(A)$$

となるので結論が得られる.　　　　　　　　　　　　　　　□

§4.2　基底

座標空間内の原点を通る平面を思い浮かべてみよう.この平面上に定められる座標軸はどのように考えればよいのであろうか.xy 平面,yz 平面,zx 平面という特別なものであれば x, y 軸などを採用すればよいが,一般の平面では x, y, z 軸を含んではいない.

この節では，前節で学習した一次独立の概念をもとに，座標空間内の原点を通る平面や直線の座標軸に相当するものを考察することにする．

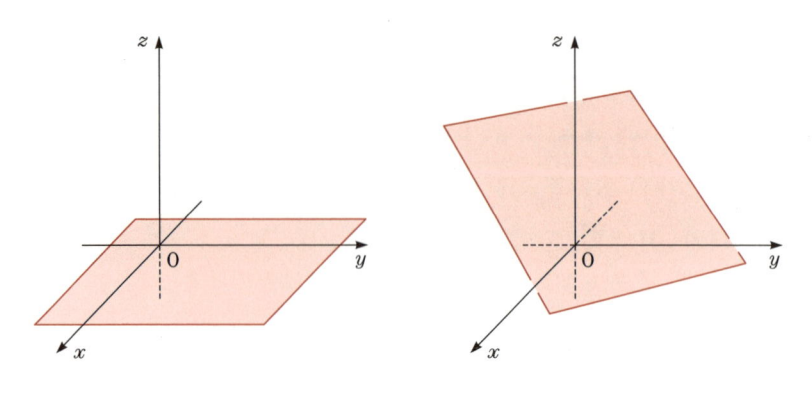

図 4.4

第 1 章で座標空間内の平面や直線の方程式を学習したが，ここでベクトルを利用した表示方法を復習しておく．

まず，座標平面 $\mathbb{R}^2$ 内の点 P_0 を通り $\boldsymbol{u}$ に平行な直線 l について，その上の点 $P(x, y)$ を選ぶと $\overrightarrow{P_0P} /\!/ \boldsymbol{u}$ であるから $\overrightarrow{P_0P} = t\boldsymbol{u}$ と表すことができる．したがって l は原点を始点とする位置ベクトル $t\boldsymbol{u} + \overrightarrow{OP_0}$ の終点の集合になっている．点と位置ベクトルの終点とを区別せずに考えると，特に $P_0 = O$ の場合，直線は

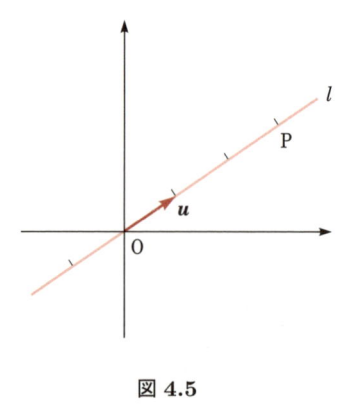

$$\{t\boldsymbol{u} \mid t \in \mathbb{R}\}$$

図 4.5

と表すことができる．座標空間 $\mathbb{R}^3$ 内の直線も同じように，方向ベクトル $\boldsymbol{u}$ を用いて同じ形に表される．これらの直線では方向ベクトル $\boldsymbol{u}$ を 1 つの目盛りと考えることで，直線上に座標を入れることができる．

では座標空間内の平面はどうであろうか．座標空間内の原点を通る 1 つの平面

$$\alpha : 3x - y + 2z = 0$$

に対して，その法ベクトル

$$\boldsymbol{n} = \begin{pmatrix} 3 \\ -1 \\ 2 \end{pmatrix}$$

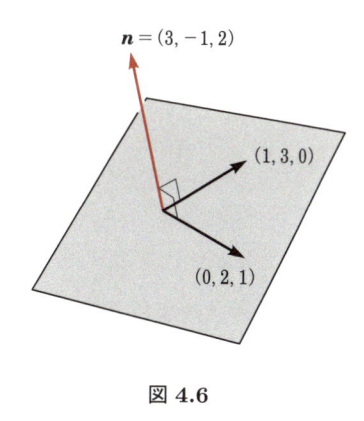

図 4.6

と直交する 2 つのベクトル

$$\boldsymbol{u}_1 = \begin{pmatrix} 1 \\ 3 \\ 0 \end{pmatrix}, \quad \boldsymbol{u}_2 = \begin{pmatrix} 0 \\ 2 \\ 1 \end{pmatrix}$$

を選ぶと，平面 α 上の各点 $\mathrm{P}(x, y, z)$ の位置ベクトル $\overrightarrow{\mathrm{OP}}$ は

$$\begin{pmatrix} x \\ y \\ z \end{pmatrix} = \begin{pmatrix} x \\ 3x + 2z \\ z \end{pmatrix} = x\boldsymbol{u}_1 + z\boldsymbol{u}_2$$

のように $\boldsymbol{u}_1, \boldsymbol{u}_2$ の線形結合として表現でき，α は位置ベクトル

$$\{s\boldsymbol{u}_1 + t\boldsymbol{u}_2 \mid s, t \in \mathbb{R}\}$$

の終点の集合ということもできる．この表示を見れば，平面 α の座標として，2 つのベクトル $\boldsymbol{u}_1, \boldsymbol{u}_2$ を目盛りの基準にできることがわかるであろう．

このように，位置ベクトルとその終点とを区別しないことにすると，一般に座標空間内の平面は，その法ベクトルに直交する一次独立な 2 つのベクトル $\boldsymbol{u}_1, \boldsymbol{u}_2$ を用いて $\{s\boldsymbol{u}_1 + t\boldsymbol{u}_2 \mid s, t \in \mathbb{R}\}$ と表される．

問題 4.4 次の平面を一次独立な 2 つのベクトルを用いて表現せよ．

（1） $4x + 3y - z = 0$ （2） $2x - 3y + 5z = 0$

座標平面内の原点を通る直線や座標空間内の原点を通る平面と直線を一般化して，$\mathbb{R}^n$ のベクトル $v_1, \ldots, v_r$ の線形結合全体という形をした集合

$$W = \{\lambda_1 v_1 + \cdots + \lambda_r v_r \mid \lambda_1, \ldots, \lambda_r \in \mathbb{R}\}$$

を $\mathbb{R}^n$ の**部分空間**という．ベクトル $v_1, \ldots, v_r$ が基になっていることを強調するために，この集合を $W[v_1, \ldots, v_r]$ と表して，$v_1, \ldots, v_r$ で**張られる部分空間**とか**生成される部分空間**ということもある．部分空間 W は

(0) $\mathbf{0} \in W$ (原点を通る)

(ⅰ) ベクトル $v \in \mathbb{R}^n$ が $v \in W$ であれば，各実数 λ について $\lambda v \in W$ (直線が集まった構造をもつ)

(ⅱ) 2つのベクトル $v, w \in \mathbb{R}^n$ が $v, w \in W$ であれば $v + w \in W$ (広がりがあるならその広がりを表す平面的な構造を含む)

という性質をもつ．したがって，

(1) 半平面 $\left\{ \begin{pmatrix} x \\ y \end{pmatrix} \in \mathbb{R}^2 \,\middle|\, x > 0 \right\}$,

(2) 直線族の和集合 $\left\{ \begin{pmatrix} x \\ y \end{pmatrix} \in \mathbb{R}^2 \,\middle|\, \begin{array}{l} x/2 \leqq y \leqq 2x \text{ または} \\ 2x \leqq y \leqq x/2 \end{array} \right\}$

などは部分空間ではない．なお $\{\mathbf{0}\}$ も部分空間とよぶことにする．

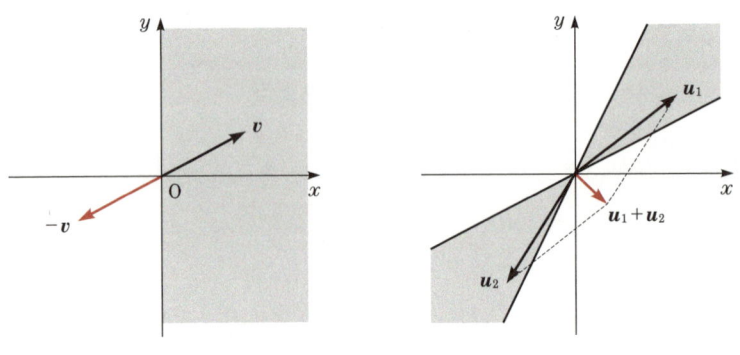

図 4.7

我々が視覚的に理解できる範囲で考えると，平面 $\mathbb{R}^2$ においては，

(a) 原点を通る直線 　　(b) 平面 $\mathbb{R}^2$ 自身 　　(c) 原点 $\{\mathbf{0}\}$

だけが部分空間であり，空間 $\mathbb{R}^3$ においては，

(a) 原点を通る直線　　(b) 原点を通る平面

(c) 空間 $\mathbb{R}^3$ 自身　　(d) 原点 $\{\mathbf{0}\}$

だけが部分空間である．

さて $\mathbb{R}^n$ のベクトルで生成された部分空間は直線的・平面的な性質をもつことを述べたが，逆にこのような性質をもつ $\mathbb{R}^n$ の集合を考えよう．

命題 4.3

$\mathbb{R}^n$ の空集合ではない部分集合 V が

(i) $\boldsymbol{v} \in V$ であれば，各実数 λ について $\lambda \boldsymbol{v} \in V$

(ii) $\boldsymbol{v}, \boldsymbol{w} \in V$ であれば $\boldsymbol{v} + \boldsymbol{w} \in V$

という性質をみたせば，V は $\mathbb{R}^n$ の部分空間になる．

[証明] $V \neq \{\mathbf{0}\}$ とする．$\boldsymbol{v}_1 \in V, \boldsymbol{v}_1 \neq \mathbf{0}$ なるベクトルを1つ取ると，性質 (i) により $W[\boldsymbol{v}_1] \subset V$ である．

$W[\boldsymbol{v}_1] \neq V$ であれば，$\boldsymbol{v}_2 \in V$ を $\boldsymbol{v}_2 \notin W[\boldsymbol{v}_1]$ となるように選ぶと，$\{\boldsymbol{v}_1, \boldsymbol{v}_2\}$ は一次独立であり，また性質 (i), (ii) により $W[\boldsymbol{v}_1, \boldsymbol{v}_2] \subset V$ である．

さらに $W[\boldsymbol{v}_1, \boldsymbol{v}_2] \neq V$ であれば，$\boldsymbol{v}_3 \in V$ を $\boldsymbol{v}_3 \notin W[\boldsymbol{v}_1, \boldsymbol{v}_2]$ となるように選ぶと，$\{\boldsymbol{v}_1, \boldsymbol{v}_2, \boldsymbol{v}_3\}$ は一次独立であり，$W[\boldsymbol{v}_1, \boldsymbol{v}_2, \boldsymbol{v}_3] \subset V$ である．このような操作は命題 4.1 (1) により n 回以下で終了する．つまり一次独立なベクトル $\boldsymbol{v}_1, \ldots, \boldsymbol{v}_r$ ($r \leqq n$) で $V = W[\boldsymbol{v}_1, \ldots, \boldsymbol{v}_r]$ となるものがある． □

問題 4.5 次の集合は $\mathbb{R}^3$ の部分空間か？

(1) $\left\{ \begin{pmatrix} x \\ y \\ z \end{pmatrix} \middle| x+y+z=1 \right\}$　　(2) $\left\{ \begin{pmatrix} x \\ y \\ z \end{pmatrix} \middle| x-2y=z \right\}$

(3) $\left\{ \begin{pmatrix} x \\ y \\ z \end{pmatrix} \middle| z \geqq 0 \right\}$　　(4) $\left\{ \begin{pmatrix} x \\ y \\ z \end{pmatrix} \middle| 3x=y,\ z=3x-2y \right\}$

では部分空間の座標軸としてはどのようなものが考えられるのであろうか．101 ページに述べた平面 $\alpha : 3x - y + 2z = 0$ を表現する方法として $\boldsymbol{u}_1, \boldsymbol{u}_2$ を選ぶ必然性はない．$\boldsymbol{n}$ と直交する別の一次独立な 2 つのベクトル

$$\boldsymbol{v}_1 = \begin{pmatrix} 1 \\ 1 \\ -1 \end{pmatrix}, \quad \boldsymbol{v}_2 = \begin{pmatrix} 1 \\ -1 \\ -2 \end{pmatrix}$$

を用いても，平面 α 上の各点 $\mathrm{P}(x, y, z)$ の位置ベクトル $\overrightarrow{\mathrm{OP}}$ は

$$\begin{pmatrix} x \\ y \\ z \end{pmatrix} = \frac{x+y}{2} \boldsymbol{v}_1 + \frac{x-y}{2} \boldsymbol{v}_2$$

のように $\boldsymbol{v}_1, \boldsymbol{v}_2$ の線形結合として表現され，α は

$$\{ s\boldsymbol{v}_1 + t\boldsymbol{v}_2 \mid s, t \in \mathbb{R} \}$$

とも表される．

空間 $\mathbb{R}^3$ 内の平面で考えたのと同様に，一般に $\boldsymbol{u}_1, \ldots, \boldsymbol{u}_r$ が一次独立であれば，これらで張られる部分空間 $W[\boldsymbol{u}_1, \ldots, \boldsymbol{u}_r]$ の座標軸の基として $\boldsymbol{u}_1, \ldots, \boldsymbol{u}_r$ を選ぶことができることは容易に想像がつくであろう．そこで $\mathbb{R}^n$ の部分空間 V に対して，ベクトル $\boldsymbol{v}_1, \ldots, \boldsymbol{v}_r$ が

（1） 一次独立

（2） $V = W[\boldsymbol{v}_1, \ldots, \boldsymbol{v}_r]$

という性質をもつとき，これらのベクトルの組 $\{\boldsymbol{v}_1, \ldots, \boldsymbol{v}_r\}$ を V の**基底**であるという．命題 4.3 の証明により次の性質がわかる．

命題 4.4

$\mathbb{R}^n$ の部分空間は必ず基底をもち，基底を構成するベクトルの数は n 個以下である．

命題 4.5

$\mathbb{R}^n$ の部分空間 V の一次独立なベクトル $\boldsymbol{v}_1, \ldots, \boldsymbol{v}_m \ (\in V)$ にいくつかのベクトルを加えて V の基底 $\{\boldsymbol{v}_1, \ldots, \boldsymbol{v}_m, \boldsymbol{v}_{m+1}, \ldots, \boldsymbol{v}_r\}$ を与えることができる.

例 4.2 101 ページに述べた $\mathbb{R}^3$ 内の平面 α, すなわち

$$V = \left\{ s \begin{pmatrix} 1 \\ 3 \\ 0 \end{pmatrix} + t \begin{pmatrix} 0 \\ 2 \\ 1 \end{pmatrix} \middle| s, t \in \mathbb{R} \right\}$$

について

$$\left\{ \begin{pmatrix} 1 \\ 3 \\ 0 \end{pmatrix}, \begin{pmatrix} 0 \\ 2 \\ 1 \end{pmatrix} \right\}, \quad \left\{ \begin{pmatrix} 1 \\ 1 \\ -1 \end{pmatrix}, \begin{pmatrix} 1 \\ -1 \\ -2 \end{pmatrix} \right\}, \quad \left\{ \begin{pmatrix} 1 \\ 3 \\ 0 \end{pmatrix}, \begin{pmatrix} 2 \\ 0 \\ -3 \end{pmatrix} \right\}$$

はすべて V の基底である. 一方,

$$\boldsymbol{v}_1 = \begin{pmatrix} 1 \\ 3 \\ 0 \end{pmatrix}, \quad \boldsymbol{v}_2 = \begin{pmatrix} 2 \\ 0 \\ -3 \end{pmatrix}, \quad \boldsymbol{v}_3 = \begin{pmatrix} 0 \\ 2 \\ 1 \end{pmatrix}$$

のとき $V = W[\boldsymbol{v}_1, \boldsymbol{v}_2, \boldsymbol{v}_3]$ であるが, 一次独立ではないので $\{\boldsymbol{v}_1, \boldsymbol{v}_2, \boldsymbol{v}_3\}$ は V の基底ではない. また $W[\boldsymbol{v}_1] \neq V$ であるから $\{\boldsymbol{v}_1\}$ も V の基底ではない. ◇

このように $\mathbb{R}^n$ 部分空間 W が与えられても基底の選び方はいろいろある. しかし W の基底を構成するベクトルの個数は同じである. この個数のことを W の**次元**といい $\dim(W)$ と表す. 例 4.2 の平面 W の場合 $\dim(W) = 2$ であり, これまで何気なく利用してきた「次元」の感覚と一致している. 我々は, 縦・横・高さという 3 つの独立したベクトルから構成される世界に住んでいるように見えるので 3 次元の世界といっているわけであるが, タイムトラベルができるようになれば 4 次元ということになるかもしれない.

例 4.3 （1） 数ベクトル空間 $\mathbb{R}^2$ においては x, y 軸に相当する

$$e_1 = \begin{pmatrix} 1 \\ 0 \end{pmatrix}, \quad e_2 = \begin{pmatrix} 0 \\ 1 \end{pmatrix}$$

を基底としてとることができ，$\dim(\mathbb{R}^2) = 2$ である．

（2） $\mathbb{R}^3$ においては x, y, z 軸に相当する

$$e_1 = \begin{pmatrix} 1 \\ 0 \\ 0 \end{pmatrix}, \quad e_2 = \begin{pmatrix} 0 \\ 1 \\ 0 \end{pmatrix}, \quad e_3 = \begin{pmatrix} 0 \\ 0 \\ 1 \end{pmatrix}$$

を基底としてとることができ，$\dim(\mathbb{R}^3) = 3$ である．

（3） 一般に，数ベクトル空間 $\mathbb{R}^n$ においては，i 成分が 1 で残りの成分は 0 であるベクトルの組

$$e_1 = \begin{pmatrix} 1 \\ 0 \\ \vdots \\ 0 \end{pmatrix}, \quad e_2 = \begin{pmatrix} 0 \\ 1 \\ \vdots \\ 0 \end{pmatrix}, \quad \ldots, \quad e_n = \begin{pmatrix} 0 \\ \vdots \\ 0 \\ 1 \end{pmatrix}$$

を基底としてとることができ，$\dim(\mathbb{R}^n) = n$ である．なおこの基底を $\mathbb{R}^n$ の**標準基底**という． ◇

例 4.4 $\mathbb{R}^3$ の原点を通る平面

$$W = \left\{ \begin{pmatrix} x \\ y \\ z \end{pmatrix} \in \mathbb{R}^3 \,\middle|\, 2x - y + 3z = 0 \right\}$$

は

$$v_1 = \begin{pmatrix} 1 \\ 2 \\ 0 \end{pmatrix}, \quad v_2 = \begin{pmatrix} 0 \\ 3 \\ 1 \end{pmatrix}$$

を基底とし $\dim(W) = 2$ である． ◇

§4.2 基　底

問題 4.6 次のベクトルの組で張られる部分空間の基底を 1 組あげよ．

(1) $\left\{ \begin{pmatrix} 1 \\ 3 \\ 2 \end{pmatrix}, \begin{pmatrix} 4 \\ 5 \\ 1 \end{pmatrix}, \begin{pmatrix} 3 \\ 2 \\ -1 \end{pmatrix} \right\}$
(2) $\left\{ \begin{pmatrix} 3 \\ -1 \\ 2 \end{pmatrix}, \begin{pmatrix} 1 \\ 4 \\ -3 \end{pmatrix}, \begin{pmatrix} 7 \\ 2 \\ 1 \end{pmatrix} \right\}$

(3) $\left\{ \begin{pmatrix} 3 \\ 1 \\ 2 \end{pmatrix}, \begin{pmatrix} 6 \\ 2 \\ 4 \end{pmatrix}, \begin{pmatrix} 12 \\ 4 \\ 8 \end{pmatrix} \right\}$
(4) $\left\{ \begin{pmatrix} 3 \\ 4 \\ 7 \end{pmatrix}, \begin{pmatrix} 1 \\ 2 \\ 4 \end{pmatrix}, \begin{pmatrix} 6 \\ 8 \\ 9 \end{pmatrix} \right\}$

問題 4.7 次の部分空間の次元を求めよ．

(1) $\left\{ \begin{pmatrix} x \\ y \\ z \end{pmatrix} \middle| 5x - 2y + 3z = 0 \right\}$
(2) $\left\{ \begin{pmatrix} x \\ y \\ z \end{pmatrix} \middle| \begin{array}{l} 2x + y - 3z = 0 \\ x - 2y + z = 0 \\ 7x - 4y - 3z = 0 \end{array} \right\}$

(3) $\left\{ \begin{pmatrix} x \\ y \\ z \\ w \end{pmatrix} \middle| 2x - 7y + 3z + 4w = 0 \right\}$

最後に次元について明確にしておこう．

命題 4.6

$\mathbb{R}^n$ の部分空間 W の基底を構成するベクトルの個数は基底の選び方によらない．

[証明] W の 2 組の基底 $\mathscr{V} = \{\boldsymbol{v}_1, \boldsymbol{v}_2, \ldots, \boldsymbol{v}_r\}$, $\mathscr{W} = \{\boldsymbol{w}_1, \boldsymbol{w}_2, \ldots, \boldsymbol{w}_s\}$ をとる．$\mathscr{V}$ は基底であるから $\boldsymbol{w}_j$ は

$$\boldsymbol{w}_j = p_{1j}\boldsymbol{v}_1 + p_{2j}\boldsymbol{v}_2 + \cdots + p_{rj}\boldsymbol{v}_r$$

のように表すことができる．このようにしてできる $r \times s$ 行列

$$P = \begin{pmatrix} p_{11} & \cdots & p_{1s} \\ \vdots & & \vdots \\ p_{r1} & \cdots & p_{rs} \end{pmatrix}$$

を係数行列とする連立 1 次方程式

$$P\begin{pmatrix} x_1 \\ \vdots \\ x_s \end{pmatrix} = \mathbf{0}$$

を考えよう．$r < s$ を仮定すると $\mathrm{rank}(P) \leqq r < s$ であるから，上の方程式は自明ではない解をもつ．このような解の 1 つ $\boldsymbol{x} = {}^t(a_1, a_2, \ldots, a_s)$ をとる．つまり

$$\begin{pmatrix} 0 \\ \vdots \\ 0 \end{pmatrix} = P\begin{pmatrix} a_1 \\ \vdots \\ a_s \end{pmatrix} = \begin{pmatrix} p_{11}a_1 + p_{12}a_2 + \cdots + p_{1s}a_s \\ \vdots \\ p_{r1}a_1 + p_{r2}a_2 + \cdots + p_{rs}a_s \end{pmatrix}$$

であるから

$$a_1 \boldsymbol{w}_1 + a_2 \boldsymbol{w}_2 + \cdots + a_s \boldsymbol{w}_s$$
$$= a_1(p_{11}\boldsymbol{v}_1 + \cdots + p_{r1}\boldsymbol{v}_r) + \cdots + a_s(p_{1s}\boldsymbol{v}_1 + \cdots + p_{rs}\boldsymbol{v}_r)$$
$$= (p_{11}a_1 + \cdots + p_{1s}a_s)\boldsymbol{v}_1 + \cdots + (p_{r1}a_1 + \cdots + p_{rs}a_s)\boldsymbol{v}_r$$
$$= \mathbf{0}$$

となり，$\{\boldsymbol{w}_1, \ldots, \boldsymbol{w}_s\}$ が一次独立であることに矛盾する．したがって $r \geqq s$ である．$\mathscr{V}$ と $\mathscr{W}$ とを入れ替えて同じように考えると $r \leqq s$ となるので $r = s$ である．□

§4.3　ベクトル空間

ここまで数ベクトル空間 $\mathbb{R}^n$ において考察を進めてきたが，少し抽象的に考えることにしよう．

数ベクトル空間 $\mathbb{R}^n$ においては

$$\boldsymbol{x} = \begin{pmatrix} x_1 \\ x_2 \\ \vdots \\ x_n \end{pmatrix}, \quad \boldsymbol{y} = \begin{pmatrix} y_1 \\ y_2 \\ \vdots \\ y_n \end{pmatrix} \in \mathbb{R}^n$$

と $\lambda \in \mathbb{R}$ とに対して

$$\boldsymbol{x}+\boldsymbol{y} = \begin{pmatrix} x_1+y_1 \\ x_2+y_2 \\ \vdots \\ x_n+y_n \end{pmatrix}, \quad \lambda\boldsymbol{x} = \begin{pmatrix} \lambda x_1 \\ \lambda x_2 \\ \vdots \\ \lambda x_n \end{pmatrix}$$

というように和とスカラー倍とを定めた．これらの操作（演算という）は，実数のたし算と掛け算を基にしているので，$\boldsymbol{x}+\boldsymbol{y}=\boldsymbol{y}+\boldsymbol{x}$ などのような実数の和や積に関して成り立つ性質を引き継いでいる．この点を抽象化して，和やスカラー倍が定義されている世界を考えることにしよう．

集合 V において以下の性質をみたす和 $+$ とスカラー倍 $\cdot$ とが定まっているとき $(V,+,\cdot)$ を**ベクトル空間**という．

（I）$v,w\in V$ に対して $v+w\in V$ が定まっていて

 (i) $v+w=w+v$ ［交換法則］
 (ii) $u+(v+w)=(u+v)+w$ ［結合法則］
 (iii) $v+x=v$ がすべての $v\in V$ について成り立つ $x\in V$ がある．以下この要素 x を**零元**といい o と表す．［零元の存在］
 (iv) 各 $v\in V$ に対して $v+y_v=o$ をみたす $y_v\in V$ がある．以下 y_v を $-v$ と表し，v の**逆元**という．［逆元の存在］

（II）$v\in V$ と $\lambda\in\mathbb{R}$ とに対して $\lambda\cdot v\in V$ が定まっていて，$v,w\in V$, $\lambda,\mu\in\mathbb{R}$ に対して，

 (i) $\lambda\cdot(v+w)=\lambda\cdot v+\lambda\cdot w$ ［分配法則］
 (ii) $(\lambda+\mu)\cdot v=\lambda\cdot v+\mu\cdot v$ ［分配法則］
 (iii) $(\lambda\mu)\cdot v=\lambda\cdot(\mu\cdot v)$ ［結合法則］
 (iv) $1\cdot v=v$

という性質である．この性質をしいて暗記する必要はなく，**数ベクトル空間と同じ事ができる対象**であると考えておけばよい．また，ベクトル空間 V の要素 $v\in V$ をベクトルという．なお，スカラー倍の $\cdot$ は略すことが多い．

例 4.5 $m \times n$ 行列全体の集合を $\mathrm{Mat}(m, n; \mathbb{R})$ で表す．集合 $\mathrm{Mat}(m, n; \mathbb{R})$ は通常の和 $A + B$ とスカラー倍 λA によりベクトル空間になる． $\diamondsuit$

例 4.6 何回でも微分できる $\mathbb{R}$ を定義域とする関数全体の集合 $C^\infty(\mathbb{R})$ は，$f, g \in C^\infty(\mathbb{R})$ と実数 λ とに対して

$$(f + g)(x) = f(x) + g(x), \quad (\lambda f)(x) = \lambda f(x)$$

として $f + g$, λf という和の関数とスカラー倍された関数を定めるとベクトル空間になる． $\diamondsuit$

ベクトル空間 V の各要素 $v \in V$ を**ベクトル**，$\lambda \in \mathbb{R}$ を**スカラー**という．少し違和感があるかもしれないが，ベクトル空間 $C^\infty(\mathbb{R})$ を考えるとき，各関数 $f \in C^\infty(\mathbb{R})$ は 1 つのベクトルということになる．

ここでベクトル空間の要素についての性質をまとめておく．
（ 1 ） 零元はただ 1 つである
（ 2 ） 各 v に対してその逆元もただ 1 つである
（ 3 ） $0 \cdot v = o$
（ 4 ） $\lambda \cdot o = o$
（ 5 ） $(-1) \cdot v = -v$

***問題 4.8** 上記の性質を示せ．

数ベクトル空間の部分空間を一般化して，ベクトル空間 V の空集合ではない部分集合 W が

（ S-i ） $w \in W$ であれば，各実数 λ について $\lambda w \in W$
（ S-ii ） $w_1, w_2 \in W$ であれば $w_1 + w_2 \in W$

という性質を満たすとき**部分空間**であるという．性質（ S-i ）により零ベクトル $o = 0 \cdot v$ は W の要素である．部分空間 W は V の和 $+$ とスカラー倍 $\cdot$ をそのまま使うことでベクトル空間になる．なお，上記の部分空間の 2 条件を合わせて，ベクトル空間 V の部分集合 W が

（S）　$w_1, w_2 \in W$, $\lambda_1, \lambda_2 \in \mathbb{R}$ に対して $\lambda_1 w_1 + \lambda_2 w_2 \in W$

という性質を満たすとき W は部分空間であると言い直すことができる．

*問題 4.9 部分空間の条件について，「(S-i), (S-ii)」と (S) とは互いに同値であることを示せ．

例 4.7 ベクトル空間 V のベクトル $v_1, \ldots, v_r$ に対してこれらの線形結合全体の集合

$$W[v_1, \ldots, v_r] = \{\lambda_1 v_1 + \cdots + \lambda_r v_r \mid \lambda_1, \ldots, \lambda_r \in \mathbb{R}\}$$

は性質 (S-i), (S-ii) をみたし部分空間になる．これを $v_1, \ldots, v_r$ が生成する部分空間という．　◇

例 4.8 一般に連立 1 次方程式

$$(*) \quad \begin{cases} a_{11}x_1 + a_{12}x_2 + \cdots + a_{1n}x_n = 0 \\ a_{21}x_1 + a_{22}x_2 + \cdots + a_{2n}x_n = 0 \\ \quad\quad\quad\quad \vdots \\ a_{m1}x_1 + a_{m2}x_2 + \cdots + a_{mn}x_n = 0 \end{cases}$$

の解全体の集合 S は $s = (s_1, s_2, \ldots, s_n)$, $u = (u_1, u_2, \ldots, u_n) \in S$ ならば

$$a_{i1}s_1 + a_{i2}s_2 + \cdots + a_{in}s_n = 0, \quad a_{i1}u_1 + a_{i2}u_2 + \cdots + a_{in}u_n = 0$$

であるから

$$a_{i1}(s_1 + u_1) + a_{i2}(s_2 + u_2) + \cdots + a_{in}(s_n + u_n) = 0$$
$$a_{i1}(\lambda s_1) + a_{i2}(\lambda s_2) + \cdots + a_{in}(\lambda s_n) = 0$$

より $s + u, \lambda s \in S$ であることがわかり，S は $\mathbb{R}^n$ の部分空間になる．この部分空間を連立 1 次方程式 (*) の **解空間** という．　◇

例 4.9 n 次正方行列が作るベクトル空間 $\mathrm{Mat}(n, n; \mathbb{R})$ の部分集合

$$V_1 = \{A \in \mathrm{Mat}(n, n; \mathbb{R}) \mid A \text{ は対角行列}\}$$

$$V_2 = \{A \in \mathrm{Mat}(n, n; \mathbb{R}) \mid \mathrm{trace}(A) = 0\}$$

はともに部分空間である. $\diamondsuit$

例 4.10 係数を a, b, c とする 2 次以下の関数 $f_{[a, b, c]}(x) = ax^2 + bx + c$ の集合

$$V = \{f_{[a, b, c]} \mid a, b, c \in \mathbb{R}\}$$

は $C^{\infty}(\mathbb{R})$ の部分空間である. $\diamondsuit$

問題 4.10 ベクトル空間 V の 2 つの部分空間 W_1, W_2 に対して
（1） $W_1 \cap W_2$
（2） $W_1 + W_2 = \{w_1 + w_2 \mid w_1 \in W_1,\ w_2 \in W_2\}$
はともに V の部分空間になることを示せ.

問題 4.10（2）の部分空間 $W_1 + W_2$ を W_1 と W_2 との**和空間**という．特に $W_1 \cap W_2 = \{o\}$ であるとき**直和**といって $W_1 \oplus W_2$ とも表す．

例 4.11 $\mathbb{R}^3$ の部分空間について
（1） 2 直線

$$W_1 = \left\{ \begin{pmatrix} x \\ y \\ z \end{pmatrix} \in \mathbb{R}^3 \,\middle|\, \begin{array}{l} y = x, \\ z = 0 \end{array} \right\}, \quad W_2 = \left\{ \begin{pmatrix} x \\ y \\ z \end{pmatrix} \in \mathbb{R}^3 \,\middle|\, \begin{array}{l} y = 2x, \\ z = 0 \end{array} \right\}$$

に対して，$W_1 + W_2$ は xy 平面

$$U = \left\{ \begin{pmatrix} x \\ y \\ z \end{pmatrix} \in \mathbb{R}^3 \,\middle|\, z = 0 \right\}$$

であり，この場合は直和になる（$U = W_1 \oplus W_2$）．

（2） 2平面

$$W_1 = \left\{ \begin{pmatrix} x \\ y \\ z \end{pmatrix} \in \mathbb{R}^3 \,\middle|\, x = 0 \right\}, \quad W_2 = \left\{ \begin{pmatrix} x \\ y \\ z \end{pmatrix} \in \mathbb{R}^3 \,\middle|\, y = 0 \right\}$$

に対して，$W_1 + W_2 = \mathbb{R}^3$ である．この場合，$W_1 \cap W_2$ は z 軸

$$W_1 \cap W_2 = \left\{ \begin{pmatrix} x \\ y \\ z \end{pmatrix} \in \mathbb{R}^3 \,\middle|\, x = y = 0 \right\}$$

であり，$W_1 + W_2$ は直和ではない． ◇

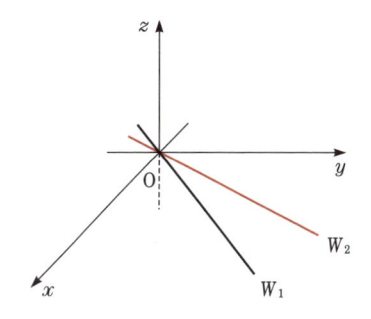

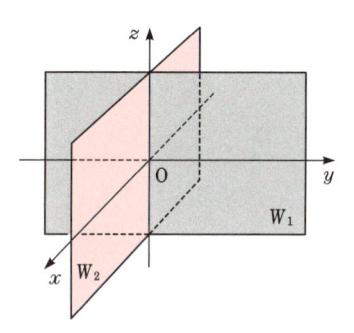

図 4.8

ベクトル空間 V のベクトル $v_1, \ldots, v_r$ に対しても

$$\lambda_1 v_1 + \lambda_2 v_2 + \cdots + \lambda_r v_r = 0 \quad \text{ならば} \quad \lambda_1 = \lambda_2 = \cdots = \lambda_r = 0$$

という性質が成り立つとき，このベクトルの組は**一次独立**であるという．組 $\{v_1, \ldots, v_r\}$ が

(ⅰ) 一次独立であり

(ⅱ) V のベクトル $v \in V$ は $v_1, \ldots, v_r$ の線形結合として表される，すなわち $V = W[v_1, \ldots, v_r]$ である

という性質を満たすとき，この組は V の**基底**であるという．前節でも学習したように，基底は座標軸の基に相当するものである．数ベクトル空間 $\mathbb{R}^n$

の部分空間に対しては n 個以下のベクトルの組が基底になったが，一般のベクトル空間では $C^\infty(\mathbb{R})$ のように有限個のベクトルの組では基底にはなれない場合もある．本書では原則として有限個のベクトルにより生成されるベクトル空間のみを扱うことにする．

定理 4.1

ベクトル空間 V は m ($\geqq 1$) 個のベクトル $u_1, u_2, \ldots, u_m$ により生成され，$V \neq \{o\}$ であるとする．r 個のベクトル $v_1, v_2, \ldots, v_r$ が 1 次独立であれば $r \leqq m$ である．したがって V の基底を構成するベクトルの数は，基底の選び方によらず一定である．

ベクトル空間 V の基底を構成するベクトルの数を**次元**といって $\dim(V)$ と表す．なお $V = \{o\}$ の場合には，基底は空集合で $\dim(V) = 0$ と定める．

例 4.12 例 4.10 の 2 次以下の関数の集合 V について，基底として

$$f_{[1,0,0]}(x) = x^2, \quad f_{[0,1,0]}(x) = x, \quad f_{[0,0,1]}(x) = 1$$

という関数をとることができ，$\dim(V) = 3$ である．　　　　　　　　　◇

一部の座標軸が与えられたとき，それを含む座標軸を構成できるという命題 4.5 は，一般のベクトル空間についても成り立つ．

命題 4.7

n 次元ベクトル空間 V の 1 次独立なベクトル $v_1, \ldots, v_s$ ($s < n$) に対して，適当なベクトル $v_{s+1}, \ldots, v_n$ を $\{v_1, \ldots, v_s, v_{s+1}, \ldots, v_n\}$ が V の基底になるように選ぶことができる．

有限個のベクトルの組では基底にはなれないとき，そのベクトル空間は**無限次元**であるといわれる．本書で紹介するベクトル空間の性質のいくつかは無限次元の場合に読み替えることができないものも含まれているので，無限次元を扱う場合は注意が必要である．

§4.4 内積

この節では一般のベクトル空間において，長さや角度を測ることを考えることにしよう．

数ベクトル空間 $\mathbb{R}^2$ において，ベクトル

$$\boldsymbol{v} = \begin{pmatrix} x \\ y \end{pmatrix} \in \mathbb{R}^2$$

の長さ，つまり，原点と $\boldsymbol{v}$ の終点 $\mathrm{P}(x, y)$ との距離は

$$\|\boldsymbol{v}\| = \sqrt{x^2 + y^2}$$

として与えられる．この長さは

(N-i)　$\|\boldsymbol{v}\| \geqq 0$ であり，$\|\boldsymbol{v}\| = 0$ となるための必要十分条件は $\boldsymbol{v} = \boldsymbol{0}$ である．

(N-ii)　$\|\lambda \cdot \boldsymbol{v}\| = |\lambda| \|\boldsymbol{v}\|$

(N-iii)　$\|\boldsymbol{v} + \boldsymbol{w}\| \leqq \|\boldsymbol{v}\| + \|\boldsymbol{w}\|$

という性質をもつ．3つ目の性質は「寄り道をすれば遠回りになる」事を意味していて**三角不等式**といわれる．

図 4.9

高次元の数ベクトル空間 $\mathbb{R}^n$ においても，ベクトル $\boldsymbol{v} = {}^t(x_1, x_2, \ldots, x_n) \in \mathbb{R}^n$ に対して

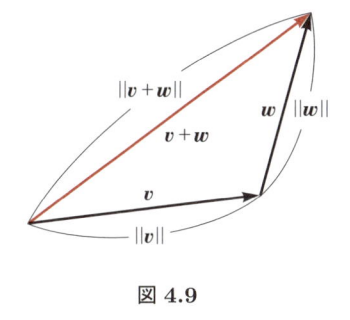

$$\|\boldsymbol{v}\| = \sqrt{x_1{}^2 + x_2{}^2 + \cdots + x_n{}^2}$$

と定めるとやはり上記の3条件を満たす．これを $\mathbb{R}^n$ における**標準(的な)ノルム**という．より一般に，ベクトル空間 V の各ベクトル $v \in V$ に対して定めた実数値 $\|v\|$ が上記 (N-i)～(N-iii) の3条件を満たすとき，この $\|\cdot\|$ を V 上の**ノルム**という．

例 4.13 平面 $\mathbb{R}^2$ のベクトル

$$\boldsymbol{v} = \begin{pmatrix} x \\ y \end{pmatrix}$$

に対して

$$\|\boldsymbol{v}\|_\infty = \max\{|x|, |y|\}, \quad \|\boldsymbol{v}\|_* = |x| + |y|$$

と定めると，ともに $\mathbb{R}^2$ のノルムになる．標準ノルムと合わせて，ノルムが 1 となるベクトルの（終点）の集合を図示すると次の図 4.10 ようになる． ◇

図 4.10　　　　　　　　図 4.11

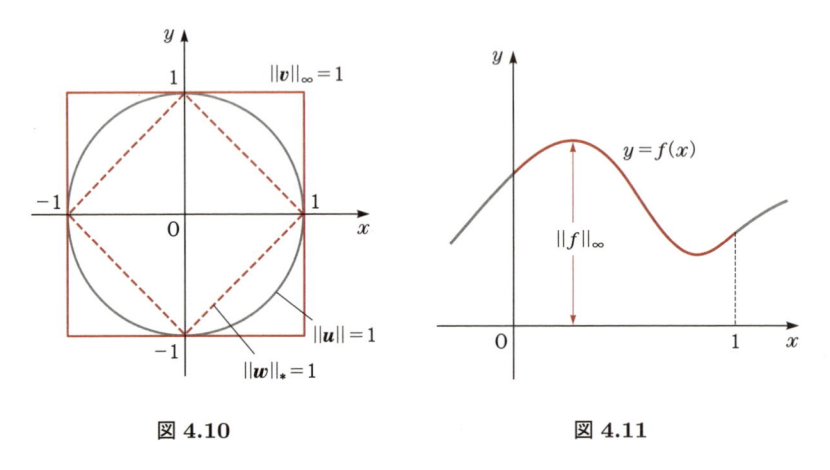

例 4.14 区間 $[0, 1] = \{x \in \mathbb{R} \mid 0 \leq x \leq 1\}$ を定義域とする連続関数全体の集合 $C^0([0, 1])$ は例 4.6 と同じ和とスカラー倍によりベクトル空間になるが，

$$\|f\|_\infty = \max_{0 \leq x \leq 1} |f(x)| = (|f| \text{ の最大値})$$

と定めるとノルムになる（図 4.11）．なお，このベクトル空間についても有限個のベクトルの組では基底にはなれない． ◇

次に角度を考えよう．第 1 章で復習したように，数ベクトル空間 $\mathbb{R}^2$ において，2 つのベクトル $\boldsymbol{u}, \boldsymbol{v} \in \mathbb{R}^2$ に対して，内積 $\boldsymbol{u} \cdot \boldsymbol{v}$ をこれらのベクトルの長さ（標準ノルム）となす角 θ とを用いて

$$\boldsymbol{u}\cdot\boldsymbol{v} = \|\boldsymbol{u}\|\|\boldsymbol{v}\|\cos\theta$$

と定めた．余弦定理を利用してこの内積を成分で表示して調べることにより，実数 λ とベクトル $\boldsymbol{u},\boldsymbol{v},\boldsymbol{w}$ について

(ⅰ) $\boldsymbol{u}\cdot\boldsymbol{v} = \boldsymbol{v}\cdot\boldsymbol{u}$

(ⅱ) $(\lambda\boldsymbol{u})\cdot\boldsymbol{v} = \lambda\boldsymbol{u}\cdot\boldsymbol{v}$

(ⅲ) $(\boldsymbol{u}+\boldsymbol{w})\cdot\boldsymbol{v} = \boldsymbol{u}\cdot\boldsymbol{v} + \boldsymbol{w}\cdot\boldsymbol{v}$

(ⅳ) $\boldsymbol{v}\cdot\boldsymbol{v}\geqq 0$ であり，$\boldsymbol{v}\cdot\boldsymbol{v}=0$ となるための必要十分条件は $\boldsymbol{v}=\boldsymbol{0}$

という性質をもっていた．

一般のベクトル空間では逆に内積を定めることで角度を導入することにしよう．ベクトル空間 V の要素 $u,v\in V$ に対して定めた実数値 $\langle u,v\rangle$ が次の (I-ⅰ)〜(I-ⅳ) の 4 条件を満たすとき，この $\langle\,,\,\rangle$ を V 上の**内積**という．

(I-ⅰ) $\langle u,v\rangle = \langle v,u\rangle$

(I-ⅱ) $\langle \lambda u,v\rangle = \lambda\langle u,v\rangle = \langle u,\lambda v\rangle$ （λ は実数）

(I-ⅲ) $\langle u+w,v\rangle = \langle u,v\rangle + \langle w,v\rangle$

(I-ⅳ) $\langle v,v\rangle\geqq 0$ であり，$\langle v,v\rangle=0$ となる必要十分条件は $v=o$ である．

また，内積の定まっているベクトル空間を**内積空間**という．

▶**注意** 本書では内積として以後 $\cdot$ を用いずに $\langle\,,\,\rangle$ を使用することにする．

例 4.15 高次元の数ベクトル空間 $\mathbb{R}^n$ においても，2 つのベクトル

$$\boldsymbol{u} = \begin{pmatrix} x_1 \\ \vdots \\ x_n \end{pmatrix},\quad \boldsymbol{v} = \begin{pmatrix} y_1 \\ \vdots \\ y_n \end{pmatrix} \in \mathbb{R}^n$$

に対して

$$\langle \boldsymbol{u},\boldsymbol{v}\rangle = x_1 y_1 + x_2 y_2 + \cdots + x_n y_n\ (= {}^t\!\boldsymbol{u}\boldsymbol{v})$$

と定めると 4 条件を満たす．この内積を $\mathbb{R}^n$ における**標準（的な）内積**という． ◇

例 4.16 連続関数の空間 $C^0([0,1])$ において

$$\langle f, g \rangle_2 = \int_0^1 f(x)g(x)\,dx$$

と定めると内積になる. $\diamond$

ベクトル空間 V に内積が定まっているとき $\|v\| = \sqrt{\langle v, v \rangle}$ と定めると, この $\|\cdot\|$ は 3 条件 (N-i)〜(N-iii) を満たし V 上のノルムになる. これを内積から誘導されたノルムという. 内積と誘導されたノルムとの間には次のような関係がある.

命題 4.8（シュワルツの不等式）

各 $v, w \in V$ に対して

$$|\langle v, w \rangle| \leqq \|v\|\,\|w\|$$

が成り立つ.

[証明] $v \neq o$, $w \neq o$ の場合だけを考えればよい. 実数 t に対して

$$0 \leqq \|v + tw\|^2 = \langle v + tw, v + tw \rangle = \|v\|^2 + 2t\langle v, w \rangle + t^2\|w\|^2$$

が成り立つことから, t に関する 2 次式

$$t^2\|w\|^2 + 2t\langle v, w \rangle + \|v\|^2$$

の判別式 D は正ではない. したがって

$$0 \geqq \frac{D}{4} = \langle v, w \rangle^2 - \|v\|^2\,\|w\|^2$$

である. $\square$

命題 4.8 は幾何学的には次のことを意味する. ベクトル v の終点 A を通り w に平行な直線 l と, この直線に垂直で原点 O を通る直線 m を引く. 2 直線 l, m の交点を H として三角形 OAH を考えれば AH の長さは OA の長さ以下である.

§4.4 内　　積

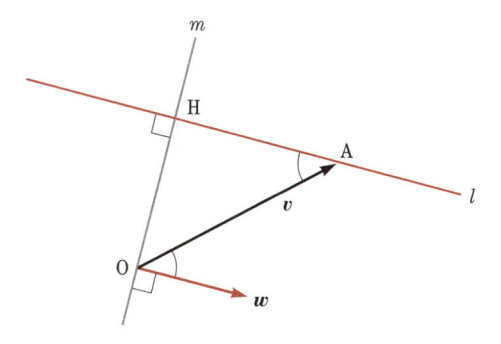

図 4.12 $\overline{\text{AH}} = \overline{\text{OA}} \cos \angle \text{OAH}$

内積空間の 2 つのベクトル $v, w \, (\neq o)$ に対して，これらがなす角 $\theta \, (0 \leqq \theta \leqq \pi)$ を
$$\cos \theta = \frac{\langle v, w \rangle}{\|v\| \, \|w\|}$$
を満たすものと定める．特に $\langle v, w \rangle = 0$ であるとき（v または w が o である場合を含めて），この 2 つのベクトルは**直交する**という．

問題 4.11 $\mathbb{R}^n$ の標準内積に関して次の 2 つのベクトルのなす角を求めよ．

（1）$\begin{pmatrix} 1 \\ 2 \\ 3 \end{pmatrix}, \begin{pmatrix} 3 \\ -1 \\ 2 \end{pmatrix}$　　　（2）$\begin{pmatrix} 4 \\ 9 \\ 2 \end{pmatrix}, \begin{pmatrix} 5 \\ -4 \\ 8 \end{pmatrix}$

（3）$\begin{pmatrix} 1 \\ -3 \\ 4 \\ -2 \end{pmatrix}, \begin{pmatrix} -2 \\ 1 \\ -2 \\ 1 \end{pmatrix}$　　　（4）$\begin{pmatrix} 1 \\ -1 \\ 2 \\ 1 \\ 2 \end{pmatrix}, \begin{pmatrix} 2 \\ 2 \\ 3 \\ 1 \\ 2 \end{pmatrix}$

問題 4.12 内積空間 $(V, \langle \, , \, \rangle)$ の部分空間 W に対して，
$$W^\perp = \{v \in V \mid \text{すべての } w \in W \text{ に対して } \langle v, w \rangle = 0\}$$
と定めると $W^\perp$ も V の部分空間であることを示せ．

この部分空間 $W^\perp$ を W の**直交補空間**という．例えば，空間 $\mathbb{R}^3$ において $\boldsymbol{n} \, (\neq \boldsymbol{0})$ が作る部分空間 $W[\boldsymbol{n}]$ の直交補空間 $W[\boldsymbol{n}]^\perp$ は $\boldsymbol{n}$ を法ベクトルとする原点を通る平面である．

§4.5　正規直交基底

§4.2 と §4.3 でベクトル空間の基底を学習したが，内積構造を追加した内積空間においては，座標平面 $\mathbb{R}^2$ の xy 座標や座標空間 $\mathbb{R}^3$ の xyz 座標のように，座標軸が互いに直交している方が一般に扱いやすい．そこで直交座標系の基になる基底 $\{e_1, \ldots, e_n\}$，すなわち

（ⅰ）互いに直交する：$\langle e_i, e_j \rangle = 0,\ i \neq j$

（ⅱ）長さは 1：$\|e_i\| = 1$

を満たす基底であるときに**正規直交基底**であるという．

ベクトル空間 V の正規直交基底 $\{e_1, \ldots, e_n\}$ が与えられたときに，各要素 $v \in V$ をこの座標で表現してみよう．

まず座標平面 $\mathbb{R}^2$ の正規直交基底 $\{e_1, e_2\}$ が与えられている場合を考えることにし，$v \in \mathbb{R}^2$ と e_1 とのなす角を θ_1，v と e_2 とのなす角を θ_2 とする（図 4.13 参照）．v の長さが $\|v\|$ であるから，座標平面における極座標のときと同じように考えると

$$v = \|v\| \cos\theta_1\ e_1 + \|v\| \cos\theta_2\ e_2$$

であり，$\cos\theta_1 = \dfrac{\langle v, e_1 \rangle}{\|v\|\,\|e_1\|} = \dfrac{\langle v, e_1 \rangle}{\|v\|}$，$\cos\theta_2 = \dfrac{\langle v, e_2 \rangle}{\|v\|}$ であるから，

$$v = \langle v, e_1 \rangle e_1 + \langle v, e_2 \rangle e_2$$

と表される．

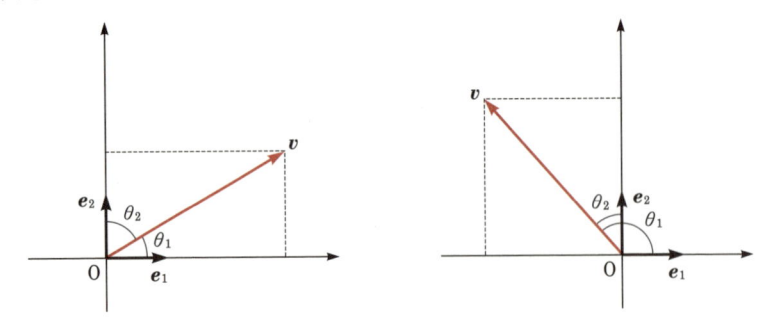

図 4.13

▶注意 e_2 が e_1 から見て $-\dfrac{\pi}{2}$ の方向にある場合は，e_1 を軸として $\mathbb{R}^3$ の中で回転させると $\dfrac{\pi}{2}$ の方向に見えるようになる．

例 4.17 座標平面 $\mathbb{R}^2$ において $\boldsymbol{v} = \begin{pmatrix} a \\ b \end{pmatrix}$ は，

(1) $\left\{ \boldsymbol{e}_1 = \begin{pmatrix} 1 \\ 0 \end{pmatrix}, \boldsymbol{e}_2 = \begin{pmatrix} 0 \\ 1 \end{pmatrix} \right\}$ という正規直交基底に関して
$$\boldsymbol{v} = a\boldsymbol{e}_1 + b\boldsymbol{e}_2$$

(2) $\left\{ \boldsymbol{e}_1 = \dfrac{\sqrt{2}}{2}\begin{pmatrix} 1 \\ 1 \end{pmatrix}, \boldsymbol{e}_2 = \dfrac{\sqrt{2}}{2}\begin{pmatrix} -1 \\ 1 \end{pmatrix} \right\}$ という正規直交基底に関して

$$\boldsymbol{v} = \begin{pmatrix} a \\ b \end{pmatrix} = \frac{1}{2}\begin{pmatrix} a+b \\ a+b \end{pmatrix} + \frac{1}{2}\begin{pmatrix} a-b \\ -a+b \end{pmatrix}$$
$$= \frac{\sqrt{2}}{2}(a+b)\boldsymbol{e}_1 + \frac{\sqrt{2}}{2}(-a+b)\boldsymbol{e}_2$$

のようにそれぞれ表され，係数は内積を使って計算したものと一致する． ◇

命題 4.9

内積空間 $(V, \langle\,,\,\rangle)$ に対してその正規直交基底 $\{e_1, \ldots, e_n\}$ が与えられたとき，$v \in V$ は
$$v = \langle v, e_1 \rangle e_1 + \langle v, e_2 \rangle e_2 + \cdots + \langle v, e_n \rangle e_n$$
と表される．

[証明] v は，基底を用いて
$$v = a_1 e_1 + a_2 e_2 + \cdots + a_n e_n \quad (a_i \in \mathbb{R})$$
と表される．v と e_i との内積を調べると
$$\langle v, e_i \rangle = \langle a_1 e_1 + \cdots + a_n e_n, e_i \rangle = a_1 \langle e_1, e_i \rangle + \cdots + a_n \langle e_n, e_i \rangle = a_i$$
であるから結論を得る． □

次に一般の基底から正規直交基底を作る方法を学習しよう．

まず座標平面において考えてみよう．座標平面 $\mathbb{R}^2$ の 1 次独立な 2 つのベクトル $\boldsymbol{u}, \boldsymbol{v}$ が与えられたとき，$\boldsymbol{u}$ 方向の地平線（= 直線）l に垂直に光を当ててみよう．このとき直線 l 上に $\boldsymbol{v}$ の影ができる．この影のベクトルを $\boldsymbol{v}_l$ と表すことにすると，図 4.14 からわかるように $\boldsymbol{w} = \boldsymbol{v} - \boldsymbol{v}_l$ は $\boldsymbol{u}$ に直交している．したがって $\{\boldsymbol{u}, \boldsymbol{w}\}$ は直交する 2 つのベクトルになる．なお $\boldsymbol{v}$ に対して $\boldsymbol{u}$ 方向のベクトル $\boldsymbol{v}_l$ を対応させることを $\boldsymbol{v}$ の $\boldsymbol{u}$ 方向への**正射影**という．

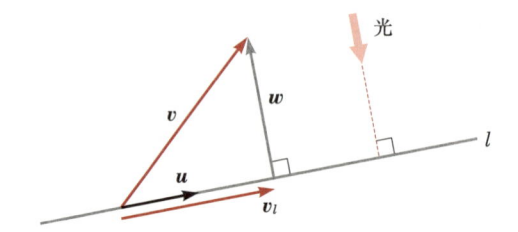

図 4.14 直線への正射影

では $\boldsymbol{v}_l$ はどのように求められるのであろうか．

$$\left\{ \frac{1}{\|\boldsymbol{u}\|}\boldsymbol{u},\ \frac{1}{\|\boldsymbol{w}\|}\boldsymbol{w} \right\}$$

は平面 $\mathbb{R}^2$ の正規直交基底になっているから，命題 4.9 により

$$\boldsymbol{v} = \left\langle \boldsymbol{v}, \frac{1}{\|\boldsymbol{u}\|}\boldsymbol{u} \right\rangle \frac{1}{\|\boldsymbol{u}\|}\boldsymbol{u} + \left\langle \boldsymbol{v}, \frac{1}{\|\boldsymbol{w}\|}\boldsymbol{w} \right\rangle \frac{1}{\|\boldsymbol{w}\|}\boldsymbol{w} = \frac{\langle \boldsymbol{v}, \boldsymbol{u} \rangle}{\|\boldsymbol{u}\|^2}\boldsymbol{u} + \boldsymbol{w}$$

となり

$$\boldsymbol{v}_l = \frac{\langle \boldsymbol{v}, \boldsymbol{u} \rangle}{\|\boldsymbol{u}\|^2}\boldsymbol{u} = \frac{\langle \boldsymbol{v}, \boldsymbol{u} \rangle}{\langle \boldsymbol{u}, \boldsymbol{u} \rangle}\boldsymbol{u}$$

である．

▶**注意** 今後 $\dfrac{1}{\|\boldsymbol{u}\|}\boldsymbol{u}$ を $\dfrac{\boldsymbol{u}}{\|\boldsymbol{u}\|}$ と表示することにする．

問題 4.13 座標平面 $\mathbb{R}^2$ において，次の $\boldsymbol{v}$ を $\boldsymbol{u}$ 方向へ正射影したベクトルを求めよ．

（1） $\boldsymbol{u} = \begin{pmatrix} 2 \\ 3 \end{pmatrix},\quad \boldsymbol{v} = \begin{pmatrix} 5 \\ -1 \end{pmatrix}$ 　　（2） $\boldsymbol{u} = \begin{pmatrix} -3 \\ 4 \end{pmatrix},\quad \boldsymbol{v} = \begin{pmatrix} 2 \\ -1 \end{pmatrix}$

§4.5 正規直交基底

次に座標空間 $\mathbb{R}^3$ の 1 次独立な 3 つのベクトル $\boldsymbol{u}_1, \boldsymbol{u}_2, \boldsymbol{v}$ が与えられた場合を考察しよう．座標平面において 2 つのベクトルから互いに直交するベクトルを構成する方法を学習しているので，ここでは $\boldsymbol{u}_1, \boldsymbol{u}_2$ は互いに直交しているものとし，これらで生成される平面 $W[\boldsymbol{u}_1, \boldsymbol{u}_2]$ を W と表すことにする．2 つのベクトルの場合と同じように考えて，平面 W に垂直に光を当てて図 4.15 のように $\boldsymbol{v}$ の影 $\boldsymbol{v}_W$ を作る．このとき $\boldsymbol{w} = \boldsymbol{v} - \boldsymbol{v}_W$ は W の 1 つの法ベクトルになり，$\boldsymbol{u}_1, \boldsymbol{u}_2, \boldsymbol{w}$ は互いに直交する．

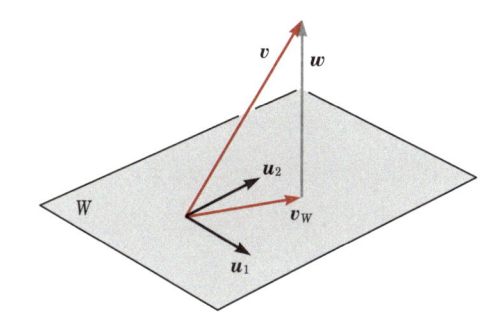

図 4.15 平面への正射影

ところで

$$\left\{ \frac{\boldsymbol{u}_1}{\|\boldsymbol{u}_1\|}, \frac{\boldsymbol{u}_2}{\|\boldsymbol{u}_2\|} \right\}$$

は W の正規直交基底になっているから

$$\boldsymbol{v}_W = \left\langle \boldsymbol{v}_W, \frac{\boldsymbol{u}_1}{\|\boldsymbol{u}_1\|} \right\rangle \frac{\boldsymbol{u}_1}{\|\boldsymbol{u}_1\|} + \left\langle \boldsymbol{v}_W, \frac{\boldsymbol{u}_2}{\|\boldsymbol{u}_2\|} \right\rangle \frac{\boldsymbol{u}_2}{\|\boldsymbol{u}_2\|}$$
$$= \frac{\langle \boldsymbol{v}_W, \boldsymbol{u}_1 \rangle}{\|\boldsymbol{u}_1\|^2} \boldsymbol{u}_1 + \frac{\langle \boldsymbol{v}_W, \boldsymbol{u}_2 \rangle}{\|\boldsymbol{u}_2\|^2} \boldsymbol{u}_2$$

と表すことができる．$\boldsymbol{w}$ は $\boldsymbol{u}_1, \boldsymbol{u}_2$ に直交し，$\boldsymbol{v} = \boldsymbol{v}_W + \boldsymbol{w}$ であるから

$$\boldsymbol{v}_W = \frac{\langle \boldsymbol{v}, \boldsymbol{u}_1 \rangle}{\|\boldsymbol{u}_1\|^2} \boldsymbol{u}_1 + \frac{\langle \boldsymbol{v}, \boldsymbol{u}_2 \rangle}{\|\boldsymbol{u}_2\|^2} \boldsymbol{u}_2$$

と表現される．

問題 4.14 座標空間 $\mathbb{R}^3$ において，u_1, u_2 が直交していることを確認し，これらで生成される平面へ v を正射影したベクトルを求めよ．

(1) $u_1 = \begin{pmatrix} 1 \\ 2 \\ -1 \end{pmatrix}, \quad u_2 = \begin{pmatrix} 2 \\ -1 \\ 0 \end{pmatrix}, \quad v = \begin{pmatrix} 5 \\ 3 \\ 5 \end{pmatrix}$

(2) $u_1 = \begin{pmatrix} 1 \\ 1 \\ 1 \end{pmatrix}, \quad u_2 = \begin{pmatrix} -1 \\ 2 \\ -1 \end{pmatrix}, \quad v = \begin{pmatrix} 3 \\ 1 \\ 5 \end{pmatrix}$

以上の考察を基に，一般にベクトル空間 V の基底 $v_1, \ldots, v_n$ が与えられたときに正規直交基底を構成してみよう．

(Step 1) 最初の方向は変えずに $w_1 = v_1$ とする．

(Step 2) v_1 方向の直線 l に垂直に光を当てて，v_2 の l 上の影（正射影）を作り，この成分を取り除いて残る v_1 に垂直な成分を

$$w_2 = v_2 - \frac{\langle v_2, w_1 \rangle}{\langle w_1, w_1 \rangle} w_1$$

とおく．

(Step 3) 互いに直交する w_1, w_2 が生成する平面 $W[w_1, w_2]$ に垂直に光を当てて，v_3 の平面への影を作り，この成分を取り除き

$$w_3 = v_3 - \frac{\langle v_3, w_1 \rangle}{\langle w_1, w_1 \rangle} w_1 - \frac{\langle v_3, w_2 \rangle}{\langle w_2, w_2 \rangle} w_2$$

と定める．これは v_3 の w_1 方向成分と w_2 方向成分とを取り除いたものと考えてもよい．

(Step 4) 以下帰納的に，互いに直交する $w_1, \ldots, w_k$ が作られたとき

$$w_{k+1} = v_{k+1} - \frac{\langle v_{k+1}, w_1 \rangle}{\langle w_1, w_1 \rangle} w_1 - \frac{\langle v_{k+1}, w_2 \rangle}{\langle w_2, w_2 \rangle} w_2 - \cdots - \frac{\langle v_{k+1}, w_k \rangle}{\langle w_k, w_k \rangle} w_k$$

と定める．

§4.5 正規直交基底

このようにして互いに直交するベクトルからなる基底 $\{w_1, w_2, \ldots, w_n\}$ ができる.実際,内積の性質 (I-ii) を使うと

$$\langle w_2, w_1 \rangle = \left\langle v_2 - \frac{\langle v_2, w_1 \rangle}{\langle w_1, w_1 \rangle} w_1, w_1 \right\rangle$$
$$= \langle v_2, w_1 \rangle - \frac{\langle v_2, w_1 \rangle}{\langle w_1, w_1 \rangle} \langle w_1, w_1 \rangle = 0$$

のように直交していることを確認できる.

*問題 **4.15** w_3 が w_1, w_2 と直交することを確認せよ.

(Step 5) 最後に長さを 1 にする,すなわち $e_i = \dfrac{w_i}{\|w_i\|}$ というベクトルを考える.

これで正規直交基底 $\{e_1, e_2, \ldots, e_n\}$ ができる.このようにして正規直交基底を作る方法を**グラム・シュミットの直交化法**という.

例題 4.1 座標空間 $\mathbb{R}^3$ のベクトル

$$\boldsymbol{v}_1 = \begin{pmatrix} 1 \\ -1 \\ 0 \end{pmatrix}, \quad \boldsymbol{v}_2 = \begin{pmatrix} 2 \\ -1 \\ 2 \end{pmatrix}, \quad \boldsymbol{v}_3 = \begin{pmatrix} 1 \\ -1 \\ 2 \end{pmatrix}$$

からグラム・シュミットの方法で正規直交基底を作れ.

[解]

$$\boldsymbol{w}_1 = \boldsymbol{v}_1 = \begin{pmatrix} 1 \\ -1 \\ 0 \end{pmatrix}$$

$$\boldsymbol{w}_2 = \boldsymbol{v}_2 - \frac{\langle \boldsymbol{v}_2, \boldsymbol{w}_1 \rangle}{\langle \boldsymbol{w}_1, \boldsymbol{w}_1 \rangle} \boldsymbol{w}_1 = \begin{pmatrix} 2 \\ -1 \\ 2 \end{pmatrix} - \frac{3}{2} \begin{pmatrix} 1 \\ -1 \\ 0 \end{pmatrix} = \frac{1}{2} \begin{pmatrix} 1 \\ 1 \\ 4 \end{pmatrix}$$

$$\boldsymbol{w}_3 = \boldsymbol{v}_3 - \frac{\langle \boldsymbol{v}_3, \boldsymbol{w}_1 \rangle}{\langle \boldsymbol{w}_1, \boldsymbol{w}_1 \rangle} \boldsymbol{w}_1 - \frac{\langle \boldsymbol{v}_3, \boldsymbol{w}_2 \rangle}{\langle \boldsymbol{w}_2, \boldsymbol{w}_2 \rangle} \boldsymbol{w}_2$$
$$= \begin{pmatrix} 1 \\ -1 \\ 2 \end{pmatrix} - \frac{2}{2} \begin{pmatrix} 1 \\ -1 \\ 0 \end{pmatrix} - \frac{8}{18} \begin{pmatrix} 1 \\ 1 \\ 4 \end{pmatrix} = \frac{-2}{9} \begin{pmatrix} 2 \\ 2 \\ -1 \end{pmatrix}$$

となることから

$$\left\{ \boldsymbol{e}_1 = \frac{1}{\sqrt{2}} \begin{pmatrix} 1 \\ -1 \\ 0 \end{pmatrix}, \ \boldsymbol{e}_2 = \frac{\sqrt{2}}{6} \begin{pmatrix} 1 \\ 1 \\ 4 \end{pmatrix}, \ \boldsymbol{e}_3 = \frac{-1}{3} \begin{pmatrix} 2 \\ 2 \\ -1 \end{pmatrix} \right\}$$

が正規直交基底になる． □

▶ **注意** $\boldsymbol{w}_2' = \lambda \boldsymbol{w}_2 \ (\lambda \neq 0)$ であれば

$$\frac{\langle \boldsymbol{v}_3, \boldsymbol{w}_2' \rangle}{\langle \boldsymbol{w}_2', \boldsymbol{w}_2' \rangle} \boldsymbol{w}_2' = \frac{\langle \boldsymbol{v}_3, \lambda \boldsymbol{w}_2 \rangle}{\langle \lambda \boldsymbol{w}_2, \lambda \boldsymbol{w}_2 \rangle} \lambda \boldsymbol{w}_2 = \frac{\lambda \langle \boldsymbol{v}_3, \boldsymbol{w}_2 \rangle}{\lambda^2 \langle \boldsymbol{w}_2, \boldsymbol{w}_2 \rangle} \lambda \boldsymbol{w}_2 = \frac{\langle \boldsymbol{v}_3, \boldsymbol{w}_2 \rangle}{\langle \boldsymbol{w}_2, \boldsymbol{w}_2 \rangle} \boldsymbol{w}_2$$

であるから，$\boldsymbol{w}_3$ を求めるのに $\boldsymbol{w}_2$ ではなく $\boldsymbol{w}_2' = {}^t(1, 1, 4)$ を利用した方が計算が楽である．

$\mathbb{R}^3$ の1次独立な3つのベクトルの組に対して右手系・左手系があったように，$\mathbb{R}^n$ のベクトルの組にも「向き」を定めることができる．グラム・シュミットの直交化法を「ステップ」に従って適用すると，与えられたベクトルの組と同じ向きをもち互いに直交する長さ1のベクトルの組を得ることができる．向きに気をつける場合は，上の**注意**において $\lambda > 0$ の場合に限定する必要があるが，本書では直交性のみに注目し，$\lambda < 0$ の場合も利用する．

問題 4.16 次のベクトルの組から $\mathbb{R}^n$ の正規直交基底を作れ．

(1) $\left\{ \boldsymbol{v}_1 = \begin{pmatrix} 1 \\ 0 \\ 1 \end{pmatrix}, \ \boldsymbol{v}_2 = \begin{pmatrix} -2 \\ 1 \\ 0 \end{pmatrix}, \ \boldsymbol{v}_3 = \begin{pmatrix} 0 \\ 1 \\ 0 \end{pmatrix} \right\}$

(2) $\left\{ \boldsymbol{v}_1 = \begin{pmatrix} 1 \\ -1 \\ 0 \end{pmatrix}, \ \boldsymbol{v}_2 = \begin{pmatrix} 2 \\ -1 \\ -2 \end{pmatrix}, \ \boldsymbol{v}_3 = \begin{pmatrix} 1 \\ -1 \\ -2 \end{pmatrix} \right\}$

(3) $\left\{ \boldsymbol{v}_1 = \begin{pmatrix} 1 \\ 1 \\ -1 \\ -1 \end{pmatrix}, \ \boldsymbol{v}_2 = \begin{pmatrix} 3 \\ 2 \\ -1 \\ -2 \end{pmatrix}, \ \boldsymbol{v}_3 = \begin{pmatrix} 3 \\ 0 \\ 1 \\ 0 \end{pmatrix}, \ \boldsymbol{v}_4 = \begin{pmatrix} 1 \\ 2 \\ 3 \\ -4 \end{pmatrix} \right\}$

演 習 問 題

A4.1 次のベクトルの組は 1 次独立か.

(1) $\left\{ \begin{pmatrix} 3 \\ 1 \\ 4 \end{pmatrix}, \begin{pmatrix} 6 \\ 2 \\ 5 \end{pmatrix} \right\}$
(2) $\left\{ \begin{pmatrix} 2 \\ 1 \\ 3 \end{pmatrix}, \begin{pmatrix} 3 \\ 2 \\ 4 \end{pmatrix}, \begin{pmatrix} 6 \\ 5 \\ 7 \end{pmatrix} \right\}$

(3) $\left\{ \begin{pmatrix} 3 \\ 2 \\ 1 \\ 2 \end{pmatrix}, \begin{pmatrix} 7 \\ 5 \\ 3 \\ 4 \end{pmatrix}, \begin{pmatrix} 6 \\ 5 \\ 4 \\ 2 \end{pmatrix} \right\}$
(4) $\left\{ \begin{pmatrix} 3 \\ 8 \\ 7 \\ 3 \end{pmatrix}, \begin{pmatrix} 1 \\ 5 \\ 3 \\ 1 \end{pmatrix}, \begin{pmatrix} 2 \\ 1 \\ 4 \\ 6 \end{pmatrix} \right\}$

A4.2 次の $\mathbb{R}^4$ のベクトル u_1, u_2, u_3 が一次従属であるように x, y の値を定め,
$$\lambda_1 u_1 + \lambda_2 u_2 + \lambda_3 u_3 = 0$$
となる実数 $\lambda_1, \lambda_2, \lambda_3$ で, $\lambda_1 = \lambda_2 = \lambda_3 = 0$ ではないものを 1 組求めよ.

(1) $u_1 = \begin{pmatrix} 1 \\ x \\ 0 \\ 1 \end{pmatrix}$, $u_2 = \begin{pmatrix} 2 \\ 1 \\ 3 \\ 5 \end{pmatrix}$, $u_3 = \begin{pmatrix} -1 \\ 1 \\ 2 \\ 1 \end{pmatrix}$

(2) $u_1 = \begin{pmatrix} 2 \\ x \\ 1 \\ 4 \end{pmatrix}$, $u_2 = \begin{pmatrix} 1 \\ 4 \\ 2 \\ y \end{pmatrix}$, $u_3 = \begin{pmatrix} 3 \\ 1 \\ 0 \\ 5 \end{pmatrix}$

A4.3 次の $\mathbb{R}^3$ の部分空間は $v = \begin{pmatrix} 5 \\ 2 \\ 3 \end{pmatrix}$ を含むか.

(1) $\left\{ \begin{pmatrix} x \\ y \\ z \end{pmatrix} \middle| x - 4y + z = 0 \right\}$
(2) $W\left[\begin{pmatrix} 2 \\ -3 \\ -1 \end{pmatrix}, \begin{pmatrix} 0 \\ 1 \\ 3 \end{pmatrix} \right]$

(3) $W\left[\begin{pmatrix} 7 \\ 2 \\ 5 \end{pmatrix}, \begin{pmatrix} 4 \\ 1 \\ 3 \end{pmatrix} \right]$
(4) $W\left[\begin{pmatrix} 2 \\ 1 \\ 3 \end{pmatrix}, \begin{pmatrix} 7 \\ 3 \\ 8 \end{pmatrix}, \begin{pmatrix} 3 \\ 1 \\ 2 \end{pmatrix} \right]$

A4.4 次の集合は $\mathbb{R}^3$ の部分空間か.

(1) $\left\{ \begin{pmatrix} x \\ y \\ z \end{pmatrix} \middle| \begin{array}{l} 2x - y + 5z = 0, \\ 3x + 4y - z = 1 \end{array} \right\}$ (2) $\left\{ \begin{pmatrix} x \\ y \\ z \end{pmatrix} \middle| x + y + z > 0 \right\}$

(3) $\left\{ \begin{pmatrix} x \\ y \\ z \end{pmatrix} \middle| 2x = 3y = z \right\}$ (4) $\left\{ \begin{pmatrix} x \\ y \\ z \end{pmatrix} \middle| x, y, z \text{ は整数} \right\}$

A4.5 次の $\mathbb{R}^3$ の部分空間の基底を 1 組あげよ.

(1) $\{ \boldsymbol{x} \in \mathbb{R}^3 \mid (1\ 3\ 8)\boldsymbol{x} = 0 \}$

(2) $\left\{ \boldsymbol{x} \in \mathbb{R}^3 \middle| \begin{pmatrix} 4 & 1 & 3 \\ 2 & 1 & 5 \end{pmatrix} \boldsymbol{x} = \boldsymbol{0} \right\}$

(3) $\{ \boldsymbol{x} \in \mathbb{R}^3 \mid (2\ 1\ 4)\boldsymbol{x} = 0 \} \cap \{ \boldsymbol{x} \in \mathbb{R}^3 \mid (5\ 7\ 1)\boldsymbol{x} = 0 \}$

(4) $W\left[\begin{pmatrix} 1 \\ 2 \\ 3 \end{pmatrix}, \begin{pmatrix} 4 \\ 5 \\ 6 \end{pmatrix} \right] \cap \{ \boldsymbol{x} \in \mathbb{R}^3 \mid (1\ -1\ 1)\boldsymbol{x} = 0 \}$

A4.6 次のベクトルで張られる $\mathbb{R}^n$ の部分空間 W の基底を 1 組与えよ. また, その直交補空間 $W^\perp$ についても基底を 1 組与えよ.

(1) $\left\{ \begin{pmatrix} 2 \\ 3 \\ 5 \end{pmatrix}, \begin{pmatrix} 3 \\ 4 \\ 7 \end{pmatrix}, \begin{pmatrix} 1 \\ 3 \\ 4 \end{pmatrix} \right\}$ (2) $\left\{ \begin{pmatrix} 5 \\ 1 \\ -2 \\ 4 \end{pmatrix}, \begin{pmatrix} 3 \\ 4 \\ 1 \\ 6 \end{pmatrix}, \begin{pmatrix} 1 \\ 7 \\ 4 \\ 8 \end{pmatrix} \right\}$

(3) $\left\{ \begin{pmatrix} 1 \\ 3 \\ 2 \\ 1 \\ 6 \end{pmatrix}, \begin{pmatrix} 2 \\ 5 \\ 3 \\ 3 \\ 9 \end{pmatrix}, \begin{pmatrix} 0 \\ 2 \\ 2 \\ 1 \\ 5 \end{pmatrix}, \begin{pmatrix} 3 \\ 4 \\ 1 \\ 2 \\ 5 \end{pmatrix} \right\}$

A4.7 次の $\mathbb{R}^4$ の 3 つの部分空間について $U = V \cap W$ であることを示せ.

$$U = \left\{ \boldsymbol{u} \in \mathbb{R}^4 \middle| \begin{pmatrix} 2 & -1 & 1 & 3 \\ 3 & 0 & -2 & 1 \end{pmatrix} \boldsymbol{u} = \boldsymbol{0} \right\}$$

$$V = \{\bm{v} \in \mathbb{R}^4 \mid (1 \ -2 \ 4 \ 5)\bm{v} = 0\}$$
$$W = \{\bm{w} \in \mathbb{R}^4 \mid (0 \ 3 \ -7 \ -7)\bm{w} = 0\}$$

A4.8 (m, n) 型行列全体のなすベクトル空間 $\mathrm{Mat}(m, n; \mathbb{R})$ の次元を求めよ.

A4.9 次の集合は $\mathrm{Mat}(n, n; \mathbb{R})$ の部分空間か.
（1） n 次対称行列全体 $S_n = \{A \in \mathrm{Mat}(n, n; \mathbb{R}) \mid {}^t A = A\}$
（2） n 次交代行列全体 $A_n = \{A \in \mathrm{Mat}(n, n; \mathbb{R}) \mid {}^t A = -A\}$
（3） n 次上三角行列全体 U_n
（4） n 次正則行列全体

A4.10 内積空間において，互いに直交する零ベクトルではないベクトルの組は一次独立であることを示せ.

A4.11 次のベクトルの組にグラム・シュミットの直交化法を適用せよ.

（1） $\left\{ \begin{pmatrix} 1 \\ 1 \\ 1 \end{pmatrix}, \begin{pmatrix} 1 \\ 2 \\ 1 \end{pmatrix}, \begin{pmatrix} 1 \\ 3 \\ 2 \end{pmatrix} \right\}$
（2） $\left\{ \begin{pmatrix} 2 \\ 1 \\ 3 \end{pmatrix}, \begin{pmatrix} 1 \\ 2 \\ 1 \end{pmatrix}, \begin{pmatrix} 3 \\ 1 \\ 2 \end{pmatrix} \right\}$

（3） $\left\{ \begin{pmatrix} 2 \\ 1 \\ 0 \\ 1 \end{pmatrix}, \begin{pmatrix} 1 \\ 0 \\ 3 \\ 1 \end{pmatrix}, \begin{pmatrix} 1 \\ 1 \\ 2 \\ 0 \end{pmatrix} \right\}$
（4） $\left\{ \begin{pmatrix} 1 \\ 1 \\ 0 \\ 0 \end{pmatrix}, \begin{pmatrix} 0 \\ 1 \\ 1 \\ 0 \end{pmatrix}, \begin{pmatrix} 0 \\ 0 \\ 1 \\ 1 \end{pmatrix}, \begin{pmatrix} 1 \\ 1 \\ 0 \\ 1 \end{pmatrix} \right\}$

A4.12 次の $\mathbb{R}^4$ の部分空間の正規直交基底を 1 組求めよ.
（1） $\{\bm{x} \in \mathbb{R}^4 \mid (1 \ 1 \ 1 \ 1)\bm{x} = 0\}$
（2） $\{\bm{x} \in \mathbb{R}^4 \mid (1 \ -1 \ 1 \ -1)\bm{x} = 0\}$

B4.1 $\mathbb{R}^n$ の部分空間 W の基底 $\{\bm{u}_1, \bm{u}_2, \ldots, \bm{u}_r\}$ は互いに直交するベクトルで構成されているとする. このような基底を直交基底という. ベクトル $\bm{v} \in \mathbb{R}^n$ に対して，その W への**正射影ベクトル**を
$$\bm{v}_W = \sum_{i=1}^{r} \frac{\langle \bm{v}, \bm{u}_i \rangle}{\|\bm{u}_i\|^2} \bm{u}_i$$
と定義する. このとき次の性質を示せ.

(1) $\boldsymbol{v}_W \in W$　　　　(2) $(\boldsymbol{v} - \boldsymbol{v}_W) \in W^\perp$
(3) $\mathbb{R}^n = W \oplus W^\perp$　　(4) $(W^\perp)^\perp = W$

また，W の別の直交基底 $\{\boldsymbol{u}_1', \ldots, \boldsymbol{u}_r'\}$ を使って $\boldsymbol{v}$ の正射影ベクトル $\boldsymbol{v}'_W$ を定めても $\boldsymbol{v}'_W = \boldsymbol{v}_W$ であることを示せ．

B4.2 n 次対称行列全体からなる集合 S_n と n 次交代行列全体からなる集合 A_n の次元を求め，さらに $\mathrm{Mat}(n, n; \mathbb{R}) = S_n \oplus A_n$ であることを示せ．

B4.3 n 次正方行列 A に対して，それと可換な n 次正方行列全体の集合

$$V_A = \{X \in \mathrm{Mat}(n, n; \mathbb{R}) \mid AX = XA\}$$

を考える．このとき次の性質を示せ．
(1) V_A は $\mathrm{Mat}(n, n; \mathbb{R})$ の部分空間である．
(2) $n = 2$ で A が単位行列の定数倍ではないとき $V_A = W[E, A]$ である．

C4.1 B4.1 の問において n 次正方行列 A を

$$A = \sum_{i=1}^r \frac{\boldsymbol{u}_i \,{}^t\boldsymbol{u}_i}{\|\boldsymbol{u}_i\|^2}$$

と定める．このとき次の性質を示せ．
(1) $\boldsymbol{v}_W = A\boldsymbol{v}$　　　(2) $A^2 = A$

C4.2 数直線上で定義された連続関数全体のなす無限次元ベクトル空間 $C^0(\mathbb{R})$ において，偶関数全体からなる部分集合と奇関数全体からなる部分集合

$$W_e = \{f \in C^0(\mathbb{R}) \mid \text{すべての } t \text{ について } f(t) = f(-t) \text{ が成り立つ}\}$$

$$W_o = \{f \in C^0(\mathbb{R}) \mid \text{すべての } t \text{ について } f(t) = -f(-t) \text{ が成り立つ}\}$$

を考える．このとき次を示せ．
(1) W_e, W_o はともに部分空間である．　　(2) $C^0(\mathbb{R}) = W_e \oplus W_o$

C4.3 $\mathbb{R}^n$ の 2 つの部分空間 W_1, W_2 に対して

$$\dim(W_1 + W_2) = \dim(W_1) + \dim(W_2) - \dim(W_1 \cap W_2)$$

が成り立つことを示せ．この等式を**次元公式**ともいう．

C4.4 命題 4.2 を用いて命題 3.7（2）を示せ.

C4.5 区間 $[-\pi, \pi]$ を定義域とする連続関数全体のなすベクトル空間 $C^0([-\pi, \pi])$ に
$$\langle f, g \rangle = \int_{-\pi}^{\pi} f(x)g(x)\, dx$$
という内積を定める.

（1） $2n+1$ 個の関数
$$g_0(x) = 1, \quad g_1(x) = \cos x, \quad g_2(x) = \cos 2x, \quad \ldots, \quad g_n(x) = \cos nx,$$
$$h_1(x) = \sin x, \quad h_2(x) = \sin 2x, \quad \ldots, \quad h_n(x) = \sin nx$$
は互いに直交していることを確かめよ.

（2） 関数 $f \in C^0([-\pi, \pi])$ の（1）で考えた $2n+1$ 個の関数が生成する部分空間 V_n への正射影ベクトル $\tilde{f}_n$ を
$$\tilde{f}_n(x) = \sum_{k=0}^{n} a_k(f) \cos kx + \sum_{k=1}^{n} b_k(f) \sin kx$$
と表す. g_0, g_k, h_k のノルムを計算して, $a_0(f), a_k(f), b_k(f)$ を関数 f と三角関数 g_k, h_k の積の定積分として表示せよ. これを f の**フーリエ係数**とよぶ.

（3） $f(x) = x^2 \ (-\pi \leqq x \leqq \pi)$ に対して $\tilde{f}_n$ を計算せよ.

（4） 一般に, すべての $f \in C^0([-\pi, \pi])$ について各点 $x \ (-\pi < x < \pi)$ において
$$\lim_{n \to \infty} \tilde{f}_n(x) = f(x)$$
が成り立ち, さらに $f(-\pi) = f(\pi)$ を満たす場合には $x = \pm\pi$ のときにもこの関係が成立することが知られている.

この事実を（3）の結果に適用して, 級数 $\sum_{n=1}^{\infty} \dfrac{1}{n^2}$ の和を求めよ.

なお, $\zeta(s) = \sum_{n=1}^{\infty} \dfrac{1}{n^s}$ と定義される関数は**リーマンのゼータ関数**とよばれる重要な関数である.

線形結合と図形

数ベクトル空間 $\mathbb{R}^n$ のベクトルの組 $\{\boldsymbol{v}_1, \boldsymbol{v}_2, \ldots, \boldsymbol{v}_r\}$ に対して

$$\boldsymbol{v} = a_1\boldsymbol{v}_1 + \cdots + a_r\boldsymbol{v}_r, \quad a_1 + \cdots + a_r = 1$$

という形のベクトル $\boldsymbol{v}$ を $\boldsymbol{v}_1, \ldots, \boldsymbol{v}_r$ の**アフィン結合**という．$\boldsymbol{v}_i$ と $\boldsymbol{v}$ を原点 O を始点とする位置ベクトルで表したときの終点をそれぞれ P_i, Q として，点 Q の位置を考えてみよう．$r=2$ の場合

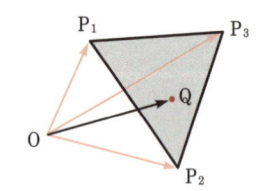

$$\boldsymbol{v} = a_1\boldsymbol{v}_1 + a_2\boldsymbol{v}_2 = a_1(\boldsymbol{v}_1 - \boldsymbol{v}_2) + \boldsymbol{v}_2$$

であるから（$\boldsymbol{v}_1 \neq \boldsymbol{v}_2$ であれば）点 Q は直線 P_1P_2 上にあり，逆にこの直線上の点は $\boldsymbol{v}_1, \boldsymbol{v}_2$ のアフィン結合の終点として表現できる．同様に $r=3$ の場合，点 Q は P_1P_2, P_3 を通る平面上にある．

アフィン結合でその係数がすべて $a_i \geq 0$ を満たすとき**凸結合**といわれる．$r=2$ の場合に点 Q が線分 P_1P_2 を $a_2 : a_1$ に内分するように，$r=3$ の場合

$$(\triangle P_2P_3Q \text{ の面積}) : (\triangle P_3P_1Q \text{ の面積}) : (\triangle P_1P_2Q \text{ の面積}) = a_1 : a_2 : a_3$$

であり，$r=4$ の場合は Q_1 と P_i, P_{i+1}, P_{i+2} が作る四面体の体積の比になるなど，係数は幾何学的な意味を持つ．

さて 3 点 P_1, P_2, P_3 が与えられたとき，線分 P_1P_2 と P_2P_3 をそれぞれ $t : 1-t$ に内分する点を Q_1, Q_2 とし，新たな線分 Q_1Q_2 を $t : 1-t$ に内分する点を R とする．このとき点 R の位置ベクトルは

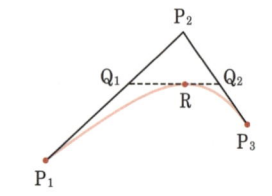

$$(1-t)^2\boldsymbol{v}_1 + 2t(1-t)\boldsymbol{v}_2 + t^2\boldsymbol{v}_3$$

のように P_i の位置ベクトル $\boldsymbol{v}_i$ の凸結合として表される．パラメータ t を $0 \leq t \leq 1$ の範囲で動かすと，点 R の軌跡は $\triangle P_1P_2P_3$ に含まれ線分 P_1P_2 と P_2P_3 とに接する放物線の一部を描く．この曲線は，点 P_1, P_2, P_3 を制御点とする 2 次のベジェ曲線といわれる．制御点を多くしたり複数のベジェ曲線を滑らかにつないだ曲線などがコンピュータグラフィックスなどにおいてよく利用される．

第5章

線形写像

§5.1 行列が定める線形写像

はじめに座標平面上の点の移動について復習しておこう．

(1) 線対称移動 x 軸に関する対称移動を考えると，点 (x, y) は点 $(x, -y)$ に移る．列ベクトルで表現してみると

$$\begin{pmatrix} x \\ y \end{pmatrix} \longmapsto \begin{pmatrix} x \\ -y \end{pmatrix} = \begin{pmatrix} 1 & 0 \\ 0 & -1 \end{pmatrix} \begin{pmatrix} x \\ y \end{pmatrix}$$

と表される．また y 軸に関する対称移動を考えると，点 (x, y) は点 $(-x, y)$ に移るので，同じく列ベクトルで表現してみると

$$\begin{pmatrix} x \\ y \end{pmatrix} \longmapsto \begin{pmatrix} -x \\ y \end{pmatrix} = \begin{pmatrix} -1 & 0 \\ 0 & 1 \end{pmatrix} \begin{pmatrix} x \\ y \end{pmatrix}$$

と表される．

一般に，原点を通る直線 $l : ax + by = 0$ に関する対称移動を考えてみよう．点 $\mathrm{P}(x, y)$ が点 $\mathrm{P}'(x', y')$ に移るとすると，線分 PP' の中点が l 上にあり，$\overrightarrow{\mathrm{PP}'}$ が l の方向ベクトル $\boldsymbol{u} = (b, -a)$ に直交することから

$$\begin{cases} a(x + x') + b(y + y') = 0 \\ b(x - x') - a(y - y') = 0 \end{cases}$$

を満たすので

$$\begin{pmatrix} x \\ y \end{pmatrix} \longmapsto \begin{pmatrix} x' \\ y' \end{pmatrix} = \frac{1}{a^2 + b^2} \begin{pmatrix} b^2 - a^2 & -2ab \\ -2ab & a^2 - b^2 \end{pmatrix} \begin{pmatrix} x \\ y \end{pmatrix}$$

と表される. なお, 方向ベクトル $\boldsymbol{u}$ と x 軸の正の方向とがなす角を φ とすると $\boldsymbol{u} = (\cos\varphi, \sin\varphi)$ であるから,

$$\begin{pmatrix} x \\ y \end{pmatrix} \longmapsto \begin{pmatrix} x' \\ y' \end{pmatrix} = \begin{pmatrix} \cos 2\varphi & \sin 2\varphi \\ \sin 2\varphi & -\cos 2\varphi \end{pmatrix} \begin{pmatrix} x \\ y \end{pmatrix}$$

と表示される.

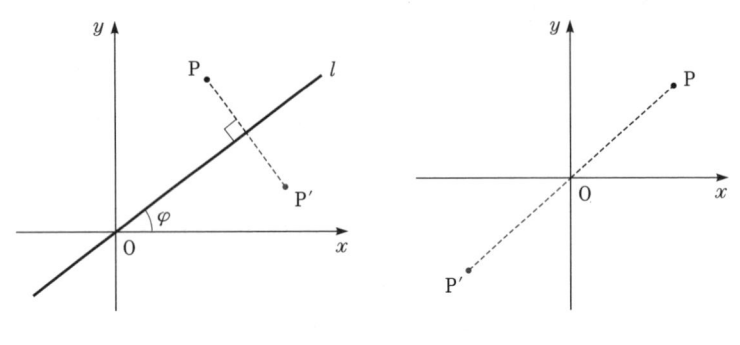

図 5.1　線対称移動　　　　図 5.2　点対称移動

(2)　点対称移動　原点 O に関する対称移動を考えると, 点 (x, y) は点 $(-x, -y)$ に移るので,

$$\begin{pmatrix} x \\ y \end{pmatrix} \longmapsto \begin{pmatrix} -x \\ -y \end{pmatrix} = \begin{pmatrix} -1 & 0 \\ 0 & -1 \end{pmatrix} \begin{pmatrix} x \\ y \end{pmatrix}$$

と表示される.

(3)　回転移動　原点を中心に角 φ 回転する移動を考えてみよう. 点 $P(x, y)$ は原点から r の距離にあり, $\overrightarrow{OP}$ と x 軸の正の方向とがなす角は θ であるとする. すなわち

$$x = r\cos\theta, \quad y = r\sin\theta$$

である. この点 P が点 $P'(x', y')$ に移るとすれば, 点 P' は原点から r の距離にあり $\overrightarrow{OP'}$

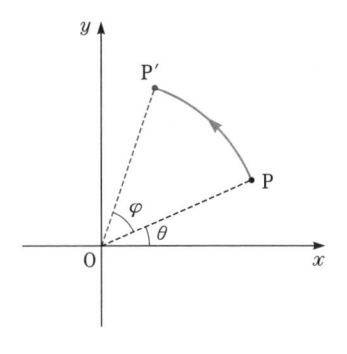

図 5.3

と x 軸の正の方向とが成す角は $\theta+\varphi$ である．したがって

$$\begin{cases} x' = r\cos(\theta+\varphi) = r\cos\theta\cos\varphi - r\sin\theta\sin\varphi \\ y' = r\sin(\theta+\varphi) = r\sin\theta\cos\varphi + r\cos\theta\sin\varphi \end{cases}$$

であるから

$$\begin{pmatrix} x \\ y \end{pmatrix} \longmapsto \begin{pmatrix} x' \\ y' \end{pmatrix} = \begin{pmatrix} x\cos\varphi - y\sin\varphi \\ x\sin\varphi + y\cos\varphi \end{pmatrix} = \begin{pmatrix} \cos\varphi & -\sin\varphi \\ \sin\varphi & \cos\varphi \end{pmatrix} \begin{pmatrix} x \\ y \end{pmatrix}$$

と表される．（2）の原点対称移動は原点中心の π 回転移動になっている．

（4） 正射影 内積を学習したときに使った正射影も式で表現してみよう．原点を通る直線 $l: ax+by = 0$ に点 $\mathrm{P}(x, y)$ を正射影したとき，点 $\mathrm{P}'(x', y')$ に移るとすると，P' は l 上にあり，$\overrightarrow{\mathrm{PP}'}$ が l の方向ベクトル $\boldsymbol{u}=(b, -a)$ に直交することから

$$\begin{cases} ax' + by' = 0 \\ b(x-x') - a(y-y') = 0 \end{cases}$$

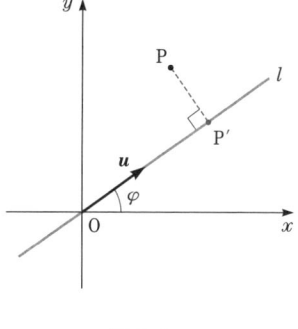

図 **5.4**

を満たすので

$$\begin{pmatrix} x \\ y \end{pmatrix} \longmapsto \begin{pmatrix} x' \\ y' \end{pmatrix} = \frac{1}{a^2+b^2} \begin{pmatrix} b^2 & -ab \\ -ab & a^2 \end{pmatrix} \begin{pmatrix} x \\ y \end{pmatrix}$$

と表される．なお，直線 l の方向ベクトル $\boldsymbol{u}$ と x 軸の正の方向とのなす角を φ とすると

$$\begin{pmatrix} x \\ y \end{pmatrix} \longmapsto \begin{pmatrix} x' \\ y' \end{pmatrix} = \frac{1}{2} \begin{pmatrix} \cos 2\varphi + 1 & \sin 2\varphi \\ \sin 2\varphi & -\cos 2\varphi + 1 \end{pmatrix} \begin{pmatrix} x \\ y \end{pmatrix}$$

と表示される．

点 P を直線 l に正射影した点 P' は，点 P を l に関して対称移動した点 Q(x'', y'') と点 P との中点，つまり

$$\mathrm{P}'\left(\frac{x+x''}{2}, \frac{y+y''}{2}\right)$$

である．したがって，次のように表せる．

(正射影を表す行列) $= \dfrac{1}{2}\{$(線対称移動を表す行列) $+$ (単位行列 E_2)$\}$

このように，座標平面のいくつかの代表的な点の移動は行列を用いて表示できている．そこで 2 次の正方行列

$$A = \begin{pmatrix} a & b \\ c & d \end{pmatrix}$$

を使って

$$\begin{pmatrix} x \\ y \end{pmatrix} \longmapsto \begin{pmatrix} x' \\ y' \end{pmatrix} = \begin{pmatrix} a & b \\ c & d \end{pmatrix}\begin{pmatrix} x \\ y \end{pmatrix}$$

として与えられる座標平面上の点の移動を考えることにしよう．この式により平面の各点 P(x, y) に対して平面の点 P'(x', y') がただ 1 つ定まっている．一般に 2 つの集合 X, Y があり，集合 X の各要素に対して集合 Y の要素がただ 1 つ対応しているとき，この対応を $f : X \longrightarrow Y$ と表して**写像**という．

2 次の正方行列 A に対して点の移動として与えられる平面 $\mathbb{R}^2$ から平面 $\mathbb{R}^2$ への写像を f_A と表すことにする．この写像 $f_A : \mathbb{R}^2 \longrightarrow \mathbb{R}^2$ はどのような性質をもつのであろうか．行列の性質

$$\begin{pmatrix} a & b \\ c & d \end{pmatrix}\begin{pmatrix} 0 \\ 0 \end{pmatrix} = \begin{pmatrix} 0 \\ 0 \end{pmatrix}, \quad \begin{pmatrix} a & b \\ c & d \end{pmatrix}\left\{\lambda\begin{pmatrix} u_1 \\ u_2 \end{pmatrix}\right\} = \lambda\begin{pmatrix} a & b \\ c & d \end{pmatrix}\begin{pmatrix} u_1 \\ u_2 \end{pmatrix},$$

$$\begin{pmatrix} a & b \\ c & d \end{pmatrix}\left\{\begin{pmatrix} u_1 \\ u_2 \end{pmatrix} + \begin{pmatrix} v_1 \\ v_2 \end{pmatrix}\right\} = \begin{pmatrix} a & b \\ c & d \end{pmatrix}\begin{pmatrix} u_1 \\ u_2 \end{pmatrix} + \begin{pmatrix} a & b \\ c & d \end{pmatrix}\begin{pmatrix} v_1 \\ v_2 \end{pmatrix}$$

を使うと

(0)　　$f_A(\mathbf{0}) = \mathbf{0}$

(ⅰ)　$f_A(\lambda \bm{u}) = \lambda f_A(\bm{u})$

(ⅱ)　$f_A(\bm{u}+\bm{v}) = f_A(\bm{u}) + f_A(\bm{v})$

が成り立つ．これらの性質を言葉で言い表すと，それぞれ「原点は原点に」「原点を通る直線は原点を通る直線に」「原点を通る平面は原点を通る平面に」写るとなる．

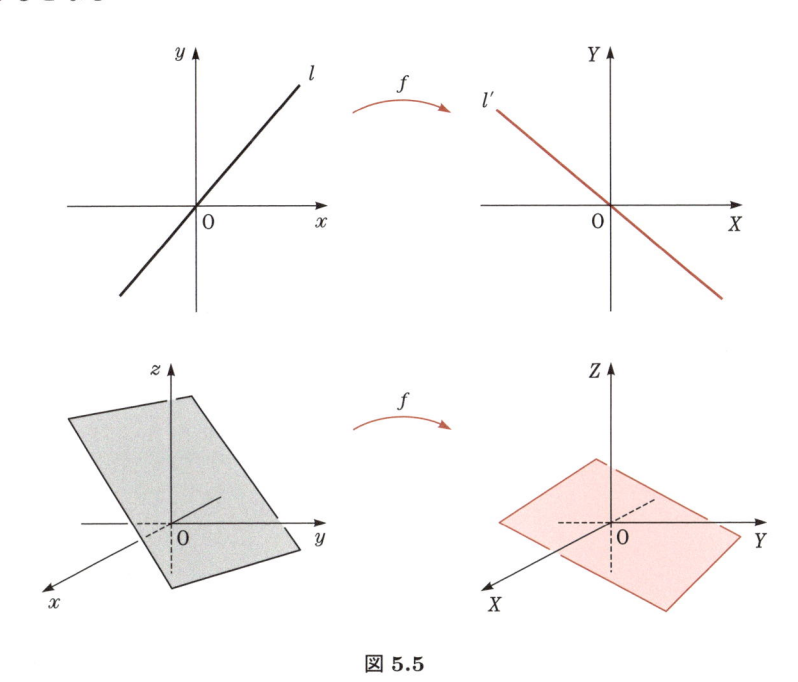

図 5.5

ここに掲げた性質のうち (0) は (ⅰ) の $\lambda = 0$ とした場合であるから (ⅰ), (ⅱ) の性質をとり出して，ベクトル空間 V からベクトル空間 W への写像 $f : V \longrightarrow W$ が

(L-ⅰ)　すべての $u \in V$ と $\lambda \in \mathbb{R}$ とについて $f(\lambda u) = \lambda f(u)$

(L-ⅱ)　すべての $u, v \in V$ について $f(u+v) = f(u) + f(v)$

という性質をもつとき，f は**線形写像**であるという．言葉で表現すると「スカラー倍してから写しても，写してからスカラー倍しても同じ」「加えてから写しても写してから加えても同じ」ということであるから，線形写像はベ

クトル空間としての構造「$+,\cdot$」を保つ写像ということになる．なお，線形写像の条件は

(L) すべての $u, v \in V$ と $\lambda, \mu \in \mathbb{R}$ とについて

$$f(\lambda u + \mu v) = \lambda f(u) + \mu f(v)$$

という1つの形で表現することもできる．

例 5.1 $m \times n$ 行列 A に対して写像 $f_A : \mathbb{R}^n \longrightarrow \mathbb{R}^m$ を $f_A(\boldsymbol{u}) = A\boldsymbol{u}$ と定めると，行列の性質から線形写像になる．この線形写像 f_A を 行列 A が定める線形写像 という．

具体例として

$$A = \begin{pmatrix} 1 & 2 & 3 \\ 6 & 5 & 4 \end{pmatrix}$$

が定める線形写像は

$$f_A \begin{pmatrix} x \\ y \\ z \end{pmatrix} = \begin{pmatrix} 1 & 2 & 3 \\ 6 & 5 & 4 \end{pmatrix} \begin{pmatrix} x \\ y \\ z \end{pmatrix} = \begin{pmatrix} x + 2y + 3z \\ 6x + 5y + 4z \end{pmatrix}$$

になる． ◇

例 5.2 ベクトル $\boldsymbol{u}_0 \in \mathbb{R}^n$ を選び，$f : \mathbb{R}^n \longrightarrow \mathbb{R}$ を標準内積を使って $f(\boldsymbol{v}) = \langle \boldsymbol{v}, \boldsymbol{u}_0 \rangle$ と定めると，内積の性質 (I-ii), (I-iii) により線形写像になる．

例えば

$$\boldsymbol{u}_0 = \begin{pmatrix} 3 \\ -1 \\ 2 \end{pmatrix}$$

の場合，$f : \mathbb{R}^3 \longrightarrow \mathbb{R}$ は

$$f \begin{pmatrix} x \\ y \\ z \end{pmatrix} = \left\langle \begin{pmatrix} x \\ y \\ z \end{pmatrix}, \begin{pmatrix} 3 \\ -1 \\ 2 \end{pmatrix} \right\rangle = \begin{pmatrix} x & y & z \end{pmatrix} \begin{pmatrix} 3 \\ -1 \\ 2 \end{pmatrix} = 3x - y + 2z$$

となる．このような線形写像は，一般の内積空間 $(V, \langle\,,\,\rangle)$ のベクトル $u_0 \in V$ に対して定義することができる． ◇

例 5.3 微分写像 $D : C^\infty(\mathbb{R}) \longrightarrow C^\infty(\mathbb{R})$ を $D(f) = \dfrac{df}{dx}$ という導関数を対応させる写像とする．このとき，

$$D(f+g) = \frac{d}{dx}(f+g) = D(f) + D(g), \quad D(\lambda f) = \frac{d}{dx}(\lambda f) = \lambda D(f)$$

を満たすから，D は線形写像である． ◇

例 5.4 区間 $[a, b]$ を定義域とする連続関数に対して，定積分値を対応させる写像 $\mathscr{I} : C^0([a, b]) \longrightarrow \mathbb{R}$，つまり

$$\mathscr{I}(f) = \int_a^b f(x)\,dx$$

と定義される写像は

$$\mathscr{I}(f+g) = \int_a^b \{f(x) + g(x)\}\,dx = \mathscr{I}(f) + \mathscr{I}(g),$$

$$\mathscr{I}(\lambda f) = \int_a^b \lambda f(x)\,dx = \lambda \mathscr{I}(f)$$

を満たすから，$\mathscr{I}$ は線形写像である． ◇

問題 5.1 次の対応として与えられる写像 $f : \mathbb{R}^2 \longrightarrow \mathbb{R}^2$ は線形か．

(1) $\begin{pmatrix} x \\ y \end{pmatrix} \longmapsto \begin{pmatrix} 3x - y \\ 2y \end{pmatrix}$ \qquad (2) $\begin{pmatrix} x \\ y \end{pmatrix} \longmapsto \begin{pmatrix} x \\ y^2 \end{pmatrix}$

(3) $\begin{pmatrix} x \\ y \end{pmatrix} \longmapsto \begin{pmatrix} x+1 \\ 2y \end{pmatrix}$ \qquad (4) $\begin{pmatrix} x \\ y \end{pmatrix} \longmapsto \begin{pmatrix} 0 \\ x - 2y \end{pmatrix}$

ここで行列により定まる線形写像についてもう少し調べておくことにしよう．3 つの集合 X, Y, Z の間の 2 つの写像 $f : X \longrightarrow Y$, $g : Y \longrightarrow Z$ が与えられているとき，$g \circ f : X \longrightarrow Z$ を

$$g \circ f(x) = g(f(x))$$

と定めることができる．この写像を f と g との**合成写像**という．

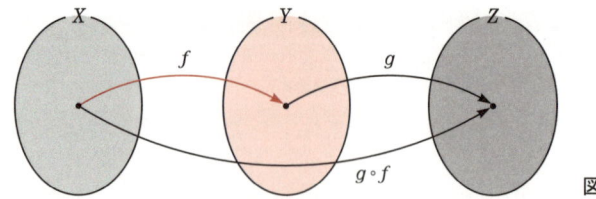

図 5.6

$m \times n$ 行列 A と $k \times m$ 行列 B とにより定まる 2 つの線形写像 $f_A : \mathbb{R}^n \longrightarrow \mathbb{R}^m$, $f_B : \mathbb{R}^m \longrightarrow \mathbb{R}^k$ の合成写像 $f_B \circ f_A$ は

$$f_B \circ f_A(\boldsymbol{u}) = f_B(f_A(\boldsymbol{u})) = f_B(A\boldsymbol{u}) = BA\boldsymbol{u}$$

であるから, $k \times n$ 行列 BA により定まる線形写像 f_{BA} になる. つまり, 行列により定まる写像の合成と行列の積とが対応していることがわかる.

例 5.5 2 つの行列

$$A = \begin{pmatrix} 1 & -3 \\ 0 & 2 \\ -1 & 0 \end{pmatrix}, \quad B = \begin{pmatrix} 1 & 2 & 3 \\ 6 & 5 & 4 \end{pmatrix}$$

が定める線形写像 $f_A : \mathbb{R}^2 \longrightarrow \mathbb{R}^3$ と $f_B : \mathbb{R}^3 \longrightarrow \mathbb{R}^2$ とを考える.

$$\begin{pmatrix} x \\ y \end{pmatrix} \stackrel{f_A}{\longmapsto} \begin{pmatrix} 1 & -3 \\ 0 & 2 \\ -1 & 0 \end{pmatrix} \begin{pmatrix} x \\ y \end{pmatrix} = \begin{pmatrix} x - 3y \\ 2y \\ -x \end{pmatrix}$$

$$\stackrel{f_B}{\longmapsto} \begin{pmatrix} 1 & 2 & 3 \\ 6 & 5 & 4 \end{pmatrix} \begin{pmatrix} x - 3y \\ 2y \\ -x \end{pmatrix} = \begin{pmatrix} -2x + y \\ 2x - 8y \end{pmatrix} = \begin{pmatrix} -2 & 1 \\ 2 & -8 \end{pmatrix} \begin{pmatrix} x \\ y \end{pmatrix}$$

であるから, この合成写像 $f_B \circ f_A$ は

$$\begin{pmatrix} x \\ y \end{pmatrix} \stackrel{f_B \circ f_A}{\longmapsto} \begin{pmatrix} 1 & 2 & 3 \\ 6 & 5 & 4 \end{pmatrix} \begin{pmatrix} 1 & -3 \\ 0 & 2 \\ -1 & 0 \end{pmatrix} \begin{pmatrix} x \\ y \end{pmatrix}$$

のように

$$BA = \begin{pmatrix} -2 & 1 \\ 2 & -8 \end{pmatrix}$$

が定める線形写像 f_{BA} である. ◇

問題 5.2 一般に，ベクトル空間の間の線形写像 $f: U \longrightarrow V$, $g: V \longrightarrow W$ の合成写像 $g \circ f: U \longrightarrow W$ も線形写像になることを示せ.

写像 $f: X \longrightarrow Y$ について，2つの要素の対応先が重なることがない，つまり $x_1 \neq x_2$ ならば $f(x_1) \neq f(x_2)$ という性質が成り立つとき，f は **1 対 1 写像**であるとか**単射**であるとかいう．また，Y のすべての要素は必ず X のある要素に対応している，つまり各 $y \in Y$ に対して $f(x_y) = y$ となる $x_y \in X$ が必ずあるとき，f は**上への写像**であるとか**全射**であるとかいう．

座標平面上の点の移動のうち，対称移動と回転移動は 1 対 1 かつ上への写像（このような写像は**全単射**であるともいう）であるが，正射影は 1 対 1 の写像でも上への写像でもない．また，全く移動しないという $x \in X$ に対して自分自身 x を対応させる**恒等写像** $Id_X: X \longrightarrow X$ はもちろん 1 対 1 かつ上への写像である．

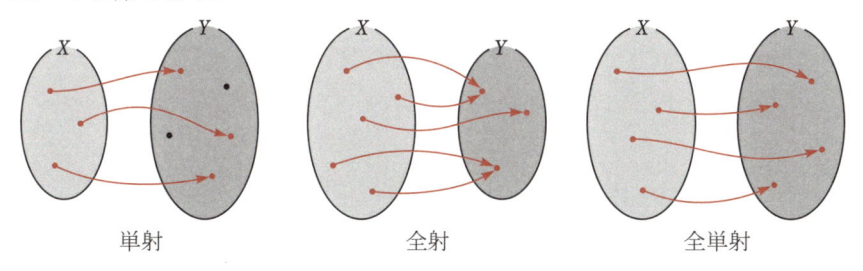

単射　　　　　　全射　　　　　　全単射

図 5.7

写像 $f: X \longrightarrow Y$ が 1 対 1 かつ上への写像であるとき，各 $y \in Y$ に対して $f(x_y) = y$ となる $x_y \in X$ がただ 1 つあるので，$y \longmapsto x_y$ という写像 $Y \longrightarrow X$ を定義することができる．この写像を f の**逆写像**といって f^{-1} と表し，「f インバース」と読む．これらは次を満たす．

$$f^{-1} \circ f = Id_X, \quad f \circ f^{-1} = Id_Y$$

逆に，写像 $f: X \longrightarrow Y$ に対して

$$g: Y \longrightarrow X \quad \text{で} \quad g \circ f = Id_X, \, f \circ g = Id_Y$$

という性質を満たす写像があるとき，f, g は1対1かつ上への写像であって，$f^{-1} = g$, $g^{-1} = f$ が成り立っている．

さて，数ベクトル空間 $\mathbb{R}^n$ においては，単位行列 E_n により定まる線形写像が恒等写像 $Id_{\mathbb{R}^n}$ である．

$$\begin{pmatrix} x_1 \\ x_2 \\ \vdots \\ x_n \end{pmatrix} \longmapsto \begin{pmatrix} 1 & 0 & \cdots & 0 \\ 0 & \ddots & \ddots & \vdots \\ \vdots & \ddots & \ddots & 0 \\ 0 & \cdots & 0 & 1 \end{pmatrix} \begin{pmatrix} x_1 \\ x_2 \\ \vdots \\ x_n \end{pmatrix} = \begin{pmatrix} x_1 \\ x_2 \\ \vdots \\ x_n \end{pmatrix}$$

また，正則な n 次正方行列 A により定まる線形写像 $f_A : \mathbb{R}^n \longrightarrow \mathbb{R}^n$ について，逆行列 A^{-1} が定める線形写像 $f_{A^{-1}} : \mathbb{R}^n \longrightarrow \mathbb{R}^n$ を考えると

$$f_{A^{-1}} \circ f_A = f_{A^{-1}A} = f_{E_n} = Id_{\mathbb{R}^n}, \quad f_A \circ f_{A^{-1}} = f_{AA^{-1}} = Id_{\mathbb{R}^n}$$

となるので f_A は1対1かつ上への写像で，$(f_A)^{-1} = f_{A^{-1}}$ である．

例 5.6 行列 $A = \begin{pmatrix} 3 & 5 \\ 1 & 2 \end{pmatrix}$ が定める線形写像 $f_A : \mathbb{R}^2 \longrightarrow \mathbb{R}^2$ により

$$\begin{pmatrix} x \\ y \end{pmatrix} \longmapsto \begin{pmatrix} x' \\ y' \end{pmatrix} = \begin{pmatrix} 3 & 5 \\ 1 & 2 \end{pmatrix} \begin{pmatrix} x \\ y \end{pmatrix}$$

とすると

$$\begin{pmatrix} x \\ y \end{pmatrix} = \begin{pmatrix} 3 & 5 \\ 1 & 2 \end{pmatrix}^{-1} \begin{pmatrix} x' \\ y' \end{pmatrix} = \begin{pmatrix} 2 & -5 \\ -1 & 3 \end{pmatrix} \begin{pmatrix} x' \\ y' \end{pmatrix}$$

であるから，f_A の逆写像

$$\begin{pmatrix} x' \\ y' \end{pmatrix} \longmapsto \begin{pmatrix} x \\ y \end{pmatrix}$$

は

$$A^{-1} = \begin{pmatrix} 2 & -5 \\ -1 & 3 \end{pmatrix}$$

が定める線形写像である． ◇

問題 5.3 ベクトル空間の間の全単射線形写像 $f : V \longrightarrow W$ の逆写像 $f^{-1} : W \longrightarrow V$ も線形であることを示せ.

§5.2　線形写像の行列表示

$m \times n$ 行列 A に対して数ベクトル空間の間の線形写像 $f_A : \mathbb{R}^n \longrightarrow \mathbb{R}^m$ が定まることを述べたが，逆に線形写像が与えられた場合の行列との関係を調べておこう．

まず数ベクトル空間の間の線形写像 $f : \mathbb{R}^n \longrightarrow \mathbb{R}^m$ について考えよう．$m \times n$ 行列 A が定める線形写像 f_A について，$\mathbb{R}^n$ の標準基底 $\{\boldsymbol{e}_1, \ldots, \boldsymbol{e}_n\}$ の写り先を調べてみると

$$f_A(\boldsymbol{e}_j) = \begin{pmatrix} a_{11} & a_{12} & \ldots & a_{1n} \\ a_{21} & a_{22} & \ldots & a_{2n} \\ \vdots & \vdots & & \vdots \\ a_{m1} & a_{m2} & \ldots & a_{mn} \end{pmatrix} \begin{pmatrix} 0 \\ \vdots \\ 0 \\ 1 \\ 0 \\ \vdots \\ 0 \end{pmatrix} \langle j = \begin{pmatrix} a_{1j} \\ a_{2j} \\ \vdots \\ a_{mj} \end{pmatrix}$$

のように A の列ベクトルになる．よって，$\mathbb{R}^m$ の標準基底 $\{\boldsymbol{e}_1{}', \ldots, \boldsymbol{e}_m{}'\}$ を用いると

$$f_A(\boldsymbol{e}_j) = a_{1j}\boldsymbol{e}_1{}' + a_{2j}\boldsymbol{e}_2{}' + \cdots + a_{mj}\boldsymbol{e}_m{}'$$

である．そこで線形写像 $f : \mathbb{R}^n \longrightarrow \mathbb{R}^m$ に対して，標準基底の写り先

$$f(\boldsymbol{e}_j) = a_{1j}\boldsymbol{e}_1{}' + a_{2j}\boldsymbol{e}_2{}' + \cdots + a_{mj}\boldsymbol{e}_m{}'$$

から逆に行列

(5.1) $$A = A_f = \begin{pmatrix} a_{11} & a_{12} & \ldots & a_{1n} \\ \vdots & \vdots & & \vdots \\ a_{m1} & a_{m2} & \ldots & a_{mn} \end{pmatrix}$$

を定めると, $f_A = f$ となることがわかる.

一般の線形写像 $f : V \longrightarrow W$ $(\dim(V) = n, \dim(W) = m)$ に対して同じように考えてみよう. 今度は標準的な基底が決まっているわけではないので V の基底 $\mathscr{V} = \{v_1, v_2, \dots, v_n\}$ と W の基底 $\mathscr{W} = \{w_1, w_2, \dots, w_m\}$ とを1組ずつとる.

$$f(v_j) = a_{1j}w_1 + a_{2j}w_2 + \cdots + a_{mj}w_m$$

が成り立つようにスカラー a_{ij} を定め, 数ベクトル空間の間の線形写像と同じく (5.1) により $m \times n$ 行列 $A_f = A_f[\mathscr{V}, \mathscr{W}]$ を定義する. この行列 A_f を線形写像 f の基底 $\{v_1, \dots, v_n\}$, $\{w_1, \dots, w_m\}$ に関する**行列表示**という.

例 5.7 $V = \mathbb{R}^2$ から $\mathbb{R}^3$ の部分空間

$$W = \left\{ \begin{pmatrix} X \\ Y \\ Z \end{pmatrix} \middle| X + 2Y - Z = 0 \right\}$$

への写像 $f : V \longrightarrow W$ が $\mathbb{R}^2$, $\mathbb{R}^3$ の通常の座標で

$$\mathbb{R}^2 \ni \begin{pmatrix} x \\ y \end{pmatrix} \longmapsto \begin{pmatrix} 4x + 6y \\ -x - 5y \\ 2x - 4y \end{pmatrix} \in W$$

として与えられているとする. V と W の基底をそれぞれ

$$\left\{ v_1 = \begin{pmatrix} 1 \\ 0 \end{pmatrix}, v_2 = \begin{pmatrix} 0 \\ 1 \end{pmatrix} \right\}, \quad \left\{ w_1 = \begin{pmatrix} 2 \\ -1 \\ 0 \end{pmatrix}, w_2 = \begin{pmatrix} 0 \\ 1 \\ 2 \end{pmatrix} \right\}$$

としたとき, これらの基底に関する行列表示 A_f は

$$f(v_1) = \begin{pmatrix} 4 \\ -1 \\ 2 \end{pmatrix} = 2w_1 + w_2, \quad f(v_2) = \begin{pmatrix} 6 \\ -5 \\ -4 \end{pmatrix} = 3w_1 - 2w_2$$

であるから, 次のように与えられる.

$$A_f = \begin{pmatrix} 2 & 3 \\ 1 & -2 \end{pmatrix} \qquad \diamondsuit$$

例題 5.1 空間から xz 平面への射影 $f : \mathbb{R}^3 \longrightarrow \mathbb{R}^2$ は通常の座標により

$$\begin{pmatrix} x \\ y \\ z \end{pmatrix} \longmapsto \begin{pmatrix} x \\ z \end{pmatrix}$$

として与えられる. $\mathbb{R}^3$ と $\mathbb{R}^2$ の基底をそれぞれ

$$\mathscr{V} = \left\{ \boldsymbol{v}_1 = \begin{pmatrix} 3 \\ 7 \\ 1 \end{pmatrix},\ \boldsymbol{v}_2 = \begin{pmatrix} 1 \\ 4 \\ 5 \end{pmatrix},\ \boldsymbol{v}_3 = \begin{pmatrix} -1 \\ 2 \\ -9 \end{pmatrix} \right\}$$

$$\mathscr{W} = \left\{ \boldsymbol{w}_1 = \begin{pmatrix} 1 \\ 1 \end{pmatrix},\ \boldsymbol{w}_2 = \begin{pmatrix} 1 \\ -1 \end{pmatrix} \right\}$$

として, これらの基底に関する行列表示 $A_f[\mathscr{V}, \mathscr{W}]$ を求めよ.

[解]
$$f(\boldsymbol{v}_1) = \begin{pmatrix} 3 \\ 1 \end{pmatrix},\quad f(\boldsymbol{v}_2) = \begin{pmatrix} 1 \\ 5 \end{pmatrix},\quad f(\boldsymbol{v}_3) = \begin{pmatrix} -1 \\ -9 \end{pmatrix}$$

であるから, 3 組の連立 1 次方程式

$$a_{11} \begin{pmatrix} 1 \\ 1 \end{pmatrix} + a_{21} \begin{pmatrix} 1 \\ -1 \end{pmatrix} = \begin{pmatrix} 3 \\ 1 \end{pmatrix},$$

$$a_{12} \begin{pmatrix} 1 \\ 1 \end{pmatrix} + a_{22} \begin{pmatrix} 1 \\ -1 \end{pmatrix} = \begin{pmatrix} 1 \\ 5 \end{pmatrix},$$

$$a_{13} \begin{pmatrix} 1 \\ 1 \end{pmatrix} + a_{23} \begin{pmatrix} 1 \\ -1 \end{pmatrix} = \begin{pmatrix} -1 \\ -9 \end{pmatrix}$$

を考えることになる. 逆行列を求める場合と同様に同時に扱い

$$\begin{pmatrix} 1 & 1 & 3 & 1 & -1 \\ 1 & -1 & 1 & 5 & -9 \end{pmatrix} \longrightarrow \begin{pmatrix} 1 & 1 & 3 & 1 & -1 \\ 0 & -2 & -2 & 4 & -8 \end{pmatrix}$$

$$\longrightarrow \begin{pmatrix} 1 & 0 & 2 & 3 & -5 \\ 0 & 1 & 1 & -2 & 4 \end{pmatrix}$$

と階段行列に変形することで, f の $\mathscr{V}, \mathscr{W}$ に関する行列表示は

$$A_f[\mathscr{V}, \mathscr{W}] = \begin{pmatrix} 2 & 3 & -5 \\ 1 & -2 & 4 \end{pmatrix} \qquad \Box$$

問題 5.4 数ベクトル空間の通常の座標により表された次の線形写像 $f:\mathbb{R}^n \longrightarrow \mathbb{R}^m$ について，与えられた基底 $\mathscr{V}, \mathscr{W}$ に関する行列表示を求めよ．

（1）
$$f\begin{pmatrix} x \\ y \end{pmatrix} = \begin{pmatrix} x+3y \\ -2x+y \\ 5x-2y \end{pmatrix}$$

と標準基底 $\mathscr{V}, \mathscr{W}$

（2）（1）の線形写像と次の基底

$$\mathscr{V} = \left\{ \begin{pmatrix} 1 \\ 1 \end{pmatrix}, \begin{pmatrix} 1 \\ -1 \end{pmatrix} \right\}, \quad \mathscr{W} = \left\{ \begin{pmatrix} 1 \\ -1 \\ 0 \end{pmatrix}, \begin{pmatrix} 0 \\ 1 \\ 1 \end{pmatrix}, \begin{pmatrix} 1 \\ 0 \\ -1 \end{pmatrix} \right\}$$

（3）
$$f\begin{pmatrix} x \\ y \\ z \end{pmatrix} = \begin{pmatrix} x+2y-z \\ 3x-y+2z \end{pmatrix}$$

と次の基底

$$\mathscr{V} = \left\{ \begin{pmatrix} 1 \\ -1 \\ 0 \end{pmatrix}, \begin{pmatrix} -1 \\ 2 \\ 1 \end{pmatrix}, \begin{pmatrix} 0 \\ 1 \\ 1 \end{pmatrix} \right\}, \quad \mathscr{W} = \left\{ \begin{pmatrix} 2 \\ -1 \end{pmatrix}, \begin{pmatrix} -1 \\ 1 \end{pmatrix} \right\}$$

前節で行列が定める線形写像の合成写像と逆写像について考察したが，ここでは一般の線形写像についてその行列表示との関係について考察しよう．

2つの線形写像

$$f: U \longrightarrow V, \quad g: V \longrightarrow W$$

に対して合成写像 $g \circ f : U \to W$ も線形写像になる（問題 5.2）．この関係を図式で表すと

$$(U, \mathscr{U}) \xrightarrow{f} (V, \mathscr{V}) \xrightarrow{g} (W, \mathscr{W})$$

なお，各ベクトル空間においてどの基底を利用しているかを明確にするために，ベクトル空間と基底の組として表示した．

§5.2 線形写像の行列表示

命題 5.1

2つの線形写像 $f: U \longrightarrow V$, $g: V \longrightarrow W$ の合成写像 $g \circ f: U \longrightarrow W$ を考える．ベクトル空間 U, V, W のそれぞれの基底

$$\mathscr{U} = \{u_1, \ldots, u_p\}, \quad \mathscr{V} = \{v_1, \ldots, v_n\}, \quad \mathscr{W} = \{w_1, \ldots, w_m\}$$

に対し，合成写像 $g \circ f$ の $\mathscr{U}, \mathscr{W}$ に関する行列表示 $A_{g \circ f}$ は，f の $\mathscr{U}, \mathscr{V}$ に関する行列表示 A_f と g の $\mathscr{V}, \mathscr{W}$ に関する行列表示 A_g との積で与えられる：

$$A_{g \circ f} = A_g A_f$$

*問題 5.5 命題 5.1 を示せ．

命題 5.2

ベクトル空間 V の基底 $\mathscr{V} = \{v_1, \ldots, v_n\}$ を選んだとき，恒等写像 Id_V の $\mathscr{V}, \mathscr{V}$ に関する行列表示は単位行列 E_n である．

*問題 5.6 命題 5.2 を確認せよ．

線形写像 $f: V \longrightarrow W$ が1対1かつ上への写像であるとき，その逆写像 $f^{-1}: W \longrightarrow V$ も線形写像になる（問題 5.3）．逆写像の行列表示は，

$$E = A_{Id} = A_{f^{-1}} A_f$$

であるから，元の写像の行列表示の逆行列になる．

命題 5.3

ベクトル空間 V, W の基底 $\mathscr{V}, \mathscr{W}$ をとる．線形写像 $f: V \longrightarrow W$ が逆写像 f^{-1} をもつとき

$$A_{f^{-1}}[\mathscr{W}, \mathscr{V}] = (A_f[\mathscr{V}, \mathscr{W}])^{-1} \qquad (V, \mathscr{V}) \underset{f^{-1}}{\overset{f}{\rightleftarrows}} (W, \mathscr{W})$$

が成り立つ．

§5.3 基底の取り替え

線形写像 $f: V \longrightarrow W$ に対して V の基底と W の基底とを指定すると，f は行列を使って表現できることを前節で学習した．しかし，一般のベクトル空間の場合には必ずしも標準的な基底があるわけではないので，別の基底を選ぶこともできる．基底を変えたとき行列表示はどのようになるのであろうか．

例 5.8 線形写像 $f: \mathbb{R}^2 \longrightarrow \mathbb{R}^2$ が通常の座標で

$$\begin{pmatrix} x \\ y \end{pmatrix} \longmapsto \begin{pmatrix} 2x - y \\ -x + 2y \end{pmatrix}$$

として与えられているとする．標準基底

$$\mathscr{V} = \left\{ \boldsymbol{v}_1 = \begin{pmatrix} 1 \\ 0 \end{pmatrix}, \boldsymbol{v}_2 = \begin{pmatrix} 0 \\ 1 \end{pmatrix} \right\}$$

と別の基底

$$\mathscr{V}' = \left\{ \boldsymbol{v}_1' = \begin{pmatrix} 1 \\ 1 \end{pmatrix}, \boldsymbol{v}_2' = \begin{pmatrix} 1 \\ -1 \end{pmatrix} \right\}$$

を選べば

$$A_f[\mathscr{V}, \mathscr{V}] = \begin{pmatrix} 2 & -1 \\ -1 & 2 \end{pmatrix}, \quad A_f[\mathscr{V}', \mathscr{V}'] = \begin{pmatrix} 1 & 0 \\ 0 & 3 \end{pmatrix} \qquad \diamondsuit$$

このように，線形写像の行列表示は基底の選び方により異なったものになる．ではこれらの行列表示はどのような関係にあるのであろうか．

ベクトル空間 V の 2 組の基底 $\mathscr{V} = \{v_1, \ldots, v_n\}$，$\mathscr{V}' = \{v_1', \ldots, v_n'\}$ に対して

$$v_j = p_{1j} v_1' + p_{2j} v_2' + \cdots + p_{nj} v_n'$$

となるようにスカラー p_{ij} をとり，

$$P = P[\mathscr{V}, \mathscr{V}'] = \begin{pmatrix} p_{11} & p_{12} & \cdots & p_{1n} \\ \vdots & \vdots & & \vdots \\ p_{n1} & p_{n2} & \cdots & p_{nn} \end{pmatrix}$$

§5.3 基底の取り替え

と定め，これを基底 $\{v_1, \ldots, v_n\}$ から $\{v_1', \ldots, v_n'\}$ への**基底の取り替え行列**という．すなわち $Id_V : (V, \mathscr{V}) \longrightarrow (V, \mathscr{V}')$ の行列表示 $A_{Id_V}[\mathscr{V}, \mathscr{V}']$ が基底の取り替え行列になる．

例題 5.2 座標平面 $\mathbb{R}^2$ の 2 組の基底

$$\mathscr{V} = \left\{ \boldsymbol{v}_1 = \begin{pmatrix} -1 \\ 2 \end{pmatrix}, \ \boldsymbol{v}_2 = \begin{pmatrix} 3 \\ 1 \end{pmatrix} \right\},$$

$$\mathscr{V}' = \left\{ \boldsymbol{v}_1' = \begin{pmatrix} 1 \\ -3 \end{pmatrix}, \ \boldsymbol{v}_2' = \begin{pmatrix} 2 \\ -5 \end{pmatrix} \right\}$$

について，$\mathscr{V}$ から $\mathscr{V}'$ への基底の取り替え行列を求めよ．

[解] 2 組の連立 1 次方程式

$$p_{11} \begin{pmatrix} 1 \\ -3 \end{pmatrix} + p_{21} \begin{pmatrix} 2 \\ -5 \end{pmatrix} = \begin{pmatrix} -1 \\ 2 \end{pmatrix}, \quad p_{12} \begin{pmatrix} 1 \\ -3 \end{pmatrix} + p_{22} \begin{pmatrix} 2 \\ -5 \end{pmatrix} = \begin{pmatrix} 3 \\ 1 \end{pmatrix}$$

を考えることになるから，これらを同時に扱い

$$\begin{pmatrix} 1 & 2 & -1 & 3 \\ -3 & -5 & 2 & 1 \end{pmatrix} \longrightarrow \begin{pmatrix} 1 & 2 & -1 & 3 \\ 0 & 1 & -1 & 10 \end{pmatrix} \longrightarrow \begin{pmatrix} 1 & 0 & 1 & -17 \\ 0 & 1 & -1 & 10 \end{pmatrix}$$

より，基底の取り替え行列は

$$P[\mathscr{V}, \mathscr{V}'] = \begin{pmatrix} 1 & -17 \\ -1 & 10 \end{pmatrix}$$

である． □

問題 5.7 次の数ベクトル空間 $\mathbb{R}^n$ の基底 $\mathscr{V}$ から $\mathscr{V}'$ への基底の取り替え行列 $P[\mathscr{V}, \mathscr{V}']$ を求めよ．

(1) $\mathscr{V} = \left\{ \begin{pmatrix} -1 \\ 5 \end{pmatrix}, \begin{pmatrix} 3 \\ -1 \end{pmatrix} \right\}, \quad \mathscr{V}' = \left\{ \begin{pmatrix} 1 \\ 1 \end{pmatrix}, \begin{pmatrix} -1 \\ 1 \end{pmatrix} \right\}$

(2) $\mathscr{V} = \left\{ \begin{pmatrix} 1 \\ 1 \end{pmatrix}, \begin{pmatrix} -1 \\ 1 \end{pmatrix} \right\}, \quad \mathscr{V}' = \left\{ \begin{pmatrix} -1 \\ 5 \end{pmatrix}, \begin{pmatrix} 3 \\ -1 \end{pmatrix} \right\}$

(3) $\mathscr{V} = \left\{ \begin{pmatrix} 1 \\ 0 \\ 0 \end{pmatrix}, \begin{pmatrix} 0 \\ 1 \\ 0 \end{pmatrix}, \begin{pmatrix} 0 \\ 0 \\ 1 \end{pmatrix} \right\}, \quad \mathscr{V}' = \left\{ \begin{pmatrix} 1 \\ 1 \\ 1 \end{pmatrix}, \begin{pmatrix} 1 \\ 1 \\ 0 \end{pmatrix}, \begin{pmatrix} 1 \\ 0 \\ 0 \end{pmatrix} \right\}$

(4) $\mathscr{V} = \left\{ \begin{pmatrix} 2 \\ -1 \\ 5 \end{pmatrix}, \begin{pmatrix} 1 \\ 3 \\ 2 \end{pmatrix}, \begin{pmatrix} 1 \\ -1 \\ 1 \end{pmatrix} \right\}, \quad \mathscr{V}' = \left\{ \begin{pmatrix} 1 \\ 0 \\ 1 \end{pmatrix}, \begin{pmatrix} 0 \\ 1 \\ -1 \end{pmatrix}, \begin{pmatrix} 1 \\ 1 \\ 1 \end{pmatrix} \right\}$

ここで問題 5.7 (1), (2) で調べたような, 逆向きの基底の取り替えについて考えてみよう. 恒等写像 $Id_V : (V, \mathscr{V}) \longrightarrow (V, \mathscr{V}')$ の逆写像は $Id_V : (V, \mathscr{V}') \longrightarrow (V, \mathscr{V})$ であるから, $\mathscr{V}'$ から $\mathscr{V}$ への基底の取り替え行列 $P[\mathscr{V}', \mathscr{V}]$ は

$$P[\mathscr{V}', \mathscr{V}] = (P[\mathscr{V}, \mathscr{V}'])^{-1}$$

を満たす.

基底を取り替えたときに行列表示がどのように変化するかを考えるために, 図式で考察してみることにしよう.

$$\begin{array}{ccc} (V, \mathscr{V}) & \xrightarrow{f} & (W, \mathscr{W}) \\ {\scriptstyle Id_V} \uparrow & & \downarrow {\scriptstyle Id_W} \\ (V, \mathscr{V}') & \xrightarrow{f} & (W, \mathscr{W}') \end{array}$$

この図式を見れば, 行列表示 $A_f[\mathscr{V}', \mathscr{W}']$ を調べるには, 回り道をしていけばよさそうだ, ということに気づくであろう.

命題 5.4

ベクトル空間 V の 2 組の基底 $\mathscr{V} = \{v_1, \ldots, v_n\}$, $\mathscr{V}' = \{v_1', \ldots, v_n'\}$ と, ベクトル空間 W の 2 組の基底 $\mathscr{W} = \{w_1, \ldots, w_m\}$, $\mathscr{W}' = \{w_1', \ldots, w_m'\}$ とがある. 線形写像 $f : V \longrightarrow W$ の $\mathscr{V}', \mathscr{W}'$ に関する行列表示 $A_f' = A_f[\mathscr{V}', \mathscr{W}']$ は, $\mathscr{V}, \mathscr{W}$ に関する行列表示 $A_f = A_f[\mathscr{V}, \mathscr{W}]$ と基底の取り替え行列 $P[\mathscr{V}', \mathscr{V}]$, $P[\mathscr{W}, \mathscr{W}']$ とを用いて

$$A_f' = P[\mathscr{W}, \mathscr{W}'] A_f P[\mathscr{V}', \mathscr{V}]$$

と表される.

§5.3 基底の取り替え

$$
\begin{array}{ccc}
(V,\mathscr{V}) & \xrightarrow{A_f[\mathscr{V},\mathscr{W}]} & (W,\mathscr{W}) \\
{\scriptstyle P[\mathscr{V}',\mathscr{V}]}\uparrow & & \downarrow{\scriptstyle P[\mathscr{W},\mathscr{W}']} \\
(V,\mathscr{V}') & \xrightarrow{A_f[\mathscr{V}',\mathscr{W}']} & (W,\mathscr{W}')
\end{array}
$$

例 5.9 例 5.8 の場合，基底の取り替え行列は

$$P = P[\mathscr{V}',\mathscr{V}] = \begin{pmatrix} 1 & 1 \\ 1 & -1 \end{pmatrix}, \quad P[\mathscr{V},\mathscr{V}'] = P^{-1} = \frac{1}{2}\begin{pmatrix} 1 & 1 \\ 1 & -1 \end{pmatrix}$$

であるから，

$$P^{-1}A_f[\mathscr{V},\mathscr{V}]P = \frac{1}{2}\begin{pmatrix} 1 & 1 \\ 1 & -1 \end{pmatrix}\begin{pmatrix} 2 & -1 \\ -1 & 2 \end{pmatrix}\begin{pmatrix} 1 & 1 \\ 1 & -1 \end{pmatrix}$$
$$= \begin{pmatrix} 1 & 0 \\ 0 & 3 \end{pmatrix} = A_f[\mathscr{V}',\mathscr{V}']$$

のように関係していることがわかる．

$$
\begin{array}{ccc}
(V,\mathscr{V}) & \xrightarrow{A_f[\mathscr{V},\mathscr{V}]} & (V,\mathscr{V}) \\
{\scriptstyle P[\mathscr{V}',\mathscr{V}]}\uparrow & & \downarrow{\scriptstyle P[\mathscr{V},\mathscr{V}']=P[\mathscr{V}',\mathscr{V}]^{-1}} \quad \diamondsuit \\
(V,\mathscr{V}') & \xrightarrow{A_f[\mathscr{V}',\mathscr{V}']} & (V,\mathscr{V}')
\end{array}
$$

***問題 5.8** 命題 5.4 を証明せよ．

問題 5.9 空間 $\mathbb{R}^3$ と平面 $\mathbb{R}^2$ それぞれの 2 組の基底

$$\mathscr{V} = \left\{\begin{pmatrix} 1 \\ -2 \\ 3 \end{pmatrix}, \begin{pmatrix} 0 \\ 1 \\ -1 \end{pmatrix}, \begin{pmatrix} 1 \\ 0 \\ 2 \end{pmatrix}\right\}, \quad \mathscr{V}' = \left\{\begin{pmatrix} 1 \\ 0 \\ 0 \end{pmatrix}, \begin{pmatrix} 0 \\ 1 \\ 0 \end{pmatrix}, \begin{pmatrix} 0 \\ 0 \\ 1 \end{pmatrix}\right\}$$

$$\mathscr{W} = \left\{\begin{pmatrix} 5 \\ 1 \end{pmatrix}, \begin{pmatrix} 2 \\ -3 \end{pmatrix}\right\}, \quad \mathscr{W}' = \left\{\begin{pmatrix} 1 \\ 0 \end{pmatrix}, \begin{pmatrix} 0 \\ 1 \end{pmatrix}\right\}$$

がある．線形写像 $f: \mathbb{R}^3 \longrightarrow \mathbb{R}^2$ の $\mathscr{V},\mathscr{W}$ に関する行列表示が

$$A_f = \begin{pmatrix} 1 & 0 & 1 \\ -1 & 2 & 0 \end{pmatrix}$$

であるとき，f の $\mathscr{V}',\mathscr{W}'$ に関する行列表示 A'_f を求めよ．

問題 5.10 線形写像 $f : \mathbb{R}^3 \longrightarrow \mathbb{R}^2$ について，$\mathbb{R}^3$ の基底 $\mathscr{V}$ と $\mathbb{R}^2$ の基底 $\mathscr{W}$ に関する行列表示 A_f と，$\mathbb{R}^3$ の基底 $\mathscr{V}$ と $\mathbb{R}^2$ の標準基底 $\mathscr{W}'$ に関する行列表示 A'_f はそれぞれ

$$A_f = \begin{pmatrix} 1 & -1 & 4 \\ 3 & 2 & -1 \end{pmatrix}, \quad A'_f = \begin{pmatrix} 5 & 0 & 7 \\ 16 & 9 & -1 \end{pmatrix}$$

として与えられているとする．このとき基底 $\mathscr{W}$ を求めよ．

演習問題

A5.1 $f_1 : \mathbb{R}^2 \longrightarrow \mathbb{R}^2$ を原点を中心とする φ 回転，$f_2 : \mathbb{R}^2 \longrightarrow \mathbb{R}^2$ を x 軸に関する対称移動とするとき，合成写像 $f_1 \circ f_2 \circ f_1^{-1}$ はある直線に関する対称移動であることを確かめよ．

A5.2 次の写像は線形か．

(1) $f : \mathbb{R}^3 \longrightarrow \mathbb{R}^2$,
$$\begin{pmatrix} x \\ y \\ z \end{pmatrix} \longmapsto \begin{pmatrix} x + 2y - z \\ 3x + 5z \end{pmatrix}$$

(2) $f : \mathbb{R}^3 \longrightarrow \mathbb{R}^2$,
$$\begin{pmatrix} x \\ y \\ z \end{pmatrix} \longmapsto \begin{pmatrix} x - y + 3 \\ y + z \end{pmatrix}$$

(3) $f : \mathbb{R}^3 \longrightarrow \mathbb{R}^2$,
$$\begin{pmatrix} x \\ y \\ z \end{pmatrix} \longmapsto \begin{pmatrix} x^2 + 3y \\ xy \end{pmatrix}$$

(4) $f : \mathbb{R}^4 \longrightarrow \mathbb{R}^2$,
$$\begin{pmatrix} x \\ y \\ z \\ w \end{pmatrix} \longmapsto \begin{pmatrix} x \\ w \end{pmatrix}$$

(5) $f : \mathrm{Mat}(m, n; \mathbb{R}) \longrightarrow \mathrm{Mat}(m, p; \mathbb{R}), \quad X \longmapsto XA$
ただし $A \in \mathrm{Mat}(n, p; \mathbb{R})$

(6) $f : \mathrm{Mat}(m, n; \mathbb{R}) \longrightarrow \mathbb{R}, \quad X = (x_{ij}) \longmapsto x_{11}$

A5.3 線形写像 $f : \mathbb{R}^3 \longrightarrow \mathbb{R}^3$ が次を満たすとき $f = f_A$ となる行列 A を求めよ．

(1) $\begin{pmatrix} 0 \\ 1 \\ 1 \end{pmatrix} \longmapsto \begin{pmatrix} 2 \\ 3 \\ -1 \end{pmatrix}, \quad \begin{pmatrix} 3 \\ 3 \\ 1 \end{pmatrix} \longmapsto \begin{pmatrix} 4 \\ 4 \\ 0 \end{pmatrix}, \quad \begin{pmatrix} 1 \\ -1 \\ 0 \end{pmatrix} \longmapsto \begin{pmatrix} -1 \\ -3 \\ 2 \end{pmatrix}$

(2) $\begin{pmatrix} 1 \\ 1 \\ 1 \end{pmatrix} \mapsto \begin{pmatrix} 2 \\ 1 \\ -5 \end{pmatrix}$, $\begin{pmatrix} -1 \\ 2 \\ 1 \end{pmatrix} \mapsto \begin{pmatrix} 5 \\ -1 \\ 3 \end{pmatrix}$, $\begin{pmatrix} 1 \\ -1 \\ 2 \end{pmatrix} \mapsto \begin{pmatrix} 1 \\ -3 \\ 4 \end{pmatrix}$

A5.4 次の $m \times n$ 行列 A が定める線形写像 $f_A : \mathbb{R}^n \longrightarrow \mathbb{R}^m$ について, 与えられた $\mathbb{R}^n$ と $\mathbb{R}^m$ のそれぞれの基底 $\mathscr{V}, \mathscr{W}$ に関する行列表示を求めよ.

(1) 行列 $A = \begin{pmatrix} 2 & 0 & 1 \\ 2 & -1 & 2 \\ 0 & -1 & 1 \end{pmatrix}$, $\mathscr{V} = \mathscr{W} = \left\{ \begin{pmatrix} 1 \\ 1 \\ 0 \end{pmatrix}, \begin{pmatrix} 1 \\ 0 \\ 1 \end{pmatrix}, \begin{pmatrix} 0 \\ 1 \\ 1 \end{pmatrix} \right\}$

(2) (1) の行列 A と
$$\mathscr{V} = \left\{ \begin{pmatrix} 2 \\ 1 \\ 0 \end{pmatrix}, \begin{pmatrix} 1 \\ 3 \\ 2 \end{pmatrix}, \begin{pmatrix} 0 \\ 1 \\ 1 \end{pmatrix} \right\}, \quad \mathscr{W} = \left\{ \begin{pmatrix} 1 \\ 1 \\ 1 \end{pmatrix}, \begin{pmatrix} 1 \\ 0 \\ 1 \end{pmatrix}, \begin{pmatrix} 0 \\ 1 \\ 1 \end{pmatrix} \right\}$$

(3) $A = \begin{pmatrix} 2 & 1 & 1 & 1 \\ 1 & -1 & 1 & 1 \end{pmatrix}$,
$$\mathscr{V} = \left\{ \begin{pmatrix} 1 \\ 2 \\ 0 \\ 1 \end{pmatrix}, \begin{pmatrix} 0 \\ 1 \\ 0 \\ -1 \end{pmatrix}, \begin{pmatrix} 1 \\ 1 \\ 1 \\ 0 \end{pmatrix}, \begin{pmatrix} -1 \\ 0 \\ 0 \\ 1 \end{pmatrix} \right\}, \quad \mathscr{W} = \left\{ \begin{pmatrix} 1 \\ 0 \end{pmatrix}, \begin{pmatrix} 2 \\ 1 \end{pmatrix} \right\}$$

A5.5 次の $\mathbb{R}^n$ の基底 $\mathscr{V}$ から $\mathscr{V}'$ への基底の取り替え行列を求めよ.

(1) $\mathscr{V} = \left\{ \begin{pmatrix} 2 \\ 1 \end{pmatrix}, \begin{pmatrix} 3 \\ 2 \end{pmatrix} \right\}$, $\mathscr{V}' = \left\{ \begin{pmatrix} 1 \\ 1 \end{pmatrix}, \begin{pmatrix} 2 \\ 1 \end{pmatrix} \right\}$

(2) $\mathscr{V} = \left\{ \begin{pmatrix} 1 \\ 2 \end{pmatrix}, \begin{pmatrix} 3 \\ 1 \end{pmatrix} \right\}$, $\mathscr{V}' = \left\{ \begin{pmatrix} 5 \\ 1 \end{pmatrix}, \begin{pmatrix} 7 \\ 2 \end{pmatrix} \right\}$

(3) $\mathscr{V} = \left\{ \begin{pmatrix} 2 \\ 1 \\ 3 \end{pmatrix}, \begin{pmatrix} 3 \\ 2 \\ 1 \end{pmatrix}, \begin{pmatrix} 1 \\ 3 \\ 2 \end{pmatrix} \right\}$, $\mathscr{V}' = \left\{ \begin{pmatrix} 1 \\ 1 \\ 1 \end{pmatrix}, \begin{pmatrix} 1 \\ 0 \\ 1 \end{pmatrix}, \begin{pmatrix} 0 \\ 1 \\ 1 \end{pmatrix} \right\}$

(4) $\mathscr{V} = \left\{ \begin{pmatrix} 1 \\ 1 \\ 1 \end{pmatrix}, \begin{pmatrix} 1 \\ 0 \\ 1 \end{pmatrix}, \begin{pmatrix} 0 \\ 1 \\ 1 \end{pmatrix} \right\}$, $\mathscr{V}' = \left\{ \begin{pmatrix} 2 \\ 1 \\ 3 \end{pmatrix}, \begin{pmatrix} 3 \\ 2 \\ 1 \end{pmatrix}, \begin{pmatrix} 1 \\ 3 \\ 2 \end{pmatrix} \right\}$

A5.6 $\mathbb{R}^n$ の基底 $\mathscr{V}$ から $\mathscr{V}'$ への基底の取り替え行列を A とする.

(1) $\mathscr{V}$ が $\mathbb{R}^2$ の標準基底で, $A = \begin{pmatrix} 3 & 4 \\ 2 & 3 \end{pmatrix}$ のとき $\mathscr{V}'$ を求めよ.

(2) $\mathscr{V} = \left\{ \begin{pmatrix} 1 \\ 2 \end{pmatrix}, \begin{pmatrix} 3 \\ 1 \end{pmatrix} \right\}$, $A = \begin{pmatrix} 3 & 4 \\ 2 & 3 \end{pmatrix}$ のとき $\mathscr{V}'$ を求めよ.

(3) $\mathscr{V}' = \left\{ \begin{pmatrix} 4 \\ 1 \end{pmatrix}, \begin{pmatrix} -5 \\ 3 \end{pmatrix} \right\}$, $A = \begin{pmatrix} 5 & 7 \\ 1 & 2 \end{pmatrix}$ のとき $\mathscr{V}$ を求めよ.

A5.7 $\mathbb{R}^3$ の部分空間

$$V = \left\{ \begin{pmatrix} x \\ y \\ z \end{pmatrix} \in \mathbb{R}^3 \,\middle|\, 2x - 3y + z = 0 \right\}$$

から $\mathbb{R}^2$ への線形写像 $f : V \longrightarrow \mathbb{R}^2$ の基底

$$\left\{ \begin{pmatrix} 1 \\ 1 \\ 1 \end{pmatrix}, \begin{pmatrix} 0 \\ 1 \\ 3 \end{pmatrix} \right\}, \quad \left\{ \begin{pmatrix} -1 \\ 5 \end{pmatrix}, \begin{pmatrix} 4 \\ 0 \end{pmatrix} \right\}$$

に関する行列表示が $\begin{pmatrix} 1 & 3 \\ -7 & -20 \end{pmatrix}$ のとき, $f\begin{pmatrix} 8 \\ 5 \\ -1 \end{pmatrix}$ を求めよ.

A5.8 線形写像 $f : \mathbb{R}^n \longrightarrow \mathbb{R}^m$ の基底 $\mathscr{V}, \mathscr{W}$ に関する行列表示が A であるとき, 別の基底 $\mathscr{V}', \mathscr{W}'$ に関する行列表示を求めよ.

(1) $\mathscr{V} = \left\{ \begin{pmatrix} 2 \\ 1 \\ 1 \end{pmatrix}, \begin{pmatrix} 1 \\ 1 \\ 1 \end{pmatrix}, \begin{pmatrix} 1 \\ 2 \\ 3 \end{pmatrix} \right\}$, $\mathscr{W} = \left\{ \begin{pmatrix} 2 \\ 1 \end{pmatrix}, \begin{pmatrix} 1 \\ 3 \end{pmatrix} \right\}$,

$A = \begin{pmatrix} 2 & 1 & 5 \\ -1 & 3 & 2 \end{pmatrix}$, $\mathscr{V}' = \left\{ \begin{pmatrix} 0 \\ 1 \\ 1 \end{pmatrix}, \begin{pmatrix} 1 \\ 0 \\ 1 \end{pmatrix}, \begin{pmatrix} 1 \\ 1 \\ 0 \end{pmatrix} \right\}$,

$\mathscr{W}' = \left\{ \begin{pmatrix} 1 \\ 2 \end{pmatrix}, \begin{pmatrix} 1 \\ 1 \end{pmatrix} \right\}$

(2) (1) の $\mathscr{V}, \mathscr{W}, A$ と $\mathbb{R}^3, \mathbb{R}^2$ の標準基底 $\mathscr{V}', \mathscr{W}'$

（3）$\mathscr{V} = \left\{ \begin{pmatrix} 5 \\ 1 \end{pmatrix}, \begin{pmatrix} 3 \\ 2 \end{pmatrix} \right\}$, $\mathscr{W} = \left\{ \begin{pmatrix} 2 \\ 1 \\ 3 \end{pmatrix}, \begin{pmatrix} 1 \\ 1 \\ 0 \end{pmatrix}, \begin{pmatrix} 1 \\ 0 \\ 2 \end{pmatrix} \right\}$,

$A = \begin{pmatrix} 2 & 3 \\ 5 & 4 \\ 1 & 7 \end{pmatrix}$, $\mathscr{V}'$, $\mathscr{W}'$ は標準基底

A5.9 2つの行列

$$A = \begin{pmatrix} 2 & 1 & 1 \\ 5 & 2 & 4 \end{pmatrix}, \quad B = \begin{pmatrix} 1 & 0 & 2 \\ 0 & 1 & -3 \end{pmatrix}$$

がある．線形写像 $f: \mathbb{R}^3 \longrightarrow \mathbb{R}^2$ の基底 $\mathscr{V}$, $\mathscr{W}$ に関する行列表示が A であるとき，次を満たす $\mathscr{W}$ を求めよ．

（1）$\mathscr{V}$ と $\mathbb{R}^2$ の標準基底 $\mathscr{W}'$ に関する f の行列表示が B である場合

（2）$\mathscr{V}$ と $\mathbb{R}^2$ の基底

$$\mathscr{W}' = \left\{ \begin{pmatrix} 3 \\ 2 \end{pmatrix}, \begin{pmatrix} 2 \\ 5 \end{pmatrix} \right\}$$

に関する f の行列表示が B の場合

B5.1 4次以下多項式全体のなすベクトル空間 V の基底として $\{1, x, x^2, x^3, x^4\}$ を選ぶ．このとき，次式で与えられる線形写像 $V \longrightarrow V$ の行列表示を求めよ．

（1）$D(f)(x) = f'(x)$ （2）$T(f)(x) = f(x+1)$

（3）$L(f)(x) = (x-1)f'(x)$ （4）$F(f)(x) = (x+1)^2 f'(x) - 4xf(x)$

B5.2 内積空間 $(V, \langle\,,\,\rangle)$ の基底 $\{v_1, v_2, \ldots, v_n\}$ に対して，行列

$$A = \begin{pmatrix} \langle v_1, v_1 \rangle & \langle v_1, v_2 \rangle & \cdots & \langle v_1, v_n \rangle \\ \langle v_2, v_1 \rangle & \langle v_2, v_2 \rangle & \cdots & \langle v_2, v_n \rangle \\ \vdots & \vdots & \ddots & \vdots \\ \langle v_n, v_1 \rangle & \langle v_n, v_2 \rangle & \cdots & \langle v_n, v_n \rangle \end{pmatrix}$$

を考える．$\{v_1, v_2, \ldots, v_n\}$ から V の正規直交基底 $\{e_1, e_2, \ldots, e_n\}$ への基底の取り替え行列を P とするとき，$A = {}^t P P$ を示せ．

アフィン写像

2つのベクトル空間 V, W の間の線形写像 $f : V \longrightarrow W$ と W の要素 $w_0 \in W$ とを用いて $F(v) = f(v) + w_0$ と定められる写像を**アフィン写像**という．アフィン写像は線形写像と異なり原点という絶対的な固定点をもたないこともあり，コンピュータグラフィックスや画像処理に利用される．

プロジェクタによる投影やカメラによる撮影を考えてみよう．撮影画面に対して平行な面にある図形は相似形に写されるが，平行ではない平面上の図形はアフィン変換される．この性質を勘案して衛星画像から地図を作製したり人の顔貌認識を行ったりする．16 世紀の画家 A. デューラーは絵画においても美しさは比例に基づくとして人体比例や遠近法の研究に取り組み，顔の違いはアフィン変換として表現されると考えた．

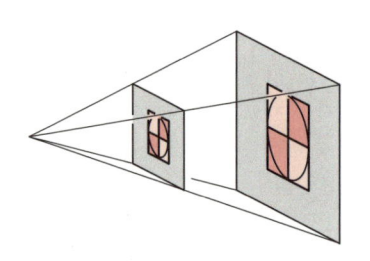

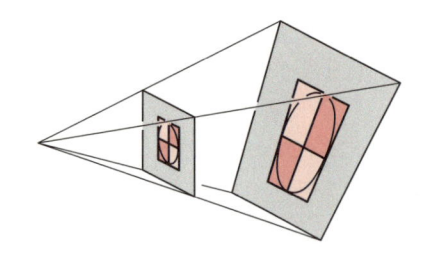

前章のコラムで述べたベジェ曲線では放物線を描くことはできるが，円などの基本的な図形を描くことはできない．そこで上図の平面への射影を利用する．放物線は円錐面と平面との共通部分として与えられるので，空間内のベジェ曲線を射影してできる**有理ベジェ曲線**により円などの 2 次曲線（第 7 章参照）を描くことができる．3 点 P_1, P_2, P_3 を制御点とするベジェ曲線 $B(t)$ のアフィン写像 F による像 $F(B(t))$ は，制御点だけを写して $F(P_1), F(P_2), F(P_3)$ を制御点としてできるベジェ曲線に一致する．有理ベジェ曲線や 2 つのパラメータを与えた制御点から構成されるベジェ曲面も同様の性質をもつ．したがって，これらで描かれた図形は，すべての点についての写像データを必要とせず，制御点の変換データを与えるだけで全体を変形することができる．

第6章
行列の標準形 I

§6.1 座標平面の線形変換

定義域と値域とが同じである線形写像 $f : V \longrightarrow V$ は特に**線形変換**とよばれる．§5.1 で座標平面 $\mathbb{R}^2$ の代表的な線形変換として回転移動・対称移動と正射影をあげた．ここでは特徴的な行列の線形変換を考えよう．

[1] **収縮・膨張**　単位行列の定数倍である

$$E(k) = kE_2 = \begin{pmatrix} k & 0 \\ 0 & k \end{pmatrix} \quad (k \neq 0)$$

が定める線形変換により

$$\begin{pmatrix} x \\ y \end{pmatrix} \longmapsto \begin{pmatrix} kx \\ ky \end{pmatrix} = k \begin{pmatrix} x \\ y \end{pmatrix}$$

であるから，原点を通る直線の方向を変えない線形変換で，
 （1）　$k > 0$ であれば各ベクトルの向きを変えず，
　　　（i）　$0 < k < 1$ のとき原点中心に図形が収縮され，
　　　（ii）　$k > 1$ のとき原点中心に図形が膨張する．
 （2）　$k < 0$ であれば各ベクトルの向きを逆にし，
　　　（iii）　$-1 < k < 0$ のとき原点中心に図形が π 回転して収縮され，
　　　（iv）　$k < -1$ のとき原点中心に図形が π 回転して膨張する．
（図 6.1）．

(i)　　　　　　　　(ii)

(iii)　　　　　　　(iv)

図 **6.1**

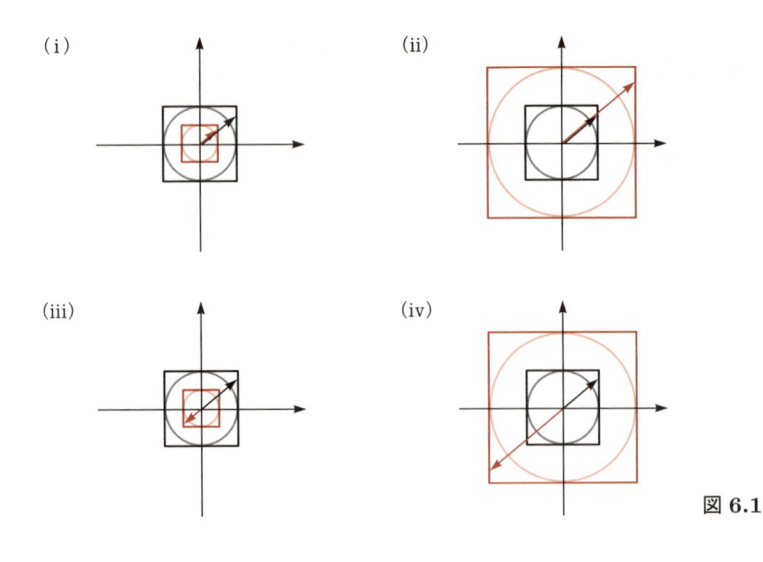

[2] 圧縮・拡大
$$A(1,k) = \begin{pmatrix} 1 & 0 \\ 0 & k \end{pmatrix}$$
が定める線形変換により
$$\begin{pmatrix} x \\ y \end{pmatrix} \longmapsto \begin{pmatrix} x \\ ky \end{pmatrix}$$
となる．したがって，
  (ⅰ)　$k > 1$ のとき y 軸方向に図形が拡大され，
  (ⅱ)　$0 < k < 1$ のとき y 軸方向に図形が圧縮され，
  (ⅲ)　$k = 0$ のとき x 軸上につぶれる．
(図 6.2)．なお $k < 0$ であれば，x 軸に関する対称移動を与える行列
$$\begin{pmatrix} 1 & 0 \\ 0 & -1 \end{pmatrix}$$
を使って
$$\begin{pmatrix} 1 & 0 \\ 0 & k \end{pmatrix} = \begin{pmatrix} 1 & 0 \\ 0 & -1 \end{pmatrix} \begin{pmatrix} 1 & 0 \\ 0 & -k \end{pmatrix}$$
となるから，合成変換と考えればよい．

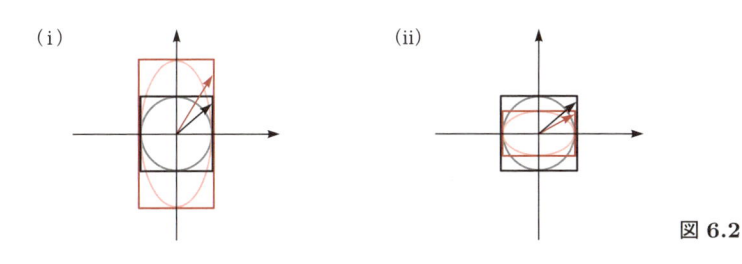

同様に,
$$A(k,\ 1) = \begin{pmatrix} k & 0 \\ 0 & 1 \end{pmatrix}$$
が定める線形変換により
$$\begin{pmatrix} x \\ y \end{pmatrix} \longmapsto \begin{pmatrix} kx \\ y \end{pmatrix}$$
となり,
(ⅰ) $k > 1$ のとき x 軸方向に図形が拡大され,
(ⅱ) $0 < k < 1$ のとき x 軸方向に図形が圧縮され,
(ⅲ) $k = 0$ のとき y 軸上につぶれる.
(図 6.3).

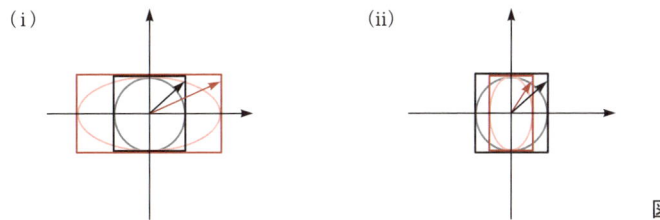

図 6.3

これらのことから
$$A(k,\ l) = \begin{pmatrix} k & 0 \\ 0 & l \end{pmatrix}$$
が定める線形変換により, x 軸方向に k 倍かつ y 軸方向に l 倍に拡大・圧縮される.

[3] 剪断 (shearing)

$$S_x(k) = \begin{pmatrix} 1 & k \\ 0 & 1 \end{pmatrix} \quad (k \neq 0)$$

が定める線形変換により

$$\begin{pmatrix} x \\ y \end{pmatrix} \longmapsto \begin{pmatrix} x + ky \\ y \end{pmatrix}$$

となる．したがって，

(i) $k > 0$ のとき，図形は y 座標が正の部分は x 軸の正の方向に押し延ばされ，y 座標が負の部分は x 軸の負の方向に図形が押し延ばされる．

(ii) $k < 0$ のとき (i) と逆方向に図形が押し延ばされる．

(図 6.4)．また，

$$S_y(k) = \begin{pmatrix} 1 & 0 \\ k & 1 \end{pmatrix} \quad (k \neq 0)$$

が定める線形変換により

$$\begin{pmatrix} x \\ y \end{pmatrix} \longmapsto \begin{pmatrix} x \\ kx + y \end{pmatrix}$$

となるから，

(i) $k > 0$ のとき，図形は x 座標が正の部分は y 軸の正の方向に押し延ばされ，x 座標が負の部分は y 軸の負の方向に押し延ばされる．

(ii) $k < 0$ のとき (i) と逆の方向に押し延ばされる．

(図 6.5)．

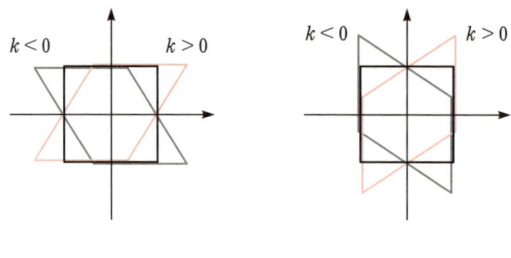

図 6.4   図 6.5

§6.2 固有値と固有ベクトル

前節で特別な形をした行列が定める線形変換を学習したが，では与えられた行列が定める線形変換はどのタイプの変換なのであろうか．

例えば

$$5x^2 - 6xy + 5y^2 = 32$$

という関係式で与えられる曲線を考えるとき

$$(x+y)^2 + 4(x-y)^2 = 32$$

と変形できるから

$$u = \frac{1}{\sqrt{2}}(x+y), \quad v = \frac{1}{\sqrt{2}}(x-y)$$

という $\frac{\pi}{4}$ 回転させた座標を使うと，

$$\frac{u^2}{16} + \frac{v^2}{4} = 1$$

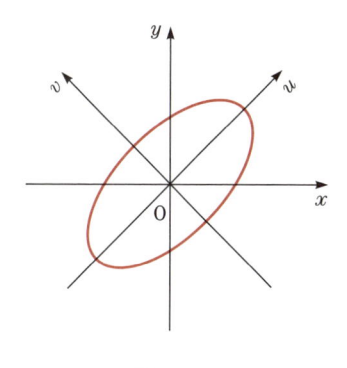

図 6.6

という楕円であることがわかる．行列が定める線形変換も座標軸（基底）を取り替えることでわかりやすく表現できるのではないだろうか．

ここで正則行列

$$A = \begin{pmatrix} 3 & 1 \\ 1 & 3 \end{pmatrix}$$

が定める線形変換について考えてみよう．

$$\begin{pmatrix} X \\ Y \end{pmatrix} = \begin{pmatrix} 3 & 1 \\ 1 & 3 \end{pmatrix} \begin{pmatrix} x \\ y \end{pmatrix}$$

つまり

$$\begin{pmatrix} x \\ y \end{pmatrix} = \frac{1}{8} \begin{pmatrix} 3 & -1 \\ -1 & 3 \end{pmatrix} \begin{pmatrix} X \\ Y \end{pmatrix} = \frac{1}{8} \begin{pmatrix} 3X - Y \\ -X + 3Y \end{pmatrix}$$

であるから円 $x^2 + y^2 = 1$ は

$$(3X - Y)^2 + (-X + 3Y)^2 = 64 \quad \text{つまり} \quad 5X^2 - 6XY + 5Y^2 = 32$$

という楕円に写る．つまり図6.7のように $\bm{u} = \begin{pmatrix} 1 \\ 1 \end{pmatrix}$ 方向は4倍, $\bm{v} = \begin{pmatrix} -1 \\ 1 \end{pmatrix}$ 方向は2倍されている．

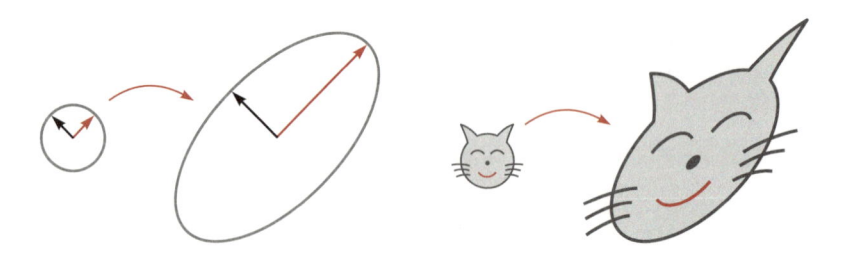

図 6.7

このような，拡大・縮小とその方向の様子は線形変換の特徴をよく表していると思われる．そこで n 次正方行列 A に対して A が定める線形写像が"方向"を変えないベクトル，つまり

$$A\bm{v} = \lambda \bm{v}, \quad \bm{v} \neq \bm{0}$$

をみたすベクトル $\bm{v}$ を**固有ベクトル**といい，拡大・縮小率を表すスカラー λ を**固有値**という．

行列 A の固有値 λ に対して

$$A\bm{v} = \lambda\bm{v} \quad \text{すなわち} \quad (A - \lambda E)\bm{v} = \bm{0}$$

をみたすベクトル $\bm{v} \neq \bm{0}$ があることから，連立1次方程式

(6.1) $$(A - \lambda E)\bm{x} = \bm{0}$$

は $\bm{0}$ 以外の解をもつことになる．つまり (6.1) は正則ではない連立1次方程式になるので，係数行列の行列式は $|A - \lambda E| = 0$ である．逆にこの性質が

成り立つとき $\mathrm{rank}(A - \lambda E) < n$ であるから，(6.1) は $\mathbf{0}$ 以外の解をもち，これが λ に対する固有ベクトルになる．したがって，

$$\varphi_A(t) = |A - tE| = \begin{vmatrix} a_{11} - t & a_{12} & \cdots & \cdots & a_{1n} \\ a_{21} & a_{22} - t & \ddots & & \vdots \\ \vdots & \ddots & \ddots & \ddots & \vdots \\ \vdots & & \ddots & \ddots & a_{n-1\,n} \\ a_{n1} & \cdots & \cdots & a_{n\,n-1} & a_{nn} - t \end{vmatrix}$$

により定まる多項式を考えて，方程式 $\varphi_A(t) = 0$ の解が固有値になる．多項式 $\varphi_A(t)$ を A の**固有多項式**といい，方程式 $\varphi_A(t) = 0$ を**固有方程式**という．

例えば，2 次正方行列 $A = \begin{pmatrix} a & b \\ c & d \end{pmatrix}$ の場合，固有多項式は

$$\varphi_A(t) = \begin{vmatrix} a - t & b \\ c & d - t \end{vmatrix} = t^2 - (a + d)t + (ad - bc)$$

である．

例題 6.1 次の行列の固有値を求めよ．

(1) $A = \begin{pmatrix} 3 & 1 \\ 1 & 3 \end{pmatrix}$
(2) $B = \begin{pmatrix} 1 & 1 & 1 \\ -1 & 3 & 1 \\ -1 & 1 & 3 \end{pmatrix}$

(3) $C = \begin{pmatrix} 4 & -1 & -1 \\ -3 & 2 & 3 \\ -1 & -1 & 4 \end{pmatrix}$
(4) $D = \begin{pmatrix} 1 & -1 \\ 1 & 1 \end{pmatrix}$

[解] (1) 固有多項式は

$$\varphi_A(t) = \begin{vmatrix} 3 - t & 1 \\ 1 & 3 - t \end{vmatrix} = (4 - t) \begin{vmatrix} 1 & 1 \\ 1 & 3 - t \end{vmatrix} = (4 - t)(2 - t)$$

であるから，固有値は 2, 4 である．

(2) 固有多項式は

$$\varphi_B(t) = \begin{vmatrix} 1-t & 1 & 1 \\ -1 & 3-t & 1 \\ -1 & 1 & 3-t \end{vmatrix} = (2-t)^2 \begin{vmatrix} 1 & -1 & 0 \\ -1 & 3-t & 1 \\ 0 & -1 & 1 \end{vmatrix} = (2-t)^2(3-t)$$

であるから,固有値は 2, 2, 3 である.

(3) 固有多項式は

$$\varphi_C(t) = \begin{vmatrix} 4-t & -1 & -1 \\ -3 & 2-t & 3 \\ -1 & -1 & 4-t \end{vmatrix} = (5-t) \begin{vmatrix} 1 & 0 & -1 \\ -3 & 2-t & 3 \\ -1 & -1 & 4-t \end{vmatrix}$$

$$= (5-t) \begin{vmatrix} 1 & 0 & -1 \\ 0 & 2-t & 0 \\ 0 & -1 & 3-t \end{vmatrix} = (2-t)(3-t)(5-t)$$

であるから,固有値は 2, 3, 5 である.

(4) 固有多項式は

$$\varphi_D(t) = \begin{vmatrix} 1-t & -1 \\ 1 & 1-t \end{vmatrix} = t^2 - 2t + 2$$

であるから,固有値は $1 \pm i$ $(i = \sqrt{-1})$ である. □

例題 6.1 (4) でみたように行列が実数の成分から成り立っていても,その固有値は実数の世界では必ずしもあるとは限らない.複素数の性質として,「複素数の世界では (n 次多項式) $= 0$ の解は重複も含めて n 個ある」という**代数学の基本定理**とよばれる性質があるので,n 次正方行列の固有値は複素数の範囲では n 個ある.しかし複素数の世界での取り扱いはもう少し説明を要するので第 8 章まで敢えて曖昧にしておく.

なお固有多項式を

$$\varphi_A(t) = (-1)^n (t-\lambda_1)^{m_1} \times \cdots \times (t-\lambda_r)^{m_r} \quad (\lambda_i \neq \lambda_j)$$

と因数分解したとき m_j を固有値 λ_j の**重複度**という.例えば例題 6.1 (2) の行列 B の固有値 2, 3 の重複度はそれぞれ 2, 1 である.

§6.2 固有値と固有ベクトル

問題 6.1 次の行列の固有値を求めよ．

(1) $\begin{pmatrix} 0 & 1 & 2 \\ 4 & 3 & -4 \\ 1 & 1 & 1 \end{pmatrix}$ (2) $\begin{pmatrix} 5 & 4 & 3 \\ -1 & 0 & -3 \\ 1 & -2 & 1 \end{pmatrix}$ (3) $\begin{pmatrix} 3 & 1 & 1 \\ 1 & 3 & 1 \\ 1 & 1 & 3 \end{pmatrix}$

(4) $\begin{pmatrix} 9 & -2 & -3 \\ 7 & 1 & -4 \\ 3 & -1 & 2 \end{pmatrix}$ (5) $\begin{pmatrix} 2 & 2 & 1 \\ 1 & 3 & 1 \\ 1 & 2 & 2 \end{pmatrix}$ (6) $\begin{pmatrix} 2 & 2 & 1 \\ -3 & 7 & 1 \\ -3 & 2 & 6 \end{pmatrix}$

行列 A の固有値 λ が求まれば，連立 1 次方程式 (6.1) を解くことにより固有ベクトルを求めることができる．ここで $\boldsymbol{v}$ が λ に対する固有ベクトルであれば，そのスカラー倍 $c\boldsymbol{v}$ ($c \neq 0$) も固有ベクトルになっていることに注意しておこう．

例題 6.2 例題 6.1 の行列 B の固有ベクトルを求めよ．

[解] 固有値 $\lambda = 2$ に対する固有ベクトルは，$(B - 2E)\boldsymbol{x} = \boldsymbol{0}$ の係数行列を調べて

$$B - 2E = \begin{pmatrix} 1-2 & 1 & 1 \\ -1 & 3-2 & 1 \\ -1 & 1 & 3-2 \end{pmatrix} = \begin{pmatrix} -1 & 1 & 1 \\ -1 & 1 & 1 \\ -1 & 1 & 1 \end{pmatrix} \rightarrow \begin{pmatrix} -1 & 1 & 1 \\ 0 & 0 & 0 \\ 0 & 0 & 0 \end{pmatrix}$$

となることから

$$\boldsymbol{x} = \begin{pmatrix} s+u \\ s \\ u \end{pmatrix} = s\begin{pmatrix} 1 \\ 1 \\ 0 \end{pmatrix} + u\begin{pmatrix} 1 \\ 0 \\ 1 \end{pmatrix} \quad (s = u = 0 \text{ ではない})$$

また，固有値 $\lambda = 3$ に対する固有ベクトルは

$$B - 3E = \begin{pmatrix} -2 & 1 & 1 \\ -1 & 0 & 1 \\ -1 & 1 & 0 \end{pmatrix} \rightarrow \begin{pmatrix} 1 & 0 & -1 \\ 0 & 1 & -1 \\ 0 & 1 & -1 \end{pmatrix} \rightarrow \begin{pmatrix} 1 & 0 & -1 \\ 0 & 1 & -1 \\ 0 & 0 & 0 \end{pmatrix}$$

となることから

$$\begin{pmatrix} s \\ s \\ s \end{pmatrix} = s\begin{pmatrix} 1 \\ 1 \\ 1 \end{pmatrix} \quad (s \neq 0) \qquad \square$$

問題 6.2 例題 6.1 の行列 A, C と問題 6.1 の行列について固有ベクトルを求めよ．

ここで固有ベクトルの向きについて述べておこう．

命題 6.1

$\lambda_1, \ldots, \lambda_r$ は行列 A の互いに異なる固有値とする．各 λ_i に対応する固有ベクトル $\boldsymbol{v}_i$ を1つずつとったとき，$\boldsymbol{v}_1, \ldots, \boldsymbol{v}_r$ は一次独立である．

[証明] r に関する帰納法で証明する．

まず $r=1$ のとき $\boldsymbol{v}_1 \neq \boldsymbol{0}$ であるから一次独立である．

次に，$r-1$ のとき正しいと仮定する．ここで $\alpha_1 \boldsymbol{v}_1 + \cdots + \alpha_r \boldsymbol{v}_r = \boldsymbol{0}$ であれば

$$\lambda_r(\alpha_1 \boldsymbol{v}_1 + \cdots + \alpha_r \boldsymbol{v}_r) = \boldsymbol{0} = A\boldsymbol{0} = A(\alpha_1 \boldsymbol{v}_1 + \cdots + \alpha_r \boldsymbol{v}_r)$$
$$= \alpha_1 \lambda_1 \boldsymbol{v}_1 + \cdots + \alpha_r \lambda_r \boldsymbol{v}_r$$

より

$$\alpha_1(\lambda_1 - \lambda_r)\boldsymbol{v}_1 + \cdots + \alpha_{r-1}(\lambda_{r-1} - \lambda_r)\boldsymbol{v}_{r-1} = \boldsymbol{0}$$

となる．帰納法の仮定から $\boldsymbol{v}_1, \ldots, \boldsymbol{v}_{r-1}$ は一次独立であり，また $\lambda_i \neq \lambda_r$ であることから $\alpha_1 = \cdots = \alpha_{r-1} = 0$．したがって $\alpha_r \boldsymbol{v}_r = \boldsymbol{0}$ となることから $\alpha_r = 0$ もわかるので $\boldsymbol{v}_1, \ldots, \boldsymbol{v}_r$ は一次独立である． □

この命題をもう少し詳しくすると次のようになる．

命題 6.2

$\lambda_1, \ldots, \lambda_r$ は行列 A の互いに異なる固有値とする．λ_i に対応する固有ベクトル $\boldsymbol{v}_{i1}, \ldots, \boldsymbol{v}_{id_i}$ を一次独立となるようにとったとき，各 λ_i についてこれらを集めた $\boldsymbol{v}_{11}, \ldots, \boldsymbol{v}_{1d_1}, \ldots, \boldsymbol{v}_{r1}, \ldots, \boldsymbol{v}_{rd_r}$ も一次独立である．

*問題 6.3 命題 6.1 を参考にして命題 6.2 を示せ．

§6.3 行列の対角化

対角行列

$$A = \begin{pmatrix} \lambda_1 & 0 & \cdots & 0 \\ 0 & \ddots & \ddots & \vdots \\ \vdots & \ddots & \ddots & 0 \\ 0 & \cdots & 0 & \lambda_n \end{pmatrix}$$

の場合，$\mathbb{R}^n$ の標準基底 $\{e_1, \ldots, e_n\}$ は $Ae_j = \lambda_j e_j$ を満たし，固有ベクトルの組になっている．したがって，対角行列はこの行列が定める線形変換の特徴を明確に示しているといってよいであろう．そこで座標（基底）を取り替えて対角行列により表示される線形変換を考えることにしよう．第5章で学習したように，数ベクトル空間 $\mathbb{R}^n$ の基底を $\mathscr{V}$ から $\mathscr{V}'$ に代えたとき，線形変換 $f: \mathbb{R}^n \longrightarrow \mathbb{R}^n$ の行列表示は，$\mathscr{V}'$ から $\mathscr{V}$ への基底の取り替え行列 $P = P[\mathscr{V}', \mathscr{V}]$ を用いて

$$A'_f = P^{-1} A_f P$$

と表すことができた．そこで正方行列 A がある正則行列 P を用いて

$$P^{-1}AP = \begin{pmatrix} \lambda_1 & 0 & \cdots & 0 \\ 0 & \ddots & \ddots & \vdots \\ \vdots & \ddots & \ddots & 0 \\ 0 & \cdots & 0 & \lambda_n \end{pmatrix}$$

と対角行列にできるとき，A は**対角化可能**であるといい，このように変形することを**対角化**という．一般に

$$\varphi_{P^{-1}AP}(t) = |P^{-1}AP - tE| = |P^{-1}(A - tE)P|$$
$$= |P|^{-1}|A - tE||P| = \varphi_A(t)$$

であるから，A を対角化したときに現れる対角成分 λ_i は A の固有値である．

ではどういう行列が対角化可能なのであろうか．正方行列 A が正則行列 P により対角化できると仮定しよう．すなわち

$$P^{-1}AP = \begin{pmatrix} \lambda_1 & 0 & \cdots & 0 \\ 0 & \ddots & \ddots & \vdots \\ \vdots & \ddots & \ddots & 0 \\ 0 & \cdots & 0 & \lambda_n \end{pmatrix} \quad \text{つまり} \quad AP = P \begin{pmatrix} \lambda_1 & 0 & \cdots & 0 \\ 0 & \ddots & \ddots & \vdots \\ \vdots & \ddots & \ddots & 0 \\ 0 & \cdots & 0 & \lambda_n \end{pmatrix}$$

であるから，$P = (\boldsymbol{p}_1 \ \ldots \ \boldsymbol{p}_n)$ の列ベクトル $\boldsymbol{p}_j$ は $A\boldsymbol{p}_j = \lambda_j \boldsymbol{p}_j$ を満たし固有ベクトルになっている．したがって，対角化できるのであればその固有ベクトルの組で基底を作ることができるはずである．そこで固有ベクトルがどの程度あるかを考えることにしよう．正方行列 A の固有値 λ に対して

$$W(\lambda) = \{\lambda \text{ に対する } A \text{ の固有ベクトル}\} \cup \{\boldsymbol{0}\}$$

とおく．$\boldsymbol{v}_1, \boldsymbol{v}_2 \in W(\lambda)$ とスカラー c とに対して

$$A(\boldsymbol{v}_1 + \boldsymbol{v}_2) = A\boldsymbol{v}_1 + A\boldsymbol{v}_2 = \lambda(\boldsymbol{v}_1 + \boldsymbol{v}_2)$$

$$A(c\boldsymbol{v}_1) = cA\boldsymbol{v}_1 = c\lambda\boldsymbol{v}_1 = \lambda(c\boldsymbol{v}_1)$$

であるから，$W(\lambda)$ は $\mathbb{R}^n$ の部分空間になる．この部分空間を A の λ に対する**固有空間**という．

例 6.1 例題 6.1，例題 6.2 で調べた行列

$$B = \begin{pmatrix} 1 & 1 & 1 \\ -1 & 3 & 1 \\ -1 & 1 & 3 \end{pmatrix}$$

について，固有値は 2, 2, 3 で固有空間は

$$W(2) = \left\{ s\begin{pmatrix} 1 \\ 1 \\ 0 \end{pmatrix} + u\begin{pmatrix} 1 \\ 0 \\ 1 \end{pmatrix} \middle| s, u \in \mathbb{R} \right\}, \ W(3) = \left\{ s\begin{pmatrix} 1 \\ 1 \\ 1 \end{pmatrix} \middle| s \in \mathbb{R} \right\}$$

◇

各固有値に対して少なくとも 1 つは固有ベクトルがあるから $\dim(W(\lambda)) \geqq 1$ である. しかし, 固有空間の次元, つまり独立な固有ベクトルは重複度の分だけあるわけではない.

例 6.2 行列
$$A = \begin{pmatrix} -2 & 1 & 4 \\ -3 & 2 & 3 \\ -1 & 1 & 3 \end{pmatrix}$$
の固有値は, 例題 6.1 にならって求めると $-1, 2, 2$ で, 固有空間は
$$W(2) = \left\{ s \begin{pmatrix} 1 \\ 0 \\ 1 \end{pmatrix} \middle| s \in \mathbb{R} \right\}, \quad W(-1) = \left\{ s \begin{pmatrix} 1 \\ 1 \\ 0 \end{pmatrix} \middle| s \in \mathbb{R} \right\}$$
となるから, $\dim(W(2)) = 1$ で 2 の重複度 $m(2) = 2$ より小さい. ◇

固有空間の次元と重複度との間には次の関係が成り立つ.

命題 6.3

n 次正方行列 A の固有値 λ の重複度を $m(\lambda)$ とすると
$$1 \leqq \dim(W(\lambda)) \leqq m(\lambda)$$

[証明] $\dim(W(\lambda)) = d$ として固有空間 $W(\lambda)$ の基底 $\{\boldsymbol{v}_1, \ldots, \boldsymbol{v}_d\}$ をとり, 命題 4.5 を用いて $\{\boldsymbol{v}_1, \ldots, \boldsymbol{v}_d, \boldsymbol{v}_{d+1}, \ldots, \boldsymbol{v}_n\}$ が $\mathbb{R}^n$ の基底になるように延長する. この基底を列ベクトルとする n 次正則行列 $P = (\boldsymbol{v}_1, \ldots, \boldsymbol{v}_n)$ をとると
$$\begin{aligned} P^{-1}AP &= P^{-1}(A\boldsymbol{v}_1, \ldots, A\boldsymbol{v}_d, A\boldsymbol{v}_{d+1}, \ldots, A\boldsymbol{v}_n) \\ &= P^{-1}(\lambda\boldsymbol{v}_1, \ldots, \lambda\boldsymbol{v}_d, A\boldsymbol{v}_{d+1}, \ldots, A\boldsymbol{v}_n) \\ &= (\lambda P^{-1}\boldsymbol{v}_1, \ldots, \lambda P^{-1}\boldsymbol{v}_d, P^{-1}A\boldsymbol{v}_{d+1}, \cdots, P^{-1}A\boldsymbol{v}_n) \\ &= \begin{pmatrix} \lambda E_d & B \\ O & C \end{pmatrix} \end{aligned}$$

ただし B は $d \times (n-d)$ 行列を，C は $(n-d)$ 次正方行列を表す．したがって

$$\varphi_A(t) = \varphi_{P^{-1}AP}(t) = \begin{vmatrix} (\lambda - t)E_d & B \\ O & C - tE_{n-d} \end{vmatrix} = (\lambda - t)^d \varphi_C(t)$$

となることから，$d \leqq m(\lambda)$ であることがわかる． □

命題 6.3 の証明を見ると，対角化するためには固有ベクトルが重要な役割を果たすことがわかる．実は対角化できるためには固有ベクトルで基底を作ることができることが必要十分条件になる．

定理 6.1

n 次正方行列 A の互いに異なる固有値を $\lambda_1, \lambda_2, \ldots, \lambda_r$ とし，これらの重複度を $m(\lambda_i)$ と表す．A が対角化できるための必要十分条件は

$$\dim(W(\lambda_1)) + \dim(W(\lambda_2)) + \cdots + \dim(W(\lambda_r)) = n$$

が成り立つこと，すなわち次が成り立つことである．

(6.2) $$\dim(W(\lambda_j)) = m(\lambda_j) \quad (j = 1, \ldots, r)$$

このことから特に

命題 6.4

n 次正方行列 A の固有値がすべて互いに異なる，すなわち各固有値の重複度が 1 であるならば対角化可能である．

一方，n 次正方行列 A の固有値は λ のただ 1 つで，その重複度が n の場合を考えてみよう．ある正則行列 P により対角化できるとすると

$$P^{-1}AP = \begin{pmatrix} \lambda & 0 & \cdots & 0 \\ 0 & \ddots & \ddots & \vdots \\ \vdots & \ddots & \ddots & 0 \\ 0 & \cdots & 0 & \lambda \end{pmatrix} = \lambda E_n \quad \text{より} \quad A = P(\lambda E_n)P^{-1} = \lambda E_n$$

となって，A は対角行列でなければならない．すなわち

命題 6.5

単位行列 E_n の定数倍ではない n 次正方行列が重複度 n の固有値をもてば，対角化不可能である．

ここに対角化する方法をまとめておくと

(1) 式 (6.2) が成り立つとき，各固有値 λ_i に対して $m(\lambda_i)$ 個の対応する固有ベクトル $\boldsymbol{p}_{i1}, \ldots, \boldsymbol{p}_{im(\lambda_i)}$ を求める．

(2) このベクトルの組を列ベクトルとする行列

$$P = (\boldsymbol{p}_{11}, \ldots, \boldsymbol{p}_{1m(\lambda_1)}, \ldots, \boldsymbol{p}_{r1}, \ldots, \boldsymbol{p}_{rm(\lambda_r)})$$

は正則行列であり

$$P^{-1}AP = \begin{pmatrix} \lambda_1 & 0 & \cdots & 0 \\ 0 & \ddots & \ddots & \vdots \\ \vdots & \ddots & \ddots & 0 \\ 0 & \cdots & 0 & \lambda_r \end{pmatrix}$$

のように，列ベクトルに対応する

$$\underbrace{\lambda_1, \ldots, \lambda_1}_{m(\lambda_1) \text{個}}, \ldots, \underbrace{\lambda_r, \ldots, \lambda_r}_{m(\lambda_r) \text{個}}$$

の順に対角成分が並ぶ対角行列になる．

例題 6.3 次の行列は対角化可能か．

(1) $A = \begin{pmatrix} -2 & 1 & 4 \\ -3 & 2 & 3 \\ -1 & 1 & 3 \end{pmatrix}$ 　　　 (2) $B = \begin{pmatrix} 1 & 1 & 1 \\ -1 & 3 & 1 \\ -1 & 1 & 3 \end{pmatrix}$

(3) $C = \begin{pmatrix} 4 & -1 & -1 \\ -3 & 2 & 3 \\ -1 & -1 & 4 \end{pmatrix}$

[解]（1） 例6.2で調べたように A の固有値 $-1, 2, 2$ について $\dim(W(2)) = 1 < 2 = m(2)$ で固有空間の次元と重複度とが一致していないので A は対角化できない．

（2） 例6.1で調べたように B の固有値 $2, 2, 3$ について $\dim(W(2)) = 2 = m(2)$ で固有空間の次元と重複度とが一致する（固有値 3 については $m(3) = 1$ であるから必ず $\dim(W(3)) = 1 = m(3)$ となる）から，B は対角化可能である．

実際に対角化してみよう．2に対する固有ベクトルと3に対する固有ベクトル
$$\begin{pmatrix} 1 \\ 1 \\ 0 \end{pmatrix}, \begin{pmatrix} 1 \\ 0 \\ 1 \end{pmatrix}, \begin{pmatrix} 1 \\ 1 \\ 1 \end{pmatrix}$$
を用いて正則行列 P を
$$P = \begin{pmatrix} 1 & 1 & 1 \\ 1 & 0 & 1 \\ 0 & 1 & 1 \end{pmatrix} \quad \text{とおくと} \quad P^{-1}BP = \begin{pmatrix} 2 & 0 & 0 \\ 0 & 2 & 0 \\ 0 & 0 & 3 \end{pmatrix}$$
のように対角化できる．

（3） 例題6.1で調べたように C の固有値は $2, 3, 5$ と互いに異なるから，C は対角化可能である． □

▶**注意** （2）のように対角化可能な行列について $P^{-1}BP$ を行列の積演算で計算する必要はない．対角化された対角行列は，前ページのまとめで述べたように，固有ベクトルの並べ方に対応している．例えば
$$Q = \begin{pmatrix} 1 & 1 & 1 \\ 1 & 1 & 0 \\ 0 & 1 & 1 \end{pmatrix} \quad \text{とすると} \quad Q^{-1}BQ = \begin{pmatrix} 2 & 0 & 0 \\ 0 & 3 & 0 \\ 0 & 0 & 2 \end{pmatrix}$$
となる．

問題 6.4 次の行列は対角化可能か．可能であれば対角化せよ．

（1） $\begin{pmatrix} 2 & -3 & 3 \\ 3 & 8 & -9 \\ 1 & 1 & 0 \end{pmatrix}$ （2） $\begin{pmatrix} -1 & -4 & -4 \\ 4 & 7 & 4 \\ -4 & -4 & -1 \end{pmatrix}$ （3） $\begin{pmatrix} 2 & 1 & 1 \\ 2 & 3 & 2 \\ 1 & 1 & 2 \end{pmatrix}$

（4） $\begin{pmatrix} 2 & 1 & 1 \\ 1 & 2 & 1 \\ -2 & -2 & -1 \end{pmatrix}$ （5） $\begin{pmatrix} 3 & -5 & 4 \\ 3 & -4 & 3 \\ 2 & -1 & 1 \end{pmatrix}$ （6） $\begin{pmatrix} 1 & 2 & 2 \\ 0 & 2 & 1 \\ -1 & 2 & 2 \end{pmatrix}$

§6.3 行列の対角化

正方行列 A が与えられたときそのべき乗 A^m をこのまま計算することは一般にはやさしくない. しかし対角行列

$$\Lambda = \begin{pmatrix} \lambda_1 & 0 & \cdots & 0 \\ 0 & \ddots & \ddots & \vdots \\ \vdots & \ddots & \ddots & 0 \\ 0 & \cdots & 0 & \lambda_n \end{pmatrix} \quad \text{の場合,} \quad \Lambda^m = \begin{pmatrix} \lambda_1{}^m & 0 & \cdots & 0 \\ 0 & \ddots & \ddots & \vdots \\ \vdots & \ddots & \ddots & 0 \\ 0 & \cdots & 0 & \lambda_n{}^m \end{pmatrix}$$

のように対角成分のべき乗として与えることができる. このことから一般の行列 A が $P^{-1}AP = \Lambda$ と対角化できるのであれば

$$\begin{pmatrix} \lambda_1{}^m & 0 & \cdots & 0 \\ 0 & \ddots & \ddots & \vdots \\ \vdots & \ddots & \ddots & 0 \\ 0 & \cdots & 0 & \lambda_n{}^m \end{pmatrix} = (P^{-1}AP)^m$$

$$= P^{-1}APP^{-1}AP \cdots P^{-1}AP = P^{-1}A^m P$$

となるので

$$A^m = P \begin{pmatrix} \lambda_1{}^m & 0 & \cdots & 0 \\ 0 & \ddots & \ddots & \vdots \\ \vdots & \ddots & \ddots & 0 \\ 0 & \cdots & 0 & \lambda_n{}^m \end{pmatrix} P^{-1}$$

のように計算することができる.

例 6.3 例題 6.3 で調べた

$$B = \begin{pmatrix} 1 & 1 & 1 \\ -1 & 3 & 1 \\ -1 & 1 & 3 \end{pmatrix}$$

について,

$$P = \begin{pmatrix} 1 & 1 & 1 \\ 1 & 0 & 1 \\ 0 & 1 & 1 \end{pmatrix} \quad \text{により} \quad P^{-1}BP = \begin{pmatrix} 2 & 0 & 0 \\ 0 & 2 & 0 \\ 0 & 0 & 3 \end{pmatrix}$$

であるから

$$B^m = P(P^{-1}BP)^m P^{-1}$$

$$= \begin{pmatrix} 1 & 1 & 1 \\ 1 & 0 & 1 \\ 0 & 1 & 1 \end{pmatrix} \begin{pmatrix} 2^m & 0 & 0 \\ 0 & 2^m & 0 \\ 0 & 0 & 3^m \end{pmatrix} \begin{pmatrix} 1 & 0 & -1 \\ 1 & -1 & 0 \\ -1 & 1 & 1 \end{pmatrix}$$

$$= \begin{pmatrix} 2^{m+1} - 3^m & 3^m - 2^m & 3^m - 2^m \\ 2^m - 3^m & 3^m & 3^m - 2^m \\ 2^m - 3^m & 3^m - 2^m & 3^m \end{pmatrix} \qquad \diamondsuit$$

問題 6.5 次の行列の m 乗を求めよ.

（1） $\begin{pmatrix} 2 & 2 & 1 \\ 1 & 3 & 1 \\ 1 & 2 & 2 \end{pmatrix}$ （2） $\begin{pmatrix} 2 & -3 & 3 \\ 3 & 8 & -9 \\ 1 & 1 & 0 \end{pmatrix}$ （3） $\begin{pmatrix} -1 & -4 & -4 \\ 4 & 7 & 4 \\ -4 & -4 & -1 \end{pmatrix}$

[**定理 6.1 の証明**] まず対角化可能であるとしよう.

$$P^{-1}AP = \begin{pmatrix} \lambda_1 & 0 & \cdots & 0 \\ 0 & \ddots & \ddots & \vdots \\ \vdots & \ddots & \ddots & 0 \\ 0 & \cdots & 0 & \lambda_n \end{pmatrix}$$

とし, $P = (\boldsymbol{p}_1, \ldots, \boldsymbol{p}_n)$ と表す. このとき

$$(A\boldsymbol{p}_1, \ldots, A\boldsymbol{p}_n) = AP = P \begin{pmatrix} \lambda_1 & 0 & \cdots & 0 \\ 0 & \ddots & \ddots & \vdots \\ \vdots & \ddots & \ddots & 0 \\ 0 & \cdots & 0 & \lambda_n \end{pmatrix} = (\lambda_1 \boldsymbol{p}_1, \ldots, \lambda_n \boldsymbol{p}_n)$$

であるから, $\boldsymbol{p}_i$ は固有ベクトルである. したがって固有ベクトルによる基底を作ることができるので, $\dim(W(\lambda_i)) = m(\lambda_i)$ つまり式 (6.2) が成り立つ.

一方, 式 (6.2) が成り立つならば $\dim(W(\lambda_i)) = m(\lambda_i)$ であるから, λ_i に対する一次独立な $m(\lambda_i)$ 個の固有ベクトル $\boldsymbol{p}_{i1}, \ldots, \boldsymbol{p}_{im(\lambda_i)}$ を選ぶことができる. このとき命題 6.2 により $\boldsymbol{p}_{11}, \ldots, \boldsymbol{p}_{1m(\lambda_1)}, \ldots, \boldsymbol{p}_{r1}, \ldots, \boldsymbol{p}_{rm(\lambda_r)}$ は一次独立になることから, これらを列ベクトルとして並べた正方行列 P は正則で, 命題 6.3 の証明で見たように $P^{-1}AP$ は対角行列である. □

演習問題

A6.1 次の行列の固有値と固有ベクトルを求めよ．ただし a は定数，(8) は n 次正方行列とする．

(1) $\begin{pmatrix} a & 1 \\ 1 & a \end{pmatrix}$
(2) $\begin{pmatrix} 1 & a^2 \\ 1 & 1 \end{pmatrix}$
(3) $\begin{pmatrix} -1 & -3 & 0 \\ \dfrac{1}{3} & 0 & 1 \\ 2 & 3 & 1 \end{pmatrix}$

(4) $\begin{pmatrix} 2 & -1 & 1 \\ 1 & 0 & 1 \\ 1 & -1 & 2 \end{pmatrix}$
(5) $\begin{pmatrix} 1 & 3 & 3 \\ 2 & 1 & 2 \\ 3 & 2 & 1 \end{pmatrix}$
(6) $\begin{pmatrix} 4 & 2 & -3 \\ 5 & 1 & -5 \\ 3 & 2 & -2 \end{pmatrix}$

(7) $\begin{pmatrix} 4 & 1 & 2 & 1 \\ 1 & 4 & 0 & -3 \\ 2 & 2 & 5 & 6 \\ 1 & 1 & 1 & 4 \end{pmatrix}$
(8) $\begin{pmatrix} 0 & 1 & 1 & \cdots & 1 \\ 1 & 0 & 1 & \cdots & 1 \\ 1 & 1 & 0 & \ddots & \vdots \\ \vdots & \vdots & \ddots & \ddots & 1 \\ 1 & 1 & \cdots & 1 & 0 \end{pmatrix}$

A6.2 問題 A6.1 の行列について対角化可能か．可能であれば対角化せよ．

A6.3 次の行列は対角化可能か．

(1) $\begin{pmatrix} 2 & 3 & 4 \\ -1 & 2 & 1 \\ 1 & 3 & 5 \end{pmatrix}$
(2) $\begin{pmatrix} 2 & 3 & 4 & 5 \\ 0 & 2 & 3 & 4 \\ 0 & 0 & 2 & 3 \\ 0 & 0 & 0 & 2 \end{pmatrix}$

(3) $\begin{pmatrix} 1 & 0 & 0 & 0 \\ 2 & 3 & 0 & 0 \\ 4 & 2 & 5 & 0 \\ 6 & 4 & 2 & 7 \end{pmatrix}$
(4) $\begin{pmatrix} 6 & 4 & -2 \\ 1 & 3 & 7 \\ -5 & -5 & -3 \end{pmatrix}$

A6.4 次の行列の m 乗を求めよ．

(1) $\begin{pmatrix} 4 & 1 \\ 3 & 2 \end{pmatrix}$
(2) $\begin{pmatrix} 3 & 1 & 1 \\ 1 & 3 & 1 \\ 1 & 1 & 3 \end{pmatrix}$
(3) $\begin{pmatrix} 1 & -1 & 1 \\ -7 & 2 & 1 \\ 2 & 1 & 2 \end{pmatrix}$

A6.5 （1） 行列
$$A = \begin{pmatrix} 3 & -2 & 2 \\ 1 & 0 & 2 \\ -3 & 3 & -1 \end{pmatrix}$$
を対角化せよ．

（2） 正の整数 k に対して A^k を求めよ．

（3） 次の漸化式を満たす 3 つの数列 $\{x_n\}, \{y_n\}, \{z_n\}$ を求めよ．
$$\begin{cases} x_{n+1} = 3x_n - 2y_n + 2z_n \\ y_{n+1} = x_n + 2z_n \\ z_{n+1} = -3x_n + 3y_n - z_n \end{cases} \qquad \begin{pmatrix} x_0 \\ y_0 \\ z_0 \end{pmatrix} = \begin{pmatrix} -1 \\ 1 \\ 2 \end{pmatrix}$$

B6.1 多項式 $p(t) = t^m + a_1 t^{m-1} + \cdots + a_m$ と n 次正方行列 A とに対し，
$$p(A) = A^m + a_1 A^{m-1} + \cdots + a_{m-1} A + a_m E$$
と定義する．

（1） n 次正則行列 P に対して $p(P^{-1}AP) = P^{-1}p(A)P$ であることを示せ．

（2） A の固有多項式 $\varphi_A = |A - tE|$ について $\varphi_A(A) = O$ が成り立つことが知られている（**ケーリー・ハミルトンの定理**）．特に A が対角化可能である場合にこの事実を示せ．

B6.2 ケーリー・ハミルトンの定理を利用して次を求めよ．

（1） $A = \begin{pmatrix} 2 & 1 & -1 \\ 0 & 2 & -1 \\ 0 & 0 & 3 \end{pmatrix}$ のとき A^3, A^4, A^{-1}

（2） $A = \begin{pmatrix} 2 & 0 & -1 \\ 0 & 1 & 2 \\ -1 & 1 & 0 \end{pmatrix}$ のとき $A^5 - 3A^4 + 2A^2$

（3） $A = \begin{pmatrix} 1 & 1 & 0 \\ 0 & -2 & 1 \\ -1 & 0 & 1 \end{pmatrix}$ のとき $A^6 + 3A^5 - 9A$

B6.3 n 次正方行列 A の固有値を重複度も込めて $\lambda_1, \lambda_2, \ldots, \lambda_n$ とする．このとき次を示せ．

（1） A の固有多項式 $\varphi_A(t)$ の定数項は $|A|$ で, t^{n-1} の係数は $(-1)^{n-1}\operatorname{trace}(A)$ である．

（2） $|A|=\lambda_1\lambda_2\cdots\lambda_n$, $\operatorname{trace}(A)=\lambda_1+\lambda_2+\cdots+\lambda_n$ である．

B6.4 正則行列 A が λ を固有値とすれば $\dfrac{1}{\lambda}$ は A^{-1} の固有値であることを示せ．また両者の固有空間を比較せよ．

B6.5 正則行列 A が対角化可能であれば A^{-1} も対角化可能であることを示せ．

B6.6 正方行列 A が $A^2=A$ を満たすとするとき，以下を示せ．
（1） A の固有値は 0 か 1 もしくは両方．
（2） A の固有値がすべて 1 であれば $A=E$ である．
（3） A の固有値がすべて 0 であれば $A=O$ である．
（4） A が 2 次行列であれば A は対角化可能である．

B6.7 多項式 $p(t)$ について $p(A)=O$ が成り立てば，A の固有値 λ は $p(\lambda)=0$ を満たすことを示せ．

B6.8 正方行列 A について $A^k=O$ となるような正の整数 k が存在するとき，**べき零**であるという．n 次正方行列 A がべき零であれば $A^n=O$ であることを示せ．

B6.9 2 つの n 次正方行列 A, B からできる 2 つの行列 AB と BA について，その固有値は（重複度を無視して）一致することを示せ．

B6.10 2 つの n 次正方行列 A, B が可換（$AB=BA$）であるとき，A の固有値 α に対する固有空間 $W(\alpha)$ は B が定める線形写像 f_B により $f_B(W(\alpha))\subset W(\alpha)$ となる，つまり $\boldsymbol{v}\in W(\alpha)$ ならば $B\boldsymbol{v}\in W(\alpha)$ であることを示せ．

C6.1 n 次正方行列 A, B が，ある正則行列 P により $P^{-1}AP$, $P^{-1}BP$ がともに対角行列となるようにできるとき，行列 A, B は**同時対角化可能**であるといわれる．
（1） A, B が同時対角化可能であれば可換であることを示せ．
（2） A, B がともに対角化可能でかつ可換であれば，この 2 つは同時対角化可能であることを示せ．

線形代数と符号理論

情報をやりとりする際に，冗長性をもたせることによりある程度の誤りの検出・訂正が可能となる．例えば，通信により $0, 1$ のどちらかを伝えるとき，同じ情報を 3 回繰り返し送れば，雑音等で誤りが生じても誤りが 2 回以下なら検出可能，誤りが 1 回であれば多数決により正しく復元できる．

$0, 1$ からなる長さ n のデータ列を送る場合を考えよう．集合 $\mathbb{F}_2 = \{0, 1\}$ を考え，受け取る可能性のあるデータ全体の集合を

$$\mathbb{F}_2^n = \{(x_1, x_2, \cdots, x_n) \mid x_i \in \mathbb{F}_2\}$$

と表す．このうち正しいデータ全体のなす部分集合 C を**符号**という．集合 $\mathbb{F}_2$ は通常の四則（ただし $1 + 1 = 0$ とする）で閉じており，スカラーとして $\mathbb{F}_2$ の要素のみを考えても本書で述べた多くの概念を適用できる．そこで C が $\mathbb{F}_2^n$ の部分空間である場合（**線形符号**という）を考えると

$$C = \{\boldsymbol{x} \in \mathbb{F}_2^n \mid H\,{}^t\boldsymbol{x} = \boldsymbol{0}\}$$

をみたす行列 H が存在する．あるデータ $\boldsymbol{y}$ に対して $H\,{}^t\boldsymbol{y} = \boldsymbol{0}$ の成立・不成立により $\boldsymbol{y} \in C$ であるか否かが判定できるので，H を C の**検査行列**という．検査行列の列数は n，階数は $n - \dim(C)$ である．例えば

$$C = \{(0, 0, 0), (1, 1, 1)\}, \quad H = \begin{pmatrix} 1 & 1 & 0 \\ 1 & 0 & 1 \end{pmatrix}$$

の場合が，最初に述べた，同じ情報を 3 回繰り返す方法である．

誤り訂正の基本的な考え方

受け取ったメッセージ $\boldsymbol{y} \in \mathbb{F}_2^n$ について，$\boldsymbol{y} \in C$ のとき誤りなしと考える．また $\mathbb{F}_2^n$ に適当な「距離」を導入し，$\boldsymbol{y} \notin C$ のときは $\boldsymbol{y}$ に「もっとも近い」$\boldsymbol{w} \in C$ が正しいメッセージであったと考えて $\boldsymbol{y}$ を $\boldsymbol{w}$ に訂正する．

第7章

行列の標準形 II ——対称行列——

§6.3 では，基底を取り替えて，行列すなわち線形写像の性質を顕在化する方法を学習したが，数ベクトル空間において通常利用する標準基底は直交座標であり，直交座標の方が理解しやすい．そこで本章では回転移動などをして得られる直交座標による対角化を考察することにしよう．

§7.1 直交行列

座標平面において回転移動や対称移動を行った場合，移動の前後で 2 点間の距離や 3 点によって与えられる角度は保たれていることがわかる．これら座標平面上の点の回転移動や直線に関する対称移動を表す行列は（標準基底に関して）

$$R(\theta) = \begin{pmatrix} \cos\theta & -\sin\theta \\ \sin\theta & \cos\theta \end{pmatrix},$$

$$T(\varphi) = \begin{pmatrix} \cos 2\varphi & \sin 2\varphi \\ \sin 2\varphi & -\cos 2\varphi \end{pmatrix}$$

であるが，この行列はどのような性質をもっているのであろうか．この行列を眺めると行ベクトルの組，列ベクトルの組

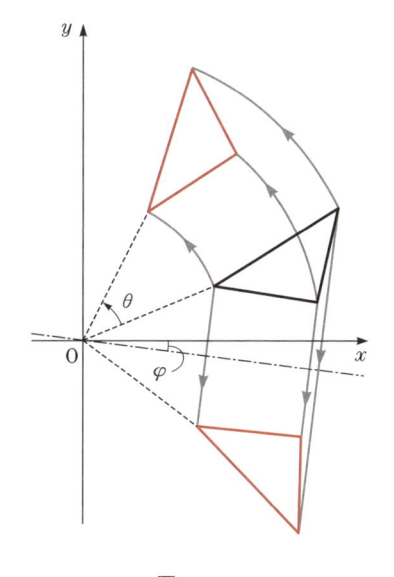

図 7.1

$$\{(\cos\theta, -\sin\theta),\ (\sin\theta, \cos\theta)\},\quad \left\{\begin{pmatrix}\cos\theta\\\sin\theta\end{pmatrix}, \begin{pmatrix}-\sin\theta\\\cos\theta\end{pmatrix}\right\},$$

$$\{(\cos 2\varphi, \sin 2\varphi),\ (\sin 2\varphi, -\cos 2\varphi)\},\quad \left\{\begin{pmatrix}\cos 2\varphi\\\sin 2\varphi\end{pmatrix}, \begin{pmatrix}\sin 2\varphi\\-\cos 2\varphi\end{pmatrix}\right\}$$

はそれぞれすべて $\mathbb{R}^2$ の標準内積に関して正規直交基底になっている．また，原点を中心とする点の θ 回転を表す $R(\theta)$ について

$$ {}^tR(\theta) = \begin{pmatrix}\cos\theta & \sin\theta\\-\sin\theta & \cos\theta\end{pmatrix} = \begin{pmatrix}\cos(-\theta) & -\sin(-\theta)\\\sin(-\theta) & \cos(-\theta)\end{pmatrix} = R(-\theta)$$

であることから，転置行列は原点を中心とする点の $(-\theta)$ 回転移動を表し

$$ {}^tR(\theta)R(\theta) = E_2 = R(\theta){}^tR(\theta)$$

を満たしている．また，直線に関する線対称移動の場合 ${}^tT(\varphi) = T(\varphi)$ を満たし，この対称移動を2度行えば元に戻ることから，やはり

$$ {}^tT(\varphi)T(\varphi) = E_2$$

が成り立つ．

別の見方をすると，標準内積は $\langle \boldsymbol{v}, \boldsymbol{w}\rangle = {}^t\boldsymbol{v}\boldsymbol{w}$ として与えられているから，$R(\theta)$ の列ベクトルを $\boldsymbol{r}_1, \boldsymbol{r}_2$ として $R(\theta) = (\boldsymbol{r}_1\ \boldsymbol{r}_2)$ と表すと

$$ {}^tR(\theta)R(\theta) = \begin{pmatrix}{}^t\boldsymbol{r}_1\boldsymbol{r}_1 & {}^t\boldsymbol{r}_1\boldsymbol{r}_2\\{}^t\boldsymbol{r}_2\boldsymbol{r}_1 & {}^t\boldsymbol{r}_2\boldsymbol{r}_2\end{pmatrix} = \begin{pmatrix}\langle\boldsymbol{r}_1, \boldsymbol{r}_1\rangle & \langle\boldsymbol{r}_1, \boldsymbol{r}_2\rangle\\\langle\boldsymbol{r}_2, \boldsymbol{r}_1\rangle & \langle\boldsymbol{r}_2, \boldsymbol{r}_2\rangle\end{pmatrix}$$

である．$T(\varphi)$ についても同じように表すことができるので，これらの行列は，列ベクトルが互いに直交しノルムが1になっている行列であるということもできる．そこで n 次正方行列 P が

$$ {}^tPP = E_n$$

を満たすとき**直交行列**であるという．直交行列 P は，定義から $|P| = \pm 1$ であるから正則で $P^{-1} = {}^tP$ であり，$P{}^tP = E$ をみたす．

§7.1 直交行列

n 次正方行列 P を $P = (\boldsymbol{p}_1 \ \cdots \ \boldsymbol{p}_n)$ と列ベクトルで表示し，数ベクトル空間 $\mathbb{R}^n$ の標準内積 $\langle\ ,\ \rangle$ を使うと

$$
{}^tPP = \begin{pmatrix} \langle \boldsymbol{p}_1, \boldsymbol{p}_1 \rangle & \cdots & \langle \boldsymbol{p}_1, \boldsymbol{p}_n \rangle \\ \vdots & & \vdots \\ \langle \boldsymbol{p}_n, \boldsymbol{p}_1 \rangle & \cdots & \langle \boldsymbol{p}_n, \boldsymbol{p}_n \rangle \end{pmatrix}
$$

となるから次が得られる．

命題 7.1

n 次正方行列 P が直交行列であるための必要十分条件は，P の列ベクトルの組が $\mathbb{R}^n$ の正規直交基底になっていることである．

例 7.1 次に挙げる行列はすべて直交行列である．

$$
E_n, \quad \begin{pmatrix} 0 & 1 & 0 \\ 0 & 0 & -1 \\ 1 & 0 & 0 \end{pmatrix}, \quad \frac{1}{\sqrt{6}} \begin{pmatrix} \sqrt{3} & \sqrt{2} & -1 \\ -\sqrt{3} & \sqrt{2} & -1 \\ 0 & \sqrt{2} & 2 \end{pmatrix} \qquad \diamondsuit
$$

*問題 7.1 2 次の直交行列は，$R(\theta)$ か $T(\varphi)$ に限ることを示せ．

問題 7.2 次のことを示せ．
(1) 正方行列 P が直交行列であるとき ${}^tP$ も直交行列である．
(2) n 次正方行列 P が直交行列であるための必要十分条件は，P の行ベクトルの組が $\mathbb{R}^n$ の正規直交基底になっていることである．
(3) n 次正方行列 P, Q がともに直交行列であれば，PQ も直交行列である．

直交行列 P が定める線形写像 $f_P : \mathbb{R}^n \longrightarrow \mathbb{R}^n$ は $\mathbb{R}^n$ の標準内積に関して

$$
\langle f_P(\boldsymbol{v}), f_P(\boldsymbol{w}) \rangle = {}^t(P\boldsymbol{v})P\boldsymbol{w} = {}^t\boldsymbol{v}\,{}^tPP\boldsymbol{w} = {}^t\boldsymbol{v}\boldsymbol{w} = \langle \boldsymbol{v}, \boldsymbol{w} \rangle
$$

となり内積を保つ．したがって距離や角度を保つ変換である．逆に，線形変換 $f : \mathbb{R}^n \longrightarrow \mathbb{R}^n$ が内積を保つ写像であるとする．2 組の正規直交基底

$\mathscr{V} = \{\boldsymbol{v}_1, \ldots, \boldsymbol{v}_n\}$, $\mathscr{W} = \{\boldsymbol{w}_1, \ldots, \boldsymbol{w}_n\}$ をとって，これらの基底に関する表現行列 $A_f = A_f[\mathscr{V}, \mathscr{W}]$ を調べると，

$$1 = \langle \boldsymbol{v}_j, \boldsymbol{v}_j \rangle = \langle f(\boldsymbol{v}_j), f(\boldsymbol{v}_j) \rangle = a_{1j}{}^2 + \cdots + a_{nj}{}^2,$$

$$0 = \langle \boldsymbol{v}_j, \boldsymbol{v}_k \rangle = \langle f(\boldsymbol{v}_j), f(\boldsymbol{v}_k) \rangle = a_{1j}a_{1k} + \cdots + a_{nj}a_{nk} \quad (j \neq k)$$

となることから，A_f は直交行列である．このように標準内積を保つ線形変換と直交行列とが対応している．そこで内積を保つ線形変換を**直交変換**という．座標平面の回転移動や対称移動は直交変換である．

　直交行列による基底の取り替えについても述べておこう．ベクトル空間 V の 2 組の正規直交基底 $\mathscr{V}, \mathscr{V}'$ が与えられたとき，$\mathscr{V}$ から $\mathscr{V}'$ への基底の取り替え行列は $Id: (V, \mathscr{V}) \longrightarrow (V, \mathscr{V}')$ の行列表示であるから直交行列になる．逆にベクトル空間 V の正規直交基底 $\mathscr{V}$ が与えられたとき，基底の取り替え行列が直交行列となる別の基底 $\mathscr{V}'$ を選ぶと正規直交基底になる．

*問題 7.3 次を確認せよ．

（1）線形変換 $f: V \longrightarrow V$ が直交変換であるための必要十分条件は，f が V のある正規直交基底を正規直交基底に写すことである．

（2）2 つの直交変換 $f, g: V \longrightarrow V$ の合成 $g \circ f$ も直交変換である．

（3）直交変換 $f: V \longrightarrow V$ は全単射であり，その逆変換 f^{-1} も直交変換である．

§7.2　実対称行列の対角化

　正規直交基底の範疇(はんちゅう)で対角化される，すなわち直交行列により対角化される行列はどういう行列なのであろう．まず行列 A が直交行列 P により

$$
{}^t PAP (= P^{-1}AP) = \begin{pmatrix} \lambda_1 & 0 & \cdots & 0 \\ 0 & \ddots & \ddots & \vdots \\ \vdots & \ddots & \ddots & 0 \\ 0 & \cdots & 0 & \lambda_n \end{pmatrix} = \Lambda
$$

と対角化されたとする．このとき両辺の転置を考えると

§7.2 実対称行列の対角化

$$^tPAP = \Lambda = {}^t\Lambda = {}^tP\,{}^tAP \quad \text{より} \quad A = {}^tA$$

となる．このように $A = {}^tA$ を満たす正方行列，つまり対角成分に関して他の各成分が対称になっている行列を**対称行列**という．

定理 7.1

正方行列 A が直交行列により対角化されるための必要十分条件は A が対称行列であることである．

対称行列を実際に対角化してみよう．まず固有ベクトルについて

命題 7.2

対称行列 A の異なる 2 つの固有値 λ, μ それぞれに対応する固有ベクトル $\boldsymbol{v}, \boldsymbol{w}$ を選んだとき，この 2 つのベクトルは直交する．

[証明] 一般に n 次正方行列 B と数ベクトル $\boldsymbol{u}_1, \boldsymbol{u}_2$ について，標準内積に関して

$$\langle B\boldsymbol{u}_1, \boldsymbol{u}_2 \rangle = {}^t(B\boldsymbol{u}_1)\boldsymbol{u}_2 = {}^t\boldsymbol{u}_1 {}^tB\boldsymbol{u}_2 = \langle \boldsymbol{u}_1, {}^tB\boldsymbol{u}_2 \rangle$$

が成り立つことから

$$\lambda \langle \boldsymbol{v}, \boldsymbol{w} \rangle = \langle \lambda\boldsymbol{v}, \boldsymbol{w} \rangle = \langle A\boldsymbol{v}, \boldsymbol{w} \rangle = \langle \boldsymbol{v}, A\boldsymbol{w} \rangle = \langle \boldsymbol{v}, \mu\boldsymbol{w} \rangle = \mu \langle \boldsymbol{v}, \boldsymbol{w} \rangle$$

を満たす．$\lambda \neq \mu$ であるから $\langle \boldsymbol{v}, \boldsymbol{w} \rangle = 0$ で，$\boldsymbol{v}, \boldsymbol{w}$ は互いに直交する． □

第 6 章で学習したように，対角化するためには固有ベクトルを並べた行列を利用すればよかったから，対称行列は以下のようにして対角化される．

（1） 固有ベクトルによる基底を求める．

（2） 各固有値に対する固有ベクトルに対してグラム・シュミットの直交化をして，それらを集めて正規直交基底 $\{\boldsymbol{p}_1, \ldots, \boldsymbol{p}_n\}$ を作る．

（3） このベクトルの組を列ベクトルとする行列 $P = (\boldsymbol{p}_1, \ldots, \boldsymbol{p}_n)$ は直交行列であり，$\boldsymbol{p}_i$ に対する固有値を λ_i とすると，${}^tPAP$ は $\lambda_1, \ldots, \lambda_n$ の順に対角成分が並ぶ対角行列になる．

例題 7.1 次の対称行列を直交行列により対角化せよ．

$$A = \begin{pmatrix} 4 & -1 & -1 \\ -1 & 4 & -1 \\ -1 & -1 & 4 \end{pmatrix}$$

[解] 固有多項式

$$\varphi_A(t) = \begin{vmatrix} 4-t & -1 & -1 \\ -1 & 4-t & -1 \\ -1 & -1 & 4-t \end{vmatrix} = (2-t)(5-t)^2$$

より，固有値は $2, 5, 5$ である．固有値 2 に対する固有ベクトルとして

$$\begin{pmatrix} 2 & -1 & -1 \\ -1 & 2 & -1 \\ -1 & -1 & 2 \end{pmatrix} \longrightarrow \begin{pmatrix} 1 & 0 & -1 \\ 0 & 1 & -1 \\ 0 & 0 & 0 \end{pmatrix} \quad \text{より} \quad \bm{v}_1 = \begin{pmatrix} 1 \\ 1 \\ 1 \end{pmatrix}$$

があり，また固有値 5 に対する 1 次独立な固有ベクトルとして

$$\begin{pmatrix} -1 & -1 & -1 \\ -1 & -1 & -1 \\ -1 & -1 & -1 \end{pmatrix} \longrightarrow \begin{pmatrix} 1 & 1 & 1 \\ 0 & 0 & 0 \\ 0 & 0 & 0 \end{pmatrix} \quad \text{より} \quad \bm{v}_2 = \begin{pmatrix} 1 \\ -1 \\ 0 \end{pmatrix}, \quad \bm{v}_3 = \begin{pmatrix} 1 \\ 0 \\ -1 \end{pmatrix}$$

を選ぶことができる．$\bm{v}_1$ を正規化し，$\bm{v}_2, \bm{v}_3$ に対してシュミットの直交化を行うと

$$\bm{p}_1 = \frac{1}{\sqrt{3}}\begin{pmatrix} 1 \\ 1 \\ 1 \end{pmatrix}, \quad \bm{p}_2 = \frac{1}{\sqrt{2}}\begin{pmatrix} 1 \\ -1 \\ 0 \end{pmatrix}, \quad \bm{p}_3 = \frac{1}{\sqrt{6}}\begin{pmatrix} 1 \\ 1 \\ -2 \end{pmatrix}$$

となるから，$P = (\bm{p}_1 \ \bm{p}_2 \ \bm{p}_3)$ つまり

$$P = \frac{1}{\sqrt{6}}\begin{pmatrix} \sqrt{2} & \sqrt{3} & 1 \\ \sqrt{2} & -\sqrt{3} & 1 \\ \sqrt{2} & 0 & -2 \end{pmatrix} \quad \text{とおくと} \quad {}^t\!PAP = \begin{pmatrix} 2 & 0 & 0 \\ 0 & 5 & 0 \\ 0 & 0 & 5 \end{pmatrix} \qquad \square$$

▶**注意** 一般の対角化のときと同様に，正規化された固有ベクトルの順序を変えてもよい．例えば $Q = (\bm{p}_2 \ \bm{p}_1 \ \bm{p}_3)$ とおくと次のような対角行列になる．

$${}^t\!QAQ = \begin{pmatrix} 5 & 0 & 0 \\ 0 & 2 & 0 \\ 0 & 0 & 5 \end{pmatrix}$$

§7.2 実対称行列の対角化

問題 7.4 次の対称行列を直交行列により対角化せよ.

(1) $\begin{pmatrix} 5 & -1 & -1 \\ -1 & 3 & 1 \\ -1 & 1 & 3 \end{pmatrix}$ (2) $\begin{pmatrix} 2 & 1 & -1 \\ 1 & 4 & -1 \\ -1 & -1 & 2 \end{pmatrix}$ (3) $\begin{pmatrix} 3 & 2 & 1 \\ 2 & 6 & 2 \\ 1 & 2 & 3 \end{pmatrix}$

では, 一般の行列は直交行列によりどのような行列になるのであろうか.

命題 7.3

固有値がすべて実数である正方行列 A はある直交行列 P により ${}^t PAP$ が上三角行列になるように変形できる (これを A の**三角化**という).

[証明] 正方行列の次数に関する帰納法で示す.

まず 1 次正方行列は対角成分だけからなる行列であるから自明である.

次に, $n-1$ 次正方行列は直交行列により三角化できると仮定する. n 次正方行列 A の固有値 λ_1 を 1 つ選び, 対応する固有ベクトルで長さが 1 のもの $\boldsymbol{q}_1$ をとる. $\{\boldsymbol{q}_1, \boldsymbol{v}_2, \ldots, \boldsymbol{v}_n\}$ が基底になるようにベクトル $\boldsymbol{v}_2, \ldots, \boldsymbol{v}_n$ を選び, グラム・シュミットの直交化により正規直交基底 $\{\boldsymbol{q}_1, \boldsymbol{q}_2, \ldots, \boldsymbol{q}_n\}$ を作り, n 次の直交行列 $Q = (\boldsymbol{q}_1, \ldots, \boldsymbol{q}_n)$ を定める. このとき, ある $n-1$ 次正方行列 B と $n-1$ 次数ベクトル $\boldsymbol{b}$ を用いて

$$ {}^t QAQ = \begin{pmatrix} \lambda_1 & {}^t\boldsymbol{b} \\ \boldsymbol{0} & B \end{pmatrix} $$

と表すことができる. ところで仮定から, ある $n-1$ 次直交行列 R により ${}^t RBR$ は上三角行列になる. そこで

$$ P = Q \begin{pmatrix} 1 & {}^t\boldsymbol{0} \\ \boldsymbol{0} & R \end{pmatrix} $$

と定めると P は直交行列であり,

$$ {}^t PAP = \begin{pmatrix} 1 & {}^t\boldsymbol{0} \\ \boldsymbol{0} & {}^t R \end{pmatrix} {}^t QAQ \begin{pmatrix} 1 & {}^t\boldsymbol{0} \\ \boldsymbol{0} & R \end{pmatrix} = \begin{pmatrix} \lambda_1 & {}^t\boldsymbol{b} R \\ \boldsymbol{0} & {}^t RBR \end{pmatrix} $$

のように上三角行列になる. □

[定理 7.1 の証明] 命題 7.3 により，行列 A はある直交行列 P により

$$
{}^tPAP = \begin{pmatrix} \lambda_1 & * & \cdots & * \\ 0 & \ddots & \ddots & \vdots \\ \vdots & \ddots & \ddots & * \\ 0 & \cdots & 0 & \lambda_n \end{pmatrix}
$$

と三角化される（固有値が実数であることは命題 8.1 (2) による）．ところで A が対称行列であるから

$$
{}^t({}^tPAP) = {}^tP\,{}^tAP = {}^tPAP
$$

であり，この上三角行列も対称行列，したがって対角行列である． □

§7.3　2 次形式

1 次式で与えられた 2 変数関数 $F(x, y) = \alpha x + \beta y$（$\alpha, \beta$ は $\alpha = \beta = 0$ ではない定数）のグラフは原点を通る平面なので，2 次式が作る 2 変数関数

$$F(x, y) = ax^2 + 2bxy + cy^2 \quad (a, b, c\text{ は } a = b = c = 0 \text{ ではない定数})$$

について考えてみることにしよう．この関数は

$$F(x, y) = (x\ y)\begin{pmatrix} a & b \\ b & c \end{pmatrix}\begin{pmatrix} x \\ y \end{pmatrix}$$

のように対称行列 $A = \begin{pmatrix} a & b \\ b & c \end{pmatrix}$ を使って表現することができる．前節で学習したように対称行列 A はある直交行列 P により

$$
{}^tPAP = \begin{pmatrix} \lambda_1 & 0 \\ 0 & \lambda_2 \end{pmatrix}
$$

と対角化することができる．2 次の直交行列は回転移動を表す行列であるか対称移動を表す行列であるから，このような変換によってできる新しい座標

$$\begin{pmatrix} X \\ Y \end{pmatrix} = {}^tP\begin{pmatrix} x \\ y \end{pmatrix}$$

を利用して調べてみよう．

$$\begin{pmatrix} x \\ y \end{pmatrix} = P \begin{pmatrix} X \\ Y \end{pmatrix}, \quad (x \ y) = (X \ Y)\,{}^tP$$

であることから

$$\begin{aligned} F(x, y) &= (X \ Y)\,{}^tP \begin{pmatrix} a & b \\ b & c \end{pmatrix} P \begin{pmatrix} X \\ Y \end{pmatrix} \\ &= (X \ Y) \begin{pmatrix} \lambda_1 & 0 \\ 0 & \lambda_2 \end{pmatrix} \begin{pmatrix} X \\ Y \end{pmatrix} = \lambda_1 X^2 + \lambda_2 Y^2 \end{aligned}$$

と変形され，図 7.2 に示す 5 つのタイプに分類することができる．ただし，図 7.2 では $a = b = c = 0$ で xy 平面を表す場合（$\lambda_1 = \lambda_2 = 0$）を含めた．

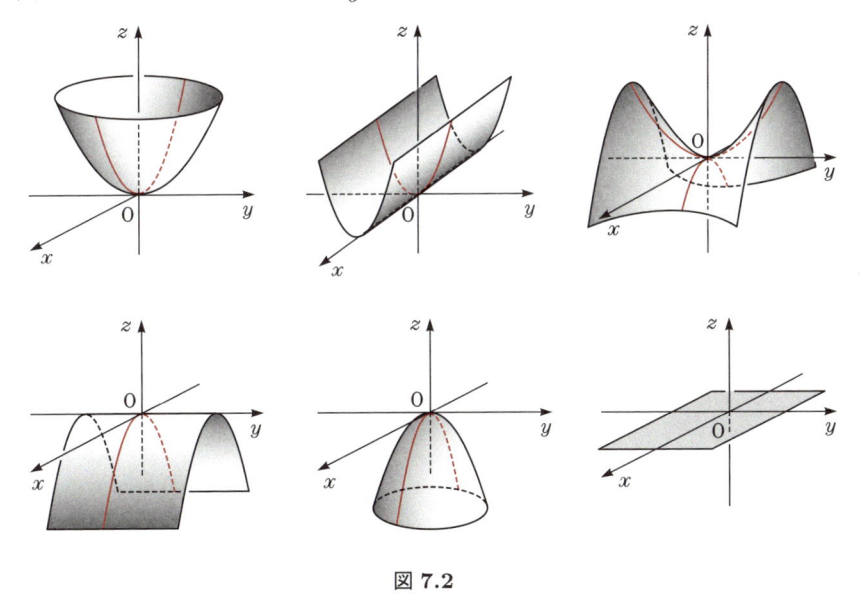

図 **7.2**

したがって，特に

(1) $\lambda_1, \lambda_2 > 0$ ならば原点で極小になる．

(2) $\lambda_1, \lambda_2 < 0$ ならば原点で極大になる．

(3) 固有値が異符号（$\lambda_1 > 0 > \lambda_2$ または $\lambda_1 < 0 < \lambda_2$）ならば原点は鞍点である．

このように，2変数関数 $F(x, y)$ の性質は固有値の符号により記述することができる．

6個の定数 a, b, c, d, e, f を用いた3変数の2次式による関数についても

$$F(x, y, z) = ax^2 + by^2 + cz^2 + 2dxy + 2eyz + 2fzx$$

$$= (x\ y\ z) \begin{pmatrix} a & d & f \\ d & b & e \\ f & e & c \end{pmatrix} \begin{pmatrix} x \\ y \\ z \end{pmatrix}$$

のように対称行列を使って表すことができる．一般に定数 a_{ij} を用いた n 変数 $x_1, \ldots, x_n$ に関する2次の項からなる関数

$$\mathcal{Q}(\boldsymbol{x}) = \sum_{i=1}^{n} a_{ii} x_i^2 + 2 \sum_{1 \leqq i < j \leqq n} a_{ij} x_i x_j$$

は，$j < i$ のとき $a_{ij} = a_{ji}$ として対称行列 $A = (a_{ij})$ を定めることにより，$\mathcal{Q}(\boldsymbol{x}) = {}^t\boldsymbol{x} A \boldsymbol{x}$ と表すことができ，$\mathcal{Q}(\boldsymbol{x})$ を A が定める **2次形式** という．

問題 7.5 次の2次形式を対称行列を用いて表現せよ．

（1） $3x^2 + 8xy - 5y^2$ 　　（2） $2x^2 + 9xy - 7y^2 + 6yz + 3z^2 - 8zx + yx$

2変数のときと同様に，n 変数に対しても対称行列の性質を適用すると

命題 7.4

対称行列 A が定める2次形式 $\mathcal{Q}(\boldsymbol{x}) = {}^t\boldsymbol{x} A \boldsymbol{x}$ は，ある直交行列 P による座標の取り替え $\boldsymbol{y} = {}^t P \boldsymbol{x}$ を行うことにより

$${}^t\boldsymbol{x} A \boldsymbol{x} = {}^t\boldsymbol{y}\, {}^t P A P \boldsymbol{y} = \lambda_1 y_1^2 + \lambda_2 y_2^2 + \cdots + \lambda_n y_n^2$$

のように A の固有値 λ_i を用いて表現することができる．

命題 7.4 の $y_i y_j$ $(i \neq j)$ の項が現れない表示を2次形式の **標準形** という．

§7.3 2次形式

問題 7.6 次の2次形式を別の直交座標により標準形にせよ.
 (1) $2xy - 2yz + 2zx$ 　　　　(2) $x^2 + y^2 + z^2 - 2xy - 2yz - 2zx$
 (3) $x^2 + y^2 + 5z^2 + 6xy + 2yz + 2zx$
 (4) $x^2 + 2y^2 + z^2 - xy - yz + zx$

対称行列 A が定める2次形式 $Q(\boldsymbol{x}) = {}^t\boldsymbol{x}A\boldsymbol{x}$ について,
 (i) 　$\boldsymbol{x} \neq \boldsymbol{0}$ ならば $Q(\boldsymbol{x}) > 0$ が成り立つとき, Q は**正定値**である,
 (ii) 　$\boldsymbol{x} \neq \boldsymbol{0}$ ならば $Q(\boldsymbol{x}) < 0$ が成り立つとき, Q は**負定値**である,
 (iii) 　$\boldsymbol{x} \neq \boldsymbol{0}$ ならば $Q(\boldsymbol{x}) \geqq 0$ が成り立つとき, Q は**半正定値**である,
 (iv) 　$\boldsymbol{x} \neq \boldsymbol{0}$ ならば $Q(\boldsymbol{x}) \leqq 0$ が成り立つとき, Q は**半負定値**である

とそれぞれいう. 2変数の2次形式を2変数関数とみたとき, 図7.2の(1)が正定値, (5)が負定値, (2)が半正定値, (4)が半負定値を表す. 2次形式は直交変換により標準形にできることから,

命題 7.5

対称行列 A が定める2次形式 $Q(\boldsymbol{x}) = {}^t\boldsymbol{x}A\boldsymbol{x}$ について,
 (i) 　正定値であるための必要十分条件は, A のすべての固有値が正であること,
 (ii) 　負定値であるための必要十分条件は, A のすべての固有値が負であること,
 (iii) 　半正定値であるための必要十分条件は, A のすべての固有値が0以上であること,
 (iv) 　半負定値であるための必要十分条件は, A のすべての固有値が0以下であること

である. より詳しくいえば, A の固有値を $\lambda_1, \ldots, \lambda_n$ としたとき

$$\min_{1 \leqq i \leqq n} \lambda_i \|\boldsymbol{x}\|^2 \leqq Q(\boldsymbol{x}) \leqq \max_{1 \leqq i \leqq n} \lambda_i \|\boldsymbol{x}\|^2$$

が成り立つ.

問題 7.7 次の2次形式について，単位球面 $\{\boldsymbol{v} \mid \|\boldsymbol{v}\| = 1\}$ 上でとる値の範囲を調べよ．ただし $\boldsymbol{v}$ の成分を x, y および z で表した．

(1) $\mathcal{Q}(\boldsymbol{v}) = 2x^2 + 4xy + 5y^2$　　(2) $\mathcal{Q}(\boldsymbol{v}) = -x^2 + 3y^2 + 3z^2 - 2yz$

(3) $\mathcal{Q}(\boldsymbol{v}) = 2x^2 + 5y^2 + 2z^2 - 2xy - 2yz + 4zx$

2次形式の定値性を判定する方法として主小行列式を利用する方法がある．n 次正方行列 $A = (a_{ij})$ に対して

$$(a_{11}), \quad \begin{pmatrix} a_{11} & a_{12} \\ a_{21} & a_{22} \end{pmatrix}, \quad \begin{pmatrix} a_{11} & a_{12} & a_{13} \\ a_{21} & a_{22} & a_{23} \\ a_{31} & a_{32} & a_{33} \end{pmatrix}$$

をそれぞれ 1 次，2 次，3 次の主小行列という．一般に左上隅から k 行 k 列を選んだ小行列を **k 次主小行列**といい，この行列の行列式

$$D_k = \begin{vmatrix} a_{11} & \cdots & a_{1k} \\ \vdots & & \vdots \\ a_{k1} & \cdots & a_{kk} \end{vmatrix}$$

を **k 次主小行列式**という．特に $D_n = |A|$ である．

命題 7.6

n 次対称行列 A が定める2次形式 $\mathcal{Q}(\boldsymbol{x}) = {}^t\boldsymbol{x}A\boldsymbol{x}$ について，

(1) 正定値であるための必要十分条件は，$D_k > 0 \ (k = 1, \ldots, n)$．

(2) 負定値であるための必要十分条件は，$(-1)^k D_k > 0 \ (k = 1, \ldots, n)$．

(3) 半正定値であれば $D_k \geqq 0 \ (k = 1, \ldots, n)$ である．この逆は一般には成り立たない．

(4) 半負定値であれば $(-1)^k D_k \geqq 0 \ (k = 1, \ldots, n)$ である．この逆も一般には成り立たない．

---

*__問題 7.8__ 命題 7.6 の $n = 2, 3$ で $D_k \neq 0$ の場合について，平方完成を行うことで確かめよ．

問題 7.9 次の 2 次形式の定値性を調べよ.

(1) $2x^2 + 2y^2 + 5z^2 + 2xy - 4yz - 4zx$

(2) $x^2 + 2y^2 + 10z^2 - 2xy + 4yz + 2zx$

定値性に関連して次の**シルベスターの慣性則**とよばれる性質が成り立つ.対称行列 A に対して,重複も含めて「正の固有値,0 固有値,負の固有値」の個数をそれぞれ $\zeta_+(A), \zeta_0(A), \zeta_-(A)$ と表すとき,$(\zeta_+(A), \zeta_-(A))$ で表される数の組を A の**符号数**という.

定理 7.2

(1) 対称行列 A と正則行列 R とに対して次が成り立つ.

$$\zeta_+(A) = \zeta_+({}^tRAR), \quad \zeta_0(A) = \zeta_0({}^tRAR), \quad \zeta_-(A) = \zeta_-({}^tRAR)$$

(2) 2 次形式 $\mathcal{Q}(\boldsymbol{x})$ は,ある正則行列 R による変換 $\boldsymbol{y} = {}^tR\boldsymbol{x}$ により,

$$y_1{}^2 + \cdots + y_p{}^2 - y_{p+1}{}^2 - \cdots - y_{p+q}{}^2 \quad (p = \zeta_+(A), q = \zeta_-(A))$$

という形に変形できる.

問題 7.10 次の 2 次形式の符号数を調べよ.

(1) $x^2 + y^2 + z^2 + 8xy + 6yz$ (2) $xy - y^2 + yz - zx$

(3) $3x^2 + 3y^2 + z^2 - 2xy - 2yz - 2zx$ (4) $xy - 2yz + zx$

§7.4 2 次曲線と 2 次曲面

座標平面 $\mathbb{R}^2$ において $ax + by + c = 0$ (a, b, c は $a = b = 0$ ではない定数)として表される図形は直線である.では,a, b, c, d, e, f を $a = b = c = 0$ ではない定数とする 2 次方程式

(7.1) $$ax^2 + 2bxy + cy^2 + 2dx + 2ey + f = 0$$

により与えられる図形はどのような図形であろうか.

$d = e = 0$ であれば，この図形は

$$\text{曲面 } z = ax^2 + 2bxy + cy^2 \quad \text{と} \quad \text{平面 } z = -f$$

との共通部分であるから，前節の図 7.2 を見ればわかるように，共通部分があれば「楕円（1 点の場合を含む），双曲線および 2 直線（重なった 2 直線の場合を含む）」を表していることがわかる．

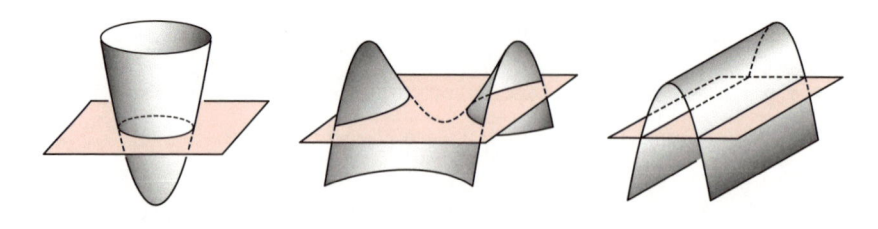

図 7.3

もう少し一般的に扱ってみよう．2 次方程式 (7.1) は，対称行列

$$A = \begin{pmatrix} a & b \\ b & c \end{pmatrix}$$

とベクトル

$$\boldsymbol{b} = \begin{pmatrix} d \\ e \end{pmatrix}, \quad \boldsymbol{v} = \begin{pmatrix} x \\ y \end{pmatrix}$$

とを用いて標準内積により

$$^t\boldsymbol{v} A \boldsymbol{v} + 2\langle \boldsymbol{b}, \boldsymbol{v} \rangle + f = 0$$

と表現することができる．直交行列 P を用いて A を対角化する，すなわち

$$\begin{pmatrix} x' \\ y' \end{pmatrix} = {}^tP \begin{pmatrix} x \\ y \end{pmatrix}$$

と座標変換し

$$\begin{pmatrix} d' \\ e' \end{pmatrix} = {}^tP \begin{pmatrix} d \\ e \end{pmatrix}$$

とおくことで
$$\lambda_1 x'^2 + \lambda_2 y'^2 + 2d'x' + 2e'y' + f = 0$$
のように $x'y'$ の項が現れない形になる．A の固有値 λ_1, λ_2 については
$$ac - b^2 = \det(A) = \det({}^t PAP) = \lambda_1 \lambda_2,$$
$$a + c = \mathrm{trace}(A) = \mathrm{trace}({}^t PAP) = \lambda_1 + \lambda_2$$
であり，$a = b = c = 0$ ではないことから $\lambda_1 = \lambda_2 = 0$ ではない．この固有値により分類すると以下のようになる．

[I]　$\lambda_1 \neq 0, \lambda_2 \neq 0$ である場合．
$$X = x' + \frac{d'}{\lambda_1}, \quad Y = y' + \frac{e'}{\lambda_2}$$
と置換する，すなわち $\left(\dfrac{d'}{\lambda_1}, \dfrac{e'}{\lambda_2} \right)$ だけ平行移動させることで
$$\lambda_1 X^2 + \lambda_2 Y^2 + f' = 0 \quad \left(f' = f - \frac{d'^2}{\lambda_1} - \frac{e'^2}{\lambda_2} \right)$$
となる．したがって

- 楕円：$\dfrac{X^2}{\alpha^2} + \dfrac{Y^2}{\beta^2} = 1$

- 双曲線：$\dfrac{X^2}{\alpha^2} - \dfrac{Y^2}{\beta^2} = 1$　または　$-\dfrac{X^2}{\alpha^2} + \dfrac{Y^2}{\beta^2} = 1$

- 空集合（虚楕円）：$\dfrac{X^2}{\alpha^2} + \dfrac{Y^2}{\beta^2} = -1$

- 1 点（点楕円）：$\dfrac{X^2}{\alpha^2} + \dfrac{Y^2}{\beta^2} = 0$

- 交わる 2 直線：$\dfrac{X^2}{\alpha^2} - \dfrac{Y^2}{\beta^2} = 0$

[Ⅱ] $\lambda_1 \neq 0$, $\lambda_2 = 0$ の場合. $X = x' + \dfrac{d'}{\lambda_1}$ と置換することで

$$\lambda_1 X^2 + 2e'y' + f'' = 0 \quad \left(f'' = f - \dfrac{d'^2}{\lambda_1}\right)$$

となる. $e' \neq 0$ であればさらに $Y = y' + \dfrac{f''}{2e'}$ と置換すれば

- 放物線: $Y = \alpha X^2$
- 平行な 2 直線: $X^2 - \beta^2 = 0$
- 空集合 (平行虚 2 直線): $X^2 + \beta^2 = 0$
- 重なる 2 直線: $X^2 = 0$

[Ⅲ] $\lambda_1 = 0$, $\lambda_2 \neq 0$ の場合も同様に放物線または 2 直線を表す.

なお, 楕円, 双曲線, 放物線を総称して **2 次曲線** といい, 上記の分類に挙げた形を 2 次曲線の標準形という.

例題 7.2 次の 2 次曲線の標準形を求めよ.
(1) $x^2 + 4xy + 4y^2 + 8x + 6y + 14 = 0$
(2) $x^2 - 4xy - 2y^2 + 2x - 16y - 11 = 0$

[解] (1) 2 次の部分を表す行列

$$B = \begin{pmatrix} 1 & 2 \\ 2 & 4 \end{pmatrix}$$

の固有値は 5, 0 であり, 対応する固有空間の基底はそれぞれ

$$\begin{pmatrix} 1 \\ 2 \end{pmatrix}, \quad \begin{pmatrix} -2 \\ 1 \end{pmatrix}$$

である. これらから正規直交基底を作り, 直交行列による変数変換

$$\begin{pmatrix} x' \\ y' \end{pmatrix} = {}^t\!P \begin{pmatrix} x \\ y \end{pmatrix}, \quad P = \dfrac{1}{\sqrt{5}} \begin{pmatrix} 1 & -2 \\ 2 & 1 \end{pmatrix}$$

を行うと

§7.4 2次曲線と2次曲面

$$0 = 5x'^2 + 4\sqrt{5}\,x' - 2\sqrt{5}\,y' + 14$$
$$= 5\left(x' + \frac{2}{\sqrt{5}}\right)^2 - 2\sqrt{5}\,(y' - \sqrt{5}\,)$$

と整理できる（図 7.4 (b)）．したがって，平行移動 $X = x' + \dfrac{2}{\sqrt{5}}$, $Y = y' - \sqrt{5}$
により

$$Y = \frac{\sqrt{5}}{2} X^2$$

という放物線が標準形である（図 7.4 (c)）．

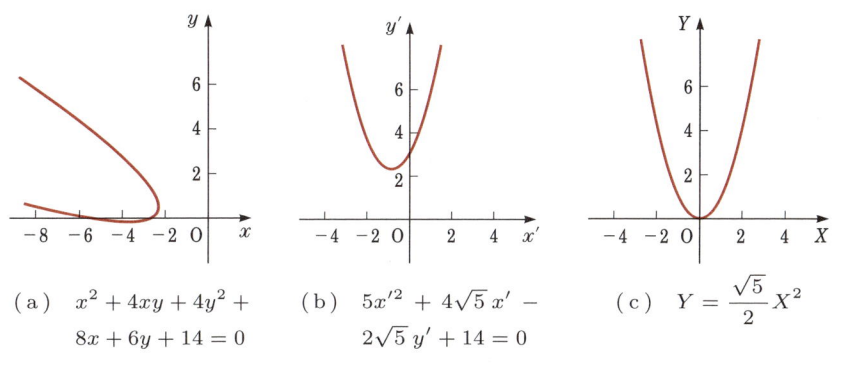

(a) $x^2 + 4xy + 4y^2 + 8x + 6y + 14 = 0$

(b) $5x'^2 + 4\sqrt{5}\,x' - 2\sqrt{5}\,y' + 14 = 0$

(c) $Y = \dfrac{\sqrt{5}}{2} X^2$

図 **7.4**

（2） 2次の部分を表す行列

$$A = \begin{pmatrix} 1 & -2 \\ -2 & -2 \end{pmatrix}$$

の固有値は 2, -3 であり，対応する固有空間の基底はそれぞれ

$$\begin{pmatrix} 2 \\ -1 \end{pmatrix}, \quad \begin{pmatrix} 1 \\ 2 \end{pmatrix}$$

である．そこで直交行列による変数変換

$$\begin{pmatrix} x' \\ y' \end{pmatrix} = {}^tP \begin{pmatrix} x \\ y \end{pmatrix}, \quad P = \frac{1}{\sqrt{5}} \begin{pmatrix} 2 & 1 \\ -1 & 2 \end{pmatrix}$$

を行うと

$$0 = 2x'^2 - 3y'^2 + 4\sqrt{5}\,x' - 6\sqrt{5}\,y' - 11$$
$$= 2(x' + \sqrt{5}\,)^2 - 3(y' + \sqrt{5}\,)^2 - 6$$

と整理できる．したがって，平行移動 $X = x' + \sqrt{5}$, $Y = y' + \sqrt{5}$ により双曲線

$$\frac{X^2}{3} - \frac{Y^2}{2} = 1$$

という標準形を得る． $\Box$

少し複雑になるが，今度は 3 変数の場合を考えてみよう．座標空間 $\mathbb{R}^3$ において，$a = b = c$ ではない定数 a, b, c, d を用いて $ax + by + cz + d = 0$ と表される図形は平面であった．では 10 個の定数 $a, b, c, d, e, f, g, h, l, m, n$ を用いた 2 次方程式

$$ax^2 + by^2 + cz^2 + 2fxy + 2gyz + 2hzx + 2lx + 2my + 2nz + d = 0$$

により与えられる空間内の図形はどのような図形なのであろうか．2 次曲線の場合と同じように，対称行列とベクトル

$$A = \begin{pmatrix} a & f & h \\ f & b & g \\ h & g & c \end{pmatrix}, \quad \boldsymbol{b} = \begin{pmatrix} l \\ m \\ n \end{pmatrix}, \quad \boldsymbol{v} = \begin{pmatrix} x \\ y \\ z \end{pmatrix}$$

を用いて，標準内積を使うと ${}^t\boldsymbol{v} A \boldsymbol{v} + 2\langle \boldsymbol{b}, \boldsymbol{v} \rangle + d = 0$ と表現することができる．A を直交行列 P により対角化すると A の固有値 $\lambda_1, \lambda_2, \lambda_3$ を使って

$$\lambda_1 x'^2 + \lambda_2 y'^2 + \lambda_3 z'^2 + 2l'x' + 2m'y' + 2n'z' + d = 0,$$

$$\begin{pmatrix} l' \\ m' \\ n' \end{pmatrix} = {}^t P \boldsymbol{b}, \quad \begin{pmatrix} x' \\ y' \\ z' \end{pmatrix} = {}^t P \boldsymbol{v}$$

のように，$x'y'$, $y'z'$, $z'x'$ の項が現れない形になる．$A \neq O$ のとき A の固有値により分類すると次のようになる．

§7.4 2次曲線と2次曲面

[Ⅰ] $\lambda_1\lambda_2\lambda_3 \neq 0$ の場合，平行移動すると

- 楕円面：$\dfrac{X^2}{\alpha^2} + \dfrac{Y^2}{\beta^2} + \dfrac{Z^2}{\gamma^2} = 1$

- 一葉双曲面：$\dfrac{X^2}{\alpha^2} + \dfrac{Y^2}{\beta^2} - \dfrac{Z^2}{\gamma^2} = 1$

- 二葉双曲面：$\dfrac{X^2}{\alpha^2} - \dfrac{Y^2}{\beta^2} - \dfrac{Z^2}{\gamma^2} = 1$

- 空集合：$\dfrac{X^2}{\alpha^2} + \dfrac{Y^2}{\beta^2} + \dfrac{Z^2}{\gamma^2} = -1$

- 1点：$\dfrac{X^2}{\alpha^2} + \dfrac{Y^2}{\beta^2} + \dfrac{Z^2}{\gamma^2} = 0$

- 2次錐面：$\dfrac{X^2}{\alpha^2} + \dfrac{Y^2}{\beta^2} - \dfrac{Z^2}{\gamma^2} = 0$

[Ⅱ] $\lambda_1\lambda_2 \neq 0$, $\lambda_3 = 0$ の場合，平行移動すると

- 楕円放物面：$\dfrac{X^2}{\alpha^2} + \dfrac{Y^2}{\beta^2} = Z$

- 双曲放物面：$\dfrac{X^2}{\alpha^2} - \dfrac{Y^2}{\beta^2} = Z$

- 楕円柱面：$\dfrac{X^2}{\alpha^2} + \dfrac{Y^2}{\beta^2} = 1$

- 双曲柱面：$\dfrac{X^2}{\alpha^2} - \dfrac{Y^2}{\beta^2} = 1$

- 空集合：$\dfrac{X^2}{\alpha^2} + \dfrac{Y^2}{\beta^2} = -1$

- 直線：$\dfrac{X^2}{\alpha^2} + \dfrac{Y^2}{\beta^2} = 0$

- 交わる2平面：$\dfrac{X^2}{\alpha^2} - \dfrac{Y^2}{\beta^2} = 0$

[III] $\lambda_1 \neq 0$, $\lambda_2 = \lambda_3 = 0$ の場合，平行移動と回転により
- 放物柱面：$\alpha X^2 = Y$ または $\alpha X^2 = Z$
- 空集合：$X^2 + \beta^2 = 0$
- 平行な2平面：$X^2 - \beta^2 = 0$
- 重なった2平面：$X^2 = 0$

楕円面　　　　　一葉双曲面　　　　二葉双曲面

楕円放物面　　　双曲放物面　　　　2次錐面

楕円柱面　　　　双曲柱面　　　　　放物柱面

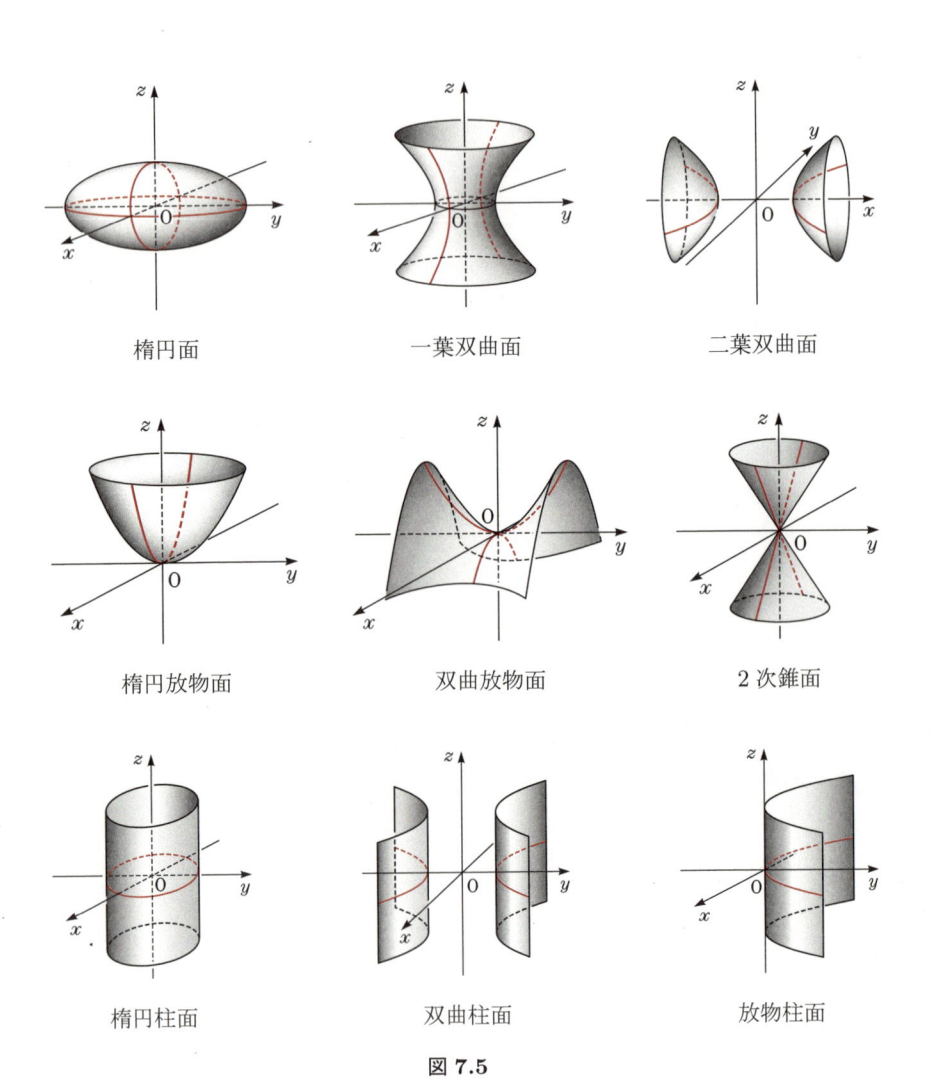

図 **7.5**

§7.4 2次曲線と2次曲面

なお，分類の中の直線と平面以外を総称して **2次曲面** という（図 7.5）．また分類中の方程式の形を2次曲面の標準形という．

例題 7.3 次の2次曲面の標準形を求めよ．

(1) $3x^2 + 2y^2 + 2z^2 + 2xy + 2zx + 2x - 2y - 2z + 2 = 0$

(2) $y^2 + z^2 - xy + yz + zx - 2x + 2y - 2z + 3 = 0$

[解] （1）2次の部分を表す行列

$$A = \begin{pmatrix} 3 & 1 & 1 \\ 1 & 2 & 0 \\ 1 & 0 & 2 \end{pmatrix}$$

の固有値は 1, 2, 4 であり，対応する固有空間の基底はそれぞれ

$$\begin{pmatrix} -1 \\ 1 \\ 1 \end{pmatrix}, \quad \begin{pmatrix} 0 \\ -1 \\ 1 \end{pmatrix}, \quad \begin{pmatrix} 2 \\ 1 \\ 1 \end{pmatrix}$$

である．そこで直交行列による変数変換

$$\begin{pmatrix} x' \\ y' \\ z' \end{pmatrix} = {}^tP \begin{pmatrix} x \\ y \\ z \end{pmatrix}, \quad P = \frac{1}{\sqrt{6}} \begin{pmatrix} -\sqrt{2} & 0 & 2 \\ \sqrt{2} & -\sqrt{3} & 1 \\ \sqrt{2} & \sqrt{3} & 1 \end{pmatrix}$$

を行うと

$$0 = x'^2 + 2y'^2 + 4z'^2 - 2\sqrt{3}\,x' + 2 = (x' - \sqrt{3})^2 + 2y'^2 + 4z'^2 - 1$$

したがって，$X = x' - \sqrt{3}$, $Y = y'$, $Z = z'$ とおくと標準形は

$$X^2 + 2Y^2 + 4Z^2 = 1 \quad (\text{楕円面}).$$

（2）2次曲面の方程式の両辺を2倍して考える．2次の部分を表す行列

$$A = \begin{pmatrix} 0 & -1 & 1 \\ -1 & 2 & 1 \\ 1 & 1 & 2 \end{pmatrix}$$

の固有値は $-1, 2, 3$ であり，対応する固有空間の基底はそれぞれ

$$\begin{pmatrix} 2 \\ 1 \\ -1 \end{pmatrix}, \quad \begin{pmatrix} 1 \\ -1 \\ 1 \end{pmatrix}, \quad \begin{pmatrix} 0 \\ 1 \\ 1 \end{pmatrix}$$

である．そこで直交行列による変数変換

$$\begin{pmatrix} x' \\ y' \\ z' \end{pmatrix} = {}^tP \begin{pmatrix} x \\ y \\ z \end{pmatrix}, \quad P = \frac{1}{\sqrt{6}} \begin{pmatrix} 2 & \sqrt{2} & 0 \\ 1 & -\sqrt{2} & \sqrt{3} \\ -1 & \sqrt{2} & \sqrt{3} \end{pmatrix}$$

を行うと

$$0 = -x'^2 + 2y'^2 + 3z'^2 - 4\sqrt{3}\,y' + 6 = -x'^2 + 2(y' - \sqrt{3})^2 + 3z'^2$$

したがって，標準形は

$$-X^2 + 2Y^2 + 3Z^2 = 0 \quad (2\,\text{次錐面}). \qquad \square$$

演習問題

A7.1 次の対称行列を直交行列により対角化せよ．ただし a, b は定数．

(1) $\begin{pmatrix} a & b \\ b & a \end{pmatrix}$ 　　(2) $\begin{pmatrix} 4 & 2 & 10 \\ 2 & 1 & 5 \\ 10 & 5 & 25 \end{pmatrix}$ 　　(3) $\begin{pmatrix} -1 & -2 & 4 \\ -2 & 2 & 2 \\ 4 & 2 & -1 \end{pmatrix}$

(4) $\begin{pmatrix} 4 & 2 & 1 \\ 2 & 3 & 2 \\ 1 & 2 & 4 \end{pmatrix}$ 　　(5) $\begin{pmatrix} 3 & 1 & 1 \\ 1 & 3 & -1 \\ 1 & -1 & 3 \end{pmatrix}$ 　　(6) $\begin{pmatrix} 1 & 0 & 3 & 0 \\ 0 & 1 & 0 & 3 \\ 3 & 0 & 1 & 0 \\ 0 & 3 & 0 & 1 \end{pmatrix}$

(7) $\begin{pmatrix} 3 & 1 & -2 & 1 \\ 1 & 3 & -2 & 1 \\ -2 & -2 & 1 & -2 \\ 1 & 1 & -2 & 3 \end{pmatrix}$ 　　(8) $\begin{pmatrix} 0 & 1 & 1 & 1 \\ 1 & 0 & 1 & 1 \\ 1 & 1 & 0 & 1 \\ 1 & 1 & 1 & 0 \end{pmatrix}$

A7.2 次の 2 次形式の定値性を調べよ．

(1)　$x^2 + 13y^2 + 4z^2 + 4xy - 12yz$ 　　　　(2)　$-9x^2 + 6xy - y^2$

A7.3 次の 2 次形式の標準形を求めよ.

(1) $2(x^2 - xy + y^2)$　　(2) $3x^2 + 4y^2 + 4z^2 + 2xy - 4yz + 2zx$

(3) $x^2 + y^2 - 2z^2 + 8xy + 4yz + 4zx$

(4) $2x^2 + 5y^2 + 2z^2 - 2xy - 2yz + 4zx$

A7.4 次の不等式を示せ.

(1) $2(x^2 + y^2 + z^2) + xy - yz - zx \geqq 0$

(2) $x^2 + y^2 + z^2 = 1$ のとき $x^2 + 2y^2 + 3z^2 - 4(xy + yz) + 1 \geqq 0$

A7.5 次の 2 次形式の符号数を調べよ.

(1) $x^2 - 6xy + 2y^2$　　(2) $12x^2 + y^2 + z^2 + 8xy - 6yz - 8zx$

A7.6 次の 2 次曲線の標準形を求めよ.

(1) $x^2 - 2\sqrt{3}\,xy - y^2 - 1 = 0$

(2) $5x^2 + 2\sqrt{3}\,xy + 3y^2 - 1 = 0$

(3) $x^2 + 2xy + y^2 + \sqrt{2}\,x - \sqrt{2}\,y = 0$

(4) $14x^2 - 24xy + 21y^2 + 9x - 12y = 0$

(5) $7x^2 + 6xy - y^2 - 8\sqrt{10}\,x + 10 = 0$

(6) $x^2 - 2xy + y^2 - 8x + 16 = 0$

A7.7 次の 2 次曲面を標準形に直せ.

(1) $5x^2 + 5y^2 + 2z^2 - 2xy + 4yz + 4zx - 1 = 0$

(2) $xy + yz + zx = 2$

(3) $3x^2 + 4y^2 - 3z^2 - 8xy - 4yz + 8zx + 18x - 8y - 16z = 21$

(4) $x^2 + y^2 + 4xy + 2yz - 2zx - 4x - 14y - 2z + 18 = 0$

(5) $x^2 + y^2 + z^2 - 2xy - 2yz + 2zx - 2x - 4y + 4z + 5 = 0$

(6) $x^2 + y^2 + 2z^2 - 2yz - 2zx - 2x + 2y - 6z + 6 = 0$

B7.1 次の 2 次式を 1 次式の積に因数分解せよ.

(1) $-2x^2 + y^2 + z^2 - 2xy + 4yz + 2zx$

(2) $3x^2 - 3y^2 - z^2 + 8xy + 4yz - 2xz$

B7.2 正方行列 A について ${}^tAA$ は非負値対称行列であることを示せ．また ${}^tAA$ が正値であるための必要十分条件は A が正則であることを示せ．

B7.3 （1） 非負値対称行列 A に対して $B^2 = A$ を満たす非負値対称行列 B が存在することを示せ．

（2） 次の非負値対称行列に対して（1）の性質を満たす対称行列を求めよ．

（a） $\begin{pmatrix} 2 & 2 \\ 2 & 5 \end{pmatrix}$ （b） $\begin{pmatrix} 4 & -4 & 2 \\ -4 & 4 & -2 \\ 2 & -2 & 1 \end{pmatrix}$

C7.1 n 次正方行列 A の固有値を重複度を含めて $\lambda_1, \lambda_2, \ldots, \lambda_n$ とする．多項式 $p(t) = a_0 t^m + a_1 t^{m-1} + \cdots + a_m$ に対して n 次正方行列 $p(A)$ を考えると，この行列の固有多項式は

$$\varphi_{p(A)}(t) = (p(\lambda_1) - t)(p(\lambda_2) - t) \times \cdots \times (p(\lambda_n) - t)$$

となることを示せ（**フロベニウスの定理**）．

C7.2 内積空間 $(V, \langle\,,\,\rangle_V)$, $(W, \langle\,,\,\rangle_W)$ の間の線形写像 $f: V \longrightarrow W$ について次を示せ．

（1） V, W の正規直交基底に関する f の行列表示を A とする．f が内積を保つ写像であるとき，つまり各 $v, v' \in V$ に対して $\langle v, v' \rangle_V = \langle f(v), f(v') \rangle_W$ が成り立つとき ${}^tAA = E_n$ $(n = \dim(V))$ を満たす．

（2） f が内積を保つ写像であるとき $\dim(W) \geqq \dim(V)$ である．

（3） f が内積を保つ写像であるための必要十分条件は，f がノルムを保つ写像であること，つまり各 $v \in V$ に対して $\|f(v)\| = \|v\|$ が成り立つことである．

C7.3 2次曲面 ${}^t\boldsymbol{v} A \boldsymbol{v} + 2\langle \boldsymbol{b}, \boldsymbol{v} \rangle + d = 0$ に対して

$$\widetilde{A} = \begin{pmatrix} A & \boldsymbol{b} \\ {}^t\boldsymbol{b} & d \end{pmatrix}$$

という4次の対称行列を考える．$|A| \neq 0$ であれば2次曲面の標準形は A の固有値 $\lambda_1, \lambda_2, \lambda_3$ を用いて次のように表されることを示せ．

$$\lambda_1 X^2 + \lambda_2 Y^2 + \lambda_3 Z^2 + \frac{|\widetilde{A}|}{|A|} = 0$$

第8章
複素ベクトル空間

これまで実数をスカラーとするベクトル空間，特に数ベクトル空間 $\mathbb{R}^n$ を扱ってきたが，固有値やそこから導かれる性質を考えるにあたっては複素数まで対象を広げないと考察が進まないことがあった．そこでこの章では複素数の世界について学習することにする．

§8.1 複素数

高校の数学 II で学習したように，i または $\sqrt{-1}$ と表される**虚数単位**を導入することで 2 次方程式は常に（重解の場合を含めて）2 個の解をもつ．すでに述べたように，実は n 次方程式

$$t^n + a_1 t^{n-1} + \cdots + a_{n-1} t + a_n = 0$$

は複素数の世界で（重複を含めて）n 個の解をもつ．

そこでまず複素数の基本的なことをまとめておくことから始めよう．複素数 $z = x + iy$ に対して座標平面上の点 $\mathrm{P}(x, y)$ を対応させて，複素数を平面上の点として表現する．逆に平面上の点は 1 つの複素数で表される．例えば，$2 + 3i$ は平面上の点 $\mathrm{A}(2, 3)$ を表し，平面上の点 $\mathrm{B}(-4, 1)$ は $-4 + i$ で表される（図 8.1）．この複素数を表現する平面を**複素数平面**といい，x 軸，y 軸に相当する軸をそれぞれ**実軸**，**虚軸**という．また，複素数 $z = x + iy$ について x を $\mathrm{Re}(z)$ と表し z の**実部**といい，y を $\mathrm{Im}(z)$ と表して z の**虚部**という．なお実部が 0 である iy という形の複素数は**純虚数**といわれる．

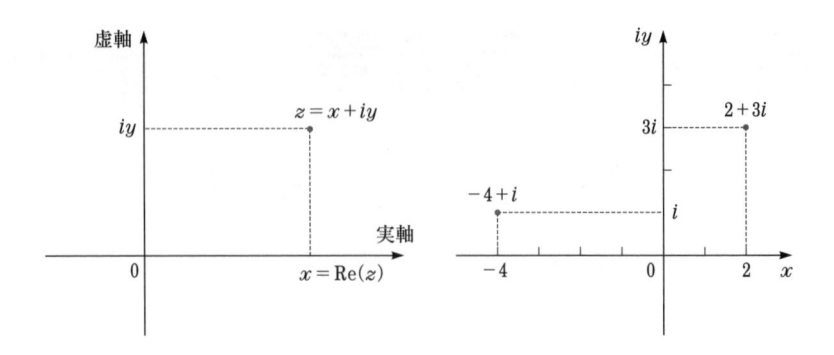

図 8.1

2つの複素数 $z_1 = x_1 + iy_1$, $z_2 = x_2 + iy_2$ に対して和・差・積・商という四則演算を

和： $z_1 + z_2 = (x_1 + x_2) + i(y_1 + y_2)$

差： $z_1 - z_2 = (x_1 - x_2) + i(y_1 - y_2)$

積： $z_1 z_2 = (x_1 x_2 - y_1 y_2) + i(x_1 y_2 + y_1 x_2)$

商： $\dfrac{z_1}{z_2} = \dfrac{x_1 x_2 + y_1 y_2}{x_2{}^2 + y_2{}^2} + i \dfrac{y_1 x_2 - x_1 y_2}{x_2{}^2 + y_2{}^2}$ $(z_2 \neq 0)$

と定める．つまり和・差を考えているだけならば，実部と虚部とを分けて考えることにより複素数全体の集合 $\mathbb{C}$ は 2 次元数ベクトル空間 $\mathbb{R}^2$ と同じである．したがって積演算が重要である．

複素数 $z = x + iy$ に対して $x - iy$ という複素数を $\bar{z}$ と表して z の**共役複素数**という．これらが表す複素数平面上の点は $\mathrm{P}(z) = (x, y)$, $\mathrm{P}(\bar{z}) = (x, -y)$ であるから実軸に関して対称である（図 8.2）．

問題 8.1 次のことを確認せよ．
 （1） 複素数 z について，複素数平面において $\mathrm{P}(z)$ と $\mathrm{P}(-z)$ とは原点 O に関して対称であり，$\mathrm{P}(z)$ と $\mathrm{P}(-\bar{z})$ とは虚軸に関して対称である．
 （2） 2つの複素数 z, w について

$$\overline{z+w} = \bar{z} + \bar{w}, \quad \overline{zw} = \bar{z}\bar{w}, \quad \bar{\bar{z}} = z$$

§8.1 複素数

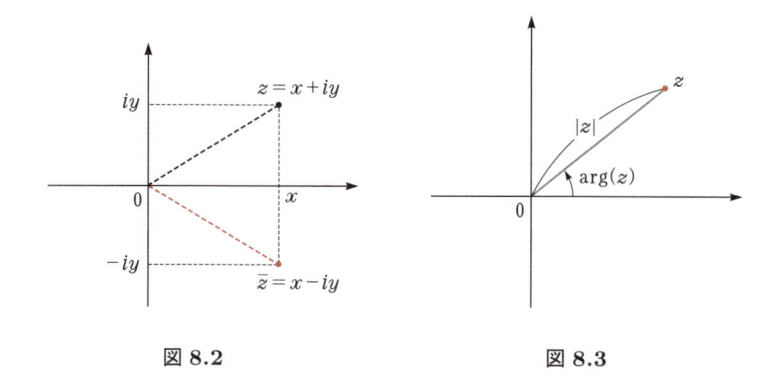

図 8.2

図 8.3

複素数 $z = x + iy$ について，原点 O と P(z) との距離を z の**絶対値**といい $|z|$ と表す．すなわち，

$$|z| = |x + iy| = \sqrt{x^2 + y^2}$$

である．また $z \neq 0$ のとき動径 OP(z) が実軸の正の方向となす角を z の**偏角**といって $\arg z$ と表す．例えば $z = -1 + \sqrt{3}\, i$ について

$$|z| = 2, \quad \arg z = \frac{2\pi}{3} + 2n\pi \quad (n = 0, \pm 1, \pm 2, \ldots)$$

である．絶対値や偏角は次の性質を満たす．
 (i) $|z| \geqq 0$ であり，$|z| = 0 \iff z = 0$
 (ii) $|\bar{z}| = |z|, \quad \arg \bar{z} \equiv -\arg z$
 (iii) $|z|^2 = z\bar{z}$

ただし 2 つの角 θ, φ について $\theta \equiv \varphi$ であるとは，$\theta - \varphi$ が 2π の整数倍になっていることを表す．

複素数 z の絶対値 $r = |z|$ と偏角 $\theta = \arg z$ とを用いると

$$z = r(\cos\theta + i\sin\theta)$$

のように表すことができる．このような表し方を複素数 z の**極表示**あるいは**極形式**という．なお $\cos\theta + i\sin\theta$ を複素数の世界の指数関数を使って $e^{i\theta}$ と表すこともできる．したがって $z = re^{i\theta}$ という表示をすることもできる．

問題 8.2 次の複素数を極形式で表示せよ．

（1） $1+i$　（2） $\sqrt{3}-i$　（3） -3　（4） $-3+\sqrt{3}i$　（5） $5i$

問題 8.3 次の絶対値 r と偏角 θ とをもつ複素数を $a+ib$ の形で表示せよ．

（1） $r=2, \theta=\dfrac{\pi}{6}$　（2） $r=3, \theta=\dfrac{3\pi}{2}$　（3） $r=\sqrt{2}, \theta=\dfrac{3\pi}{4}$

ここで複素数の四則と複素数平面における点の関係とを調べておこう．2つの複素数 $z=x+iy, w=u+iv$ の和は

$$z+w=(x+u)+(y+v)i$$

であるから，複素数平面の位置ベクトルで考えると

$$\overrightarrow{\mathrm{OP}(z+w)}=\overrightarrow{\mathrm{OP}(z)}+\overrightarrow{\mathrm{OP}(w)}$$

を意味する．したがって，4点 O, P(z), P($z+w$), P(w) は，(線分につぶれることも含めて) 平行四辺形を構成する（図 8.4）．

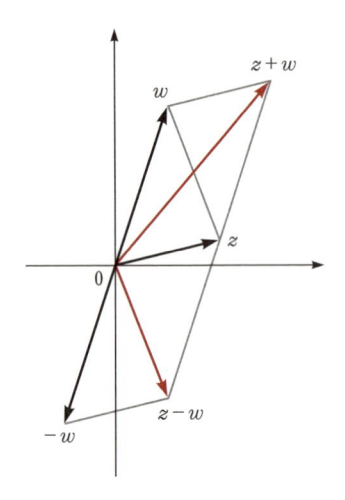

図 8.4

また $\overrightarrow{\mathrm{OP}(-w)}=-\overrightarrow{\mathrm{OP}(w)}$ であるから，差 $z-w$ が表す点について

$$\overrightarrow{\mathrm{OP}(z-w)}=\overrightarrow{\mathrm{OP}(z)}-\overrightarrow{\mathrm{OP}(w)}$$

である．4点 O, P(z), P($z-w$), P($-w$) が平行四辺形を構成することからわかるように，2点 P(z), P(w) の距離は $|z-w|$ で与えられる．

次に積について考えよう．2つの複素数 z, w を $z=r(\cos\theta+i\sin\theta)$, $w=\rho(\cos\varphi+i\sin\varphi)$ と極形式で表示すると，三角関数の加法定理を利用することにより

$$zw=r\rho\{(\cos\theta\cos\varphi-\sin\theta\sin\varphi)+i(\sin\theta\cos\varphi+\cos\theta\sin\varphi)\}$$
$$=r\rho\{\cos(\theta+\varphi)+i\sin(\theta+\varphi)\}$$

となる．したがって，
$$|zw|=|z|\,|w|,\quad \arg(zw)\equiv \arg z+\arg w$$
である（図 8.5）．つまり $\overrightarrow{\mathrm{OP}(zw)}$ は $\overrightarrow{\mathrm{OP}(z)}$ を $|w|$ 倍して $\arg w$ 回転させたものになる．

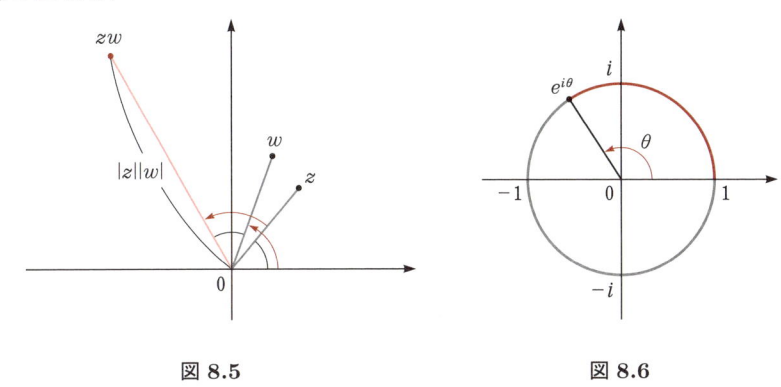

図 8.5

図 8.6

特に絶対値が 1 の複素数 $\omega=\cos\theta+i\sin\theta$ を考えると，点 $\mathrm{P}(\omega z)$ は点 $\mathrm{P}(z)$ を原点 O 中心に θ 回転移動させることにより得られる（図 8.6）．したがって，$\theta=\dfrac{\pi}{2}$ の場合である $\omega=i$ について，$\overrightarrow{\mathrm{OP}(iz)}$ は $\overrightarrow{\mathrm{OP}(z)}$ と直交する．

また，$z=r(\cos\theta+i\sin\theta)$ と表せば
$$z^n=r^n(\cos n\theta+i\sin n\theta)$$
となる．これを**ド・モアブルの公式**という．

商については，$w\bar{w}=|w|^2$ であることから，$w=\rho(\cos\varphi+i\sin\varphi)\neq 0$ であるとき，
$$\frac{1}{w}=\frac{\bar{w}}{|w|^2}=\frac{1}{\rho}(\cos\varphi-i\sin\varphi)$$

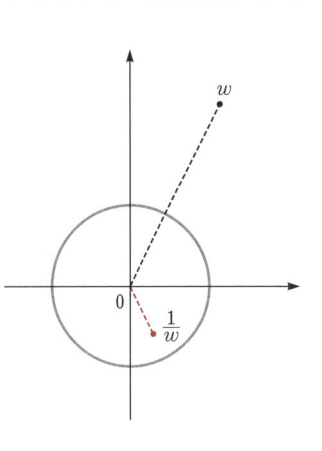

図 8.7

である．このことからも次がわかる．
$$\left|\frac{z}{w}\right|=\frac{|z|}{|w|},\quad \arg\frac{z}{w}\equiv \arg z-\arg w$$

問題 8.4 次の複素数を $a+ib$ の形に直せ.

(1) $(2+3i)(5-2i)$ (2) $(1+2i)(3-i)(5+7i)$

(3) $\dfrac{5+\sqrt{3}\,i}{2-\sqrt{3}\,i}$ (4) $\dfrac{3-4i}{2+i}$

問題 8.5 次の複素数の絶対値を求めよ.

(1) $(2-i)(3+2i)(-7+9i)$ (2) $\dfrac{2-\sqrt{3}\,i}{5+\sqrt{3}\,i}$ (3) $(1+\sqrt{3}\,i)^6$

問題 8.6 次の複素数の偏角を求めよ.

(1) $(1+i)(\sqrt{3}+i)(1-\sqrt{3}\,i)$ (2) $\dfrac{1-i}{\sqrt{3}-i}$ (3) $(1+\sqrt{3}\,i)^5$

§8.2 複素数ベクトル空間

複素数を n 個並べた列ベクトルの集合

$$\mathbb{C}^n = \left\{ \begin{pmatrix} z_1 \\ z_2 \\ \vdots \\ z_n \end{pmatrix} \middle| z_1, z_2, \ldots, z_n \in \mathbb{C} \right\}$$

を n 次元複素数ベクトル空間という. 実際,

(i) $\boldsymbol{z} = \begin{pmatrix} z_1 \\ \vdots \\ z_n \end{pmatrix}$, $\boldsymbol{w} = \begin{pmatrix} w_1 \\ \vdots \\ w_n \end{pmatrix}$ に対して $\boldsymbol{z} + \boldsymbol{w} = \begin{pmatrix} z_1 + w_1 \\ \vdots \\ z_n + w_n \end{pmatrix} \in \mathbb{C}^n$

(ii) $\lambda \in \mathbb{C}$ に対して $\lambda \boldsymbol{z} = \begin{pmatrix} \lambda z_1 \\ \vdots \\ \lambda z_n \end{pmatrix} \in \mathbb{C}^n$

として和と複素数のスカラー倍とが定まり,ベクトル空間の条件 (§4.3) が成り立つ.実数のスカラー倍に代えて複素数のスカラー倍が定まるベクトル空間を**複素ベクトル空間**という.

§8.2 複素数ベクトル空間

　実数をスカラーとするベクトル空間（以後実ベクトル空間という）で定義した「一次独立」「基底」などの概念はスカラーを複素数とするだけでそのまま複素ベクトル空間に移植することができる．例えば，

$$\bm{e}_1 = \begin{pmatrix} 1 \\ 0 \\ \vdots \\ 0 \end{pmatrix}, \quad \bm{e}_2 = \begin{pmatrix} 0 \\ 1 \\ \vdots \\ 0 \end{pmatrix}, \quad \ldots, \quad \bm{e}_n = \begin{pmatrix} 0 \\ \vdots \\ 0 \\ 1 \end{pmatrix},$$

は複素数ベクトル空間 $\mathbb{C}^n$ の基底になる．n 個のベクトルが基底を構成するので，$\mathbb{C}^n$ は**複素次元** n であるといい，$\dim_{\mathbb{C}}(\mathbb{C}^n) = n$ と表す．なお，$\mathbb{C}^n$ においては複素数のスカラー倍が定まっているので，必然的に実数のスカラー倍が定まっていて実ベクトル空間にもなっている．複素数ベクトルの各成分を実数と純虚数とに分けて考えると，実ベクトル空間としては

$$\bm{e}_1 = \begin{pmatrix} 1 \\ 0 \\ \vdots \\ 0 \end{pmatrix}, \quad \bm{e}_1{}' = \begin{pmatrix} i \\ 0 \\ \vdots \\ 0 \end{pmatrix}, \quad \ldots, \quad \bm{e}_n = \begin{pmatrix} 0 \\ \vdots \\ 0 \\ 1 \end{pmatrix}, \quad \bm{e}_n{}' = \begin{pmatrix} 0 \\ \vdots \\ 0 \\ i \end{pmatrix}$$

を標準的な基底として選ぶことができ，実ベクトル空間としての次元は $2n$ である．複素次元と区別するために $\dim_{\mathbb{R}}(\mathbb{C}^n) = 2n$ と表すこともある．

　複素数ベクトル空間のベクトル $\bm{z} \in \mathbb{C}^n$ に対しても複素数と同じように各成分の共役複素数からできるベクトル $\bar{\bm{z}}$ を考える．すなわち，

$$\bm{z} = \begin{pmatrix} z_1 \\ \vdots \\ z_n \end{pmatrix} \quad \text{に対して} \quad \bar{\bm{z}} = \begin{pmatrix} \bar{z}_1 \\ \vdots \\ \bar{z}_n \end{pmatrix}$$

と定める．このとき $\bar{\bm{z}}, \bar{\bm{w}} \in \mathbb{C}^n$ と $\lambda \in \mathbb{C}$ とに対して，

(ⅰ)　$\overline{\bar{\bm{z}}} = \bm{z}$
(ⅱ)　$\overline{\bm{z} + \bm{w}} = \bar{\bm{z}} + \bar{\bm{w}}$
(ⅲ)　$\overline{\lambda \bm{z}} = \bar{\lambda} \bar{\bm{z}}$

という性質が成り立つ．ベクトル $z \in \mathbb{C}^n$ に対して，各成分の実部からなるベクトルを $\mathrm{Re}(z)$，また各成分の虚部からなるベクトルを $\mathrm{Im}(z)$ と表すと，

$$z = \mathrm{Re}(z) + i\,\mathrm{Im}(z), \quad \bar{z} = \mathrm{Re}(z) - i\,\mathrm{Im}(z)$$

のように表現することができる．

次に複素数ベクトル空間における内積を定めることにしよう．$z, w \in \mathbb{C}^n$ に対して

$$\langle z, w \rangle = z_1 \bar{w}_1 + z_2 \bar{w}_2 + \cdots + z_n \bar{w}_n \ (= {}^t z \bar{w} = {}^t \bar{w} z)$$

と定め，$\mathbb{C}^n$ の**標準エルミート内積**という．この内積は

(i) $\langle w, z \rangle = \overline{\langle z, w \rangle}$

(ii) $\langle \lambda z, w \rangle = \lambda \langle z, w \rangle$, $\langle z, \lambda w \rangle = \bar{\lambda} \langle z, w \rangle$

(iii) $\langle z + u, w \rangle = \langle z, w \rangle + \langle u, w \rangle$, $\langle z, u + w \rangle = \langle z, u \rangle + \langle z, w \rangle$

(iv) $\langle z, z \rangle \geqq 0$ で，$\langle z, z \rangle = 0$ となるための必要十分条件は $z = \mathbf{0}$ である

という性質を満たす．そこで

$$\|z\| = \sqrt{\langle z, z \rangle} = \sqrt{|z_1|^2 + |z_2|^2 + \cdots + |z_n|^2}$$

と定め，これを $\mathbb{C}^n$ の**標準ノルム**という．

一般に複素ベクトル空間において (i)～(iv) を満たす $\langle\ ,\ \rangle$ を**エルミート内積**という．エルミート内積は複素ベクトル空間上のノルムを誘導する．

例 8.1 $z = \begin{pmatrix} 1+i \\ 2-i \end{pmatrix}$, $w = \begin{pmatrix} 3-i \\ 4i \end{pmatrix} \in \mathbb{C}^2$ について，

$$\langle z, w \rangle = (1+i)(3+i) + (2-i)(-4i) = -2 - 4i$$

$$\langle w, z \rangle = (3-i)(1-i) + (4i)(2+i) = -2 + 4i$$

$$\|z\|^2 = (1+i)(1-i) + (2-i)(2+i) = 7$$

$$\|w\|^2 = (3-i)(3+i) + (4i)(-4i) = 26 \qquad \diamondsuit$$

問題 8.7 次のベクトルについて，標準エルミート内積に関して $\|z\|$, $\|w\|$, $\langle z, w \rangle$, $\langle w, z \rangle$ を調べよ．

(1) $z = \begin{pmatrix} 3+2i \\ 1-i \end{pmatrix}$, $w = \begin{pmatrix} 1+2i \\ 5i \end{pmatrix}$ (2) $z = \begin{pmatrix} 1 \\ 1 \end{pmatrix}$, $w = \begin{pmatrix} i \\ i \end{pmatrix}$

(3) $z = \begin{pmatrix} 2-i \\ 4-i \end{pmatrix}$, $w = \begin{pmatrix} 3+i \\ 5-2i \end{pmatrix}$ (4) $z = \begin{pmatrix} 1 \\ i \end{pmatrix}$, $w = \begin{pmatrix} i \\ 1 \end{pmatrix}$

§8.3 複素行列

ベクトルと同じように複素数を成分とする行列を考えることができる．複素数を成分とする $m \times n$ 行列の集合 $\mathrm{Mat}(m, n; \mathbb{C})$ は，実数を成分とする行列のときと同じように「和」と「複素数をスカラーとするスカラー倍」とを定めることができ，複素ベクトル空間になる．各成分の個数だけの自由度があることから

$$\dim_{\mathbb{C}}(\mathrm{Mat}(m, n; \mathbb{C})) = mn$$

である．

また，2つの複素行列 $A \in \mathrm{Mat}(m, n; \mathbb{C})$, $B \in \mathrm{Mat}(n, k; \mathbb{C})$ に対して，積 $AB \in \mathrm{Mat}(m, k; \mathbb{C})$ を定めることができ，$\lambda(AB) = (\lambda A)B = A(\lambda B)$ を満たすが，一般的に $AB \neq BA$ である．さらに，複素数を係数とする連立1次方程式や行列式，逆行列についても実数の場合と同じように扱うことができる．

複素行列 $A \in \mathrm{Mat}(m, n; \mathbb{C})$ に対して写像 $f_A : \mathbb{C}^n \longrightarrow \mathbb{C}^m$ を実数のときと同様に $f_A(z) = Az$ と定めると，$z, w \in \mathbb{C}^n$ と $\lambda \in \mathbb{C}$ に対して

$$f_A(z + w) = f_A(z) + f_A(w), \quad f_A(\lambda z) = \lambda f_A(z)$$

を満たし複素数をスカラーとする線形写像になる．逆に，複素数をスカラーとする線形写像は，複素ベクトル空間としての基底を1組ずつ定めることにより複素行列が1つ定まる．

以上の考察をもとに，複素数の世界まで拡げて線形写像を"良く"見せることを考えよう．複素正方行列 $A \in \mathrm{Mat}(n, n; \mathbb{C})$ に対して $A\boldsymbol{v} = \lambda \boldsymbol{v}$ $(\boldsymbol{v} \neq \boldsymbol{0})$ を満たす $\boldsymbol{v} \in \mathbb{C}^n$ と $\lambda \in \mathbb{C}$ とをそれぞれ **（複素）固有ベクトル**，**（複素）固有値**という．直観的にいえば，固有ベクトルはそれが作る複素の世界 $\mathbb{C}\boldsymbol{v} = \{\alpha \boldsymbol{v} \mid \alpha \in \mathbb{C}\}$ が行列 A によって保たれるベクトルの集合になっているものであり，固有値はその世界の回転と伸縮具合を表している．

例 8.2 行列
$$A = \begin{pmatrix} 2 & -1 \\ 5 & -2 \end{pmatrix}$$
について
$$\varphi_A(t) = (t-i)(t+i)$$
より固有値は $\pm i$ であり，対応する固有ベクトルはそれぞれ

$$\begin{pmatrix} 2 \mp i & -1 \\ 5 & -2 \mp i \end{pmatrix} \longrightarrow \begin{pmatrix} 1 & -\dfrac{2 \pm i}{5} \\ 0 & 0 \end{pmatrix} \text{ より，} \quad s \begin{pmatrix} 2 \pm i \\ 5 \end{pmatrix} \quad (s \neq 0)$$

である． ◇

§6.2 で留保しておいた実行列（つまり実数を成分とする行列）の固有値についてここで明確にしておこう．

命題 8.1

(1) 実正方行列 A が固有値 λ とそれに対応する固有ベクトル $\boldsymbol{v}$ をもつとき，$\bar{\lambda}$ も A の固有値であり，$\bar{\boldsymbol{v}}$ は対応する固有ベクトルになる．

(2) A が実対称行列であれば，その固有値はすべて実数である．

[証明] 一般に $m \times n$ 複素行列 $B = (b_{ij})$ に対して，その各成分の共役複素数を成分とする $m \times n$ 行列を $\bar{B} = (\overline{b_{ij}})$ と表す．このとき，n 次複素列ベクトル $\boldsymbol{w}$ について $\overline{B\boldsymbol{w}} = \bar{B}\bar{\boldsymbol{w}}$ が成り立つ．

（1） $A\bm{v} = \lambda \bm{v}$ であり，A が実行列であるから

$$\bar{\lambda}\bar{\bm{v}} = \overline{\lambda\bm{v}} = \overline{A\bm{v}} = \bar{A}\bar{\bm{v}} = A\bar{\bm{v}}$$

を満たすので，$\bar{\lambda}$ は固有値であり，$\bar{\bm{v}}$ は対応する固有ベクトルである．

（2） λ を固有値，$\bm{v}$ を対応する固有ベクトルとする．

$$\lambda \|\bm{v}\|^2 = \langle \lambda\bm{v}, \bm{v} \rangle = \langle A\bm{v}, \bm{v} \rangle = {}^t(A\bm{v})\bar{\bm{v}} = {}^t\bm{v} A \bar{\bm{v}}$$
$$= {}^t\bm{v} \overline{A\bm{v}} = \langle \bm{v}, A\bm{v} \rangle = \langle \bm{v}, \lambda\bm{v} \rangle = \bar{\lambda}\|\bm{v}\|^2$$

よって $\lambda = \bar{\lambda}$ であるから，λ は実数である． □

実行列 A の固有値 λ が実数であれば，対応する（複素）固有ベクトル $\bm{v}$ を選んだとき，命題 8.1 によって $\bar{\bm{v}}$ も $\lambda (= \bar{\lambda})$ の固有ベクトルであるから

$$\mathrm{Re}(\bm{v}) = \frac{1}{2}(\bm{v} + \bar{\bm{v}}) \quad \text{または} \quad \mathrm{Im}(\bm{v}) = \frac{1}{2i}(\bm{v} - \bar{\bm{v}})$$

という実固有ベクトルがある（一方は零ベクトルのこともある）ので前章までは実数の世界で考察を進めたわけである．

次に複素行列の標準形について考察しよう．§6.3 の正則行列による対角化について，つまり一般の基底による対角化については，固有ベクトルを利用するだけであったので，その理論は複素数の世界でも成り立つ．

命題 8.2

複素行列が対角化可能であるための必要十分条件は，各固有値について重複度と固有空間の次元とが一致することである．特に固有値がすべて異なれば対角化できる．

次に正規直交基底による対角化について考えてみよう．行列 A に対しその複素共役と転置を行った行列 ${}^t\bar{A}$ を A^* と表し A の**随伴行列**という．随伴行列について

（i） $A^{**} = A$ （ii） $(AB)^* = B^* A^*$

という性質が成り立つ．

正方行列 P が $P^*P = E$ をみたすとき**ユニタリ行列**であるという．この行列は実数の世界での直交行列に対応していて，次の性質をもつ．

命題 8.3

（1） 正方行列 $P = (\bm{p}_1 \ \ldots \ \bm{p}_n)$ がユニタリ行列であるための必要十分条件は $\{\bm{p}_1, \ldots, \bm{p}_n\}$ が正規直交基底であることである．

（2） 正規直交基底 $\{\bm{z}_1, \ldots, \bm{z}_n\}$ から正規直交基底 $\{\bm{w}_1, \ldots, \bm{w}_n\}$ への基底の取り替え行列 P はユニタリ行列である．

*問題 8.8　命題 8.3 を示せ．

対称行列に対応して，$A^* = A$ を満たす複素行列を**エルミート行列**という．エルミート行列は実対称行列とよく似た性質をもつ．

命題 8.4

エルミート行列の固有値はすべて実数である．

*問題 8.9　命題 8.1 の証明を参考にして命題 8.4 を示せ．

ユニタリ行列による対角化については，命題 7.3, 定理 7.1 と同じように考えることで次が得られる．

命題 8.5

複素正方行列 A は，適当なユニタリ行列 P により，P^*AP が上三角行列になるようにすることができる．

命題 8.6

エルミート行列はあるユニタリ行列により対角化される．

*問題 8.10 （1） 命題 8.5, 8.6 を示せ.

（2） 命題 7.2 を参考に，エルミート行列の異なる固有値に対する固有ベクトルは互いに直交することを示せ.

具体的な対角化の手法は，命題 8.3 からわかるように，対称行列の場合と同じく，固有ベクトルからグラム・シュミットの直交化によりユニタリ行列を構成すればよい.

問題 8.11 次のエルミート行列をユニタリ行列により対角化せよ.

（1） $\begin{pmatrix} 0 & -i & 1 \\ i & 0 & 0 \\ 1 & 0 & 0 \end{pmatrix}$ （2） $\begin{pmatrix} 3 & 2i & 2 \\ -2i & 4 & -i \\ 2 & i & 4 \end{pmatrix}$ （3） $\begin{pmatrix} 0 & i & 1 \\ -i & 0 & i \\ 1 & -i & 0 \end{pmatrix}$

§8.4 正規行列

実行列の世界では，直交行列で対角化される行列は対称行列に限られた．一方，複素行列の世界でユニタリ行列により対角化されるのはエルミート行列だけではない.

複素正方行列 A が $A^* = -A$ を満たすとき，この行列は**歪エルミート行列**であるといわれる．複素正方行列 A がエルミート行列であれば $\pm iA$ は歪エルミート行列であり，逆に A が歪エルミート行列であれば $\pm iA$ はエルミート行列である.

また，一般の複素正方行列 Z を取ったとき

$$X = \frac{1}{2}(Z + Z^*), \quad Y = \frac{1}{2i}(Z - Z^*)$$

とおくと X, Y ともにエルミート行列であり $Z = X + iY$ と表されることから歪エルミート行列は純虚数のように考えられるであろう．エルミート行列の固有値はすべて実数であったが歪エルミート行列ではどうであろうか.

命題 8.7

歪エルミート行列の固有値はすべて 0 または純虚数である．

[証明] 歪エルミート行列 A の固有値 λ に対する固有ベクトル $\boldsymbol{v}$ をとると

$$\lambda \langle \boldsymbol{v}, \boldsymbol{v} \rangle = \langle A\boldsymbol{v}, \boldsymbol{v} \rangle = \langle \boldsymbol{v}, A^*\boldsymbol{v} \rangle = -\langle \boldsymbol{v}, A\boldsymbol{v} \rangle = -\bar{\lambda} \langle \boldsymbol{v}, \boldsymbol{v} \rangle$$

となることから $\lambda = -\bar{\lambda}$ であり，λ は（0 を含めた）純虚数である． □

歪エルミート行列 A に対してエルミート行列 iA を考えてユニタリ行列 P による対角化を用いると

$$P^*(iA)P = \begin{pmatrix} \lambda_1 & 0 & \cdots & 0 \\ 0 & \ddots & \ddots & \vdots \\ \vdots & \ddots & \ddots & 0 \\ 0 & \cdots & 0 & \lambda_n \end{pmatrix} \text{ より } P^*AP = \begin{pmatrix} -i\lambda_1 & 0 & \cdots & 0 \\ 0 & \ddots & \ddots & \vdots \\ \vdots & \ddots & \ddots & 0 \\ 0 & \cdots & 0 & -i\lambda_n \end{pmatrix}$$

となる．したがって，歪エルミート行列もユニタリ行列により対角化できることがわかる．

一般の複素正方行列 Z は 2 つのエルミート行列 X, Y を使って $Z = X + iY$ と表すことができたから，X, Y が同じユニタリ行列により同時に対角化できれば Z もユニタリ行列により対角化できることになる．複素正方行列 $A \in \mathrm{Mat}(n, n; \mathbb{C})$ が

$$A^*A = AA^*$$

を満たすとき，この行列は**正規行列**であるという．エルミート行列，歪エルミート行列やユニタリ行列はすべて正規行列である．命題 8.5 を用いることにより，定理 7.1 と同じようにして次を示すことができる．

定理 8.1（テープリッツの定理）

複素正方行列 A がユニタリ行列で対角化されるための必要十分条件は A が正規行列であることである．

§8.4 正規行列

この定理により，ユニタリ行列もユニタリ行列により対角化できることがわかった．このことを利用してユニタリ行列の固有値を調べてみよう．

命題 8.8

ユニタリ行列 U の固有値の絶対値はすべて 1 である．

[証明] U はあるユニタリ行列 P により対角化されるので，固有値を λ_j として

$$E = (P^*UP)(P^*U^*P) = (P^*UP)(P^*UP)^* = \begin{pmatrix} |\lambda_1|^2 & 0 & \cdots & 0 \\ 0 & \ddots & \ddots & \vdots \\ \vdots & \ddots & \ddots & 0 \\ 0 & \cdots & 0 & |\lambda_n|^2 \end{pmatrix}$$

であるから $|\lambda_j| = 1$ である． □

この命題はユニタリ行列が絶対値 1 の複素数 $e^{i\theta} = \cos\theta + i\sin\theta$ に対応していることを暗示している．一般の複素正方行列 Z に対して ZZ^* はエルミート行列である．このエルミート行列 ZZ^* の固有値 α は，対応する固有ベクトル $\boldsymbol{v}$ を選ぶことにより

$$\alpha\|\boldsymbol{v}\|^2 = \alpha\langle\boldsymbol{v},\boldsymbol{v}\rangle = \langle ZZ^*\boldsymbol{v},\boldsymbol{v}\rangle = \langle Z^*\boldsymbol{v}, Z^*\boldsymbol{v}\rangle = \|Z^*\boldsymbol{v}\|^2$$

となることから $\alpha \geqq 0$ である．ここで ZZ^* の固有値がすべて正である場合を考え，これらを $r_1^2, \ldots, r_n^2$ $(r_j > 0)$ と表すこととする．これらの固有値は Z の固有値を $\lambda_1, \ldots, \lambda_n$ としたとき $|\lambda_1|^2, \ldots, |\lambda_n|^2$ である．そこでユニタリ行列 P を用いて ZZ^* を対角化し

$$R = P\begin{pmatrix} r_1 & 0 & \cdots & 0 \\ 0 & \ddots & \ddots & \vdots \\ \vdots & \ddots & \ddots & 0 \\ 0 & \cdots & 0 & r_n \end{pmatrix}P^*, \quad U = R^{-1}Z = P\begin{pmatrix} r_1^{-1} & 0 & \cdots & 0 \\ 0 & \ddots & \ddots & \vdots \\ \vdots & \ddots & \ddots & 0 \\ 0 & \cdots & 0 & r_n^{-1} \end{pmatrix}P^*Z$$

とおくと $Z = RU$ で，R はエルミート行列であり U はユニタリ行列であることがわかる．この $Z = RU$ という表示は $z \neq 0$ なる複素数 z の極表示 $z = re^{i\theta} = r(\cos\theta + i\sin\theta)$ に対応していると考えることができる．

[**定理 8.1 の証明**]　まず，A がユニタリ行列 P により対角化されたとする．A の固有値を λ_j とすると

$$P^*AA^*P = (P^*AP)(P^*A^*P) = \begin{pmatrix} |\lambda_1|^2 & 0 & \cdots & 0 \\ 0 & \ddots & \ddots & \vdots \\ \vdots & \ddots & \ddots & 0 \\ 0 & \cdots & 0 & |\lambda_n|^2 \end{pmatrix}$$

$$= (P^*A^*P)(P^*AP) = P^*A^*AP$$

が成り立ち $A^*A = AA^*$ を満たすから，A は正規行列である．

逆に A が正規行列であれば，命題 8.5 によりあるユニタリ行列 P より $P^*AP = (\alpha_{ij})$ は上三角行列になる．A が正規行列であるから

$$(P^*A^*P)(P^*AP) = (P^*AP)(P^*A^*P)$$

であり，特に対角成分を比較すると

$$|\lambda_k|^2 + \sum_{i=1}^{k-1} |\alpha_{ik}|^2 = |\lambda_k|^2 + \sum_{j=k+1}^{n} |\alpha_{kj}|^2 \quad (k = 1, \ldots, n)$$

であることから $\alpha_{ij} = 0$ $(i \neq j)$ がわかり，P^*AP は対角行列である．　□

演習問題

A8.1　次の行列の固有値と固有ベクトルとを求めよ．

(1) $\begin{pmatrix} 1 & -2 & 1 \\ 2 & 1 & 0 \\ 1 & 0 & 1 \end{pmatrix}$　(2) $\begin{pmatrix} 1 & -1 \\ 1 & 1 \end{pmatrix}$　(3) $\begin{pmatrix} 1 & 2-6i \\ 6-2i & i \end{pmatrix}$

(4) $\begin{pmatrix} 2 & 1+i \\ 1-i & 3 \end{pmatrix}$　(5) $\begin{pmatrix} i & 2+i \\ -2+i & -3i \end{pmatrix}$　(6) $\begin{pmatrix} 2 & 0 & 2i \\ 0 & 3 & 0 \\ -2i & 0 & 2 \end{pmatrix}$

A8.2 A8.1 の行列のうち正規行列であるものをあげ，ユニタリ行列で対角化せよ．

A8.3 正方行列 A が正規行列であるための必要十分条件は，2 つのエルミート行列 X, Y で $A = X + iY$, $XY = YX$ を満たすものが存在することである．

A8.4 $F(z, w) = \alpha \bar{z} z + \beta \bar{z} w + \bar{\beta} \bar{w} z + \gamma \bar{w} w = (\bar{z} \ \bar{w}) \begin{pmatrix} \alpha & \beta \\ \bar{\beta} & \gamma \end{pmatrix} \begin{pmatrix} z \\ w \end{pmatrix}$

のように，複素ベクトル $\boldsymbol{z} = {}^t(z_1, \ldots, z_n)$ とエルミート行列 $A = (a_{ij})$ とを用いて

$$\boldsymbol{z}^* A \boldsymbol{z} = \sum_{j,k=1}^{n} a_{jk} \overline{z_j} z_k$$

と表される関数を**エルミート形式**という．2 次形式と同様に，エルミート形式はあるユニタリ行列 U による変換 $\boldsymbol{w} = U^* \boldsymbol{z}$ により標準形に直すことができる．
次のエルミート形式を標準形にせよ．
 (1) $\overline{z_1} z_1 + \sqrt{2} i (\overline{z_2} z_1 - \overline{z_1} z_2)$ (2) $\overline{z_1} z_1 + 3 \overline{z_2} z_2 + i (\overline{z_1} z_2 - \overline{z_2} z_1)$
 (3) $2(\overline{z_1} z_1 + \overline{z_3} z_3) + 3 \overline{z_2} z_2 + 2i (\overline{z_1} z_3 - \overline{z_3} z_1)$

B8.1 2 つの n 次実正方行列 A, B について，$A + iB$ がユニタリ行列であるための必要十分条件は，$2n$ 次正方行列 $\begin{pmatrix} A & -B \\ B & A \end{pmatrix}$ が直交行列であることを示せ．

B8.2 正規行列がエルミート行列であるための必要十分条件は，すべての固有値が実数であることを示せ．

B8.3 (1) 2 つのエルミート行列 A, B について，$A \pm B$ はエルミート行列であるが AB はエルミート行列であるとは限らないことを示せ．
 (2) 2 つのユニタリ行列 P, Q について，PQ はユニタリ行列であるが $P \pm Q$ はユニタリ行列であるとは限らないことを示せ．

C8.1 正規行列 A の固有値 λ に対する固有ベクトル $\boldsymbol{v}$ について，$\bar{\lambda}$ は A^* の固有値であり，$\bar{\boldsymbol{v}}$ は $\bar{\lambda}$ に対する A^* の固有ベクトルになることを示せ．

C8.2 m 個の n 次エルミート行列 $A_1, A_2, \ldots, A_m$ が

$$A_1{}^2 + A_2{}^2 + \cdots + A_m{}^2 = O$$

を満たせば，$A_1 = \cdots = A_m = O$ であることを示せ．

四元数と空間の回転

平面 $\mathbb{R}^2$ における回転移動は第 5, 7 章の行列 $R(\theta)$ による線形写像として表現でき, また複素数平面と考えて $S = \{\omega \in \mathbb{C} \mid |\omega| = 1\}$ の要素の積 $z \mapsto \omega z$ としても記述できた. では空間 $\mathbb{R}^3$ における回転移動はどうであろう. 回転の表現は飛行機やロボットなどの姿勢表現として重要で, x, y, z 軸のそれぞれを軸とする軸のまわりの 3 種類の回転移動を与える 3 次正方行列 $R_x(\alpha), R_y(\beta), R_z(\gamma)$ の積として表現するオイラー角 (α, β, γ) がよく利用された. しかし回転姿勢からオイラー角を一意的に定められないなど不都合な点がいくつかある.

一般に 3 次元での回転を行列で表現すると回転軸方向や回転角を求めるには固有ベクトルを調べることが必要になる. このため最近の工学では**四元数**がよく利用されている. 四元数は複素数を拡張した数体系としてハミルトンにより考案された交換法則を満たさないもので,

$$i^2 = j^2 = k^2 = -1, \quad ij = -ji = k, \quad jk = -kj = i, \quad ki = -ik = j$$

を満たす 3 つの虚数単位 i, j, k と 4 つの実数 a, b, c, d によって $a + bi + cj + dk$ と表される数である. 空間 $\mathbb{R}^3$ を i, j, k を座標軸とする 3 次元空間と考えて, 単位ベクトル $\boldsymbol{u} = u_1 i + u_2 j + u_3 k$ を回転軸とする軸のまわりの 2θ 回転は

$$\boldsymbol{v} \mapsto q\boldsymbol{v}\bar{q}, \quad q = \cos\theta + \sin\theta\, \boldsymbol{u}, \quad \bar{q} = \cos\theta - \sin\theta\, \boldsymbol{u}$$

として表される. この記述であれば 2 つの四元数 q_1, q_2 により与えられる回転の合成は $\boldsymbol{v} \mapsto q_2 q_1 \boldsymbol{v} \overline{q_2 q_1}$ として与えられるなどすっきりした形になる. また 3 次正方行列は 9 個の成分をもつことから, その積の計算量は 4 個の実数の組に相当する四元数の積の計算量に比べて多くなる. このため 3 次元ゲームのプログラミングでは四元数の利用が重要になる.

なお, 複素数や複素数の組とも表される四元数は, 以下の対応により 2 次正方行列と考えることもできる (ただし $z = a + bi, w = c - di \in \mathbb{C}$).

$$x + iy \leftrightarrow \begin{pmatrix} x & -y \\ y & x \end{pmatrix}, \quad a + bi + cj + dk = (a + bi) + j(c - di) \leftrightarrow \begin{pmatrix} z & \bar{w} \\ -w & \bar{z} \end{pmatrix}$$

第9章

行列の標準形III ——ジョルダン行列——

第7章で学習したように，正方行列のべき乗を計算するとき，対角化することは非常に有効であった．しかし一般の正方行列は，固有値の重複度と固有空間の次元との関係で，必ずしも対角化できるわけではない．そこでこの章では対角化に準じた標準形を簡単に学習しよう．より詳細な理論は専門書に譲ることにする．

§9.1 ジョルダン行列

対角行列に次いでべき乗が計算しやすい行列はどのようなものがあるであろうか．ここで次のような上三角行列を考えてみることにする．

$$N_3 = \begin{pmatrix} 0 & 1 & 0 \\ 0 & 0 & 1 \\ 0 & 0 & 0 \end{pmatrix}, \quad N_4 = \begin{pmatrix} 0 & 1 & 0 & 0 \\ 0 & 0 & 1 & 0 \\ 0 & 0 & 0 & 1 \\ 0 & 0 & 0 & 0 \end{pmatrix}$$

これらのべき乗はどうなるであろう．計算してみると

$$N_3{}^2 = \begin{pmatrix} 0 & 0 & 1 \\ 0 & 0 & 0 \\ 0 & 0 & 0 \end{pmatrix}, \quad N_3{}^3 = O, \quad N_3{}^4 = N_3{}^3 N_3 = O N_3 = O,$$

$$N_4{}^2 = \begin{pmatrix} 0 & 0 & 1 & 0 \\ 0 & 0 & 0 & 1 \\ 0 & 0 & 0 & 0 \\ 0 & 0 & 0 & 0 \end{pmatrix}, \quad N_4{}^3 = \begin{pmatrix} 0 & 0 & 0 & 1 \\ 0 & 0 & 0 & 0 \\ 0 & 0 & 0 & 0 \\ 0 & 0 & 0 & 0 \end{pmatrix}, \quad N_4{}^4 = O$$

のように,対角線から一路はずれたところにあった 1 の線がべき乗するごとに一路ずつ外に移動していき,ついには零行列になってしまう.このように何回かべき乗をとると零行列になる行列を**べき零行列**という.

問題 9.1 次の行列のべき乗を計算せよ

(1) $N_5 = \begin{pmatrix} 0 & 1 & 0 & 0 & 0 \\ 0 & 0 & 1 & 0 & 0 \\ 0 & 0 & 0 & 1 & 0 \\ 0 & 0 & 0 & 0 & 1 \\ 0 & 0 & 0 & 0 & 0 \end{pmatrix}$ (2) $D = \begin{pmatrix} 0 & 1 & 3 & 5 \\ 0 & 0 & 1 & 3 \\ 0 & 0 & 0 & 1 \\ 0 & 0 & 0 & 0 \end{pmatrix}$

対角線から一路はずれたところに 1 が並ぶ n 次正方行列 N_n の固有値は 0 だけであるから,もう少し複雑な上三角行列を考えることにしよう.

$$J_3(\alpha) = \begin{pmatrix} \alpha & 1 & 0 \\ 0 & \alpha & 1 \\ 0 & 0 & \alpha \end{pmatrix}$$

についてべき乗を直接計算してみると

$$J_3(\alpha)^2 = \begin{pmatrix} \alpha^2 & 2\alpha & 1 \\ 0 & \alpha^2 & 2\alpha \\ 0 & 0 & \alpha^2 \end{pmatrix}, \quad J_3(\alpha)^3 = \begin{pmatrix} \alpha^3 & 3\alpha^2 & \alpha \\ 0 & \alpha^3 & 3\alpha^2 \\ 0 & 0 & \alpha^3 \end{pmatrix},$$

$$J_3(\alpha)^4 = \begin{pmatrix} \alpha^4 & 4\alpha & 6\alpha^2 \\ 0 & \alpha^4 & 4\alpha \\ 0 & 0 & \alpha^4 \end{pmatrix}$$

となる.実際,$J_3(\alpha) = \alpha E_3 + N_3$ であるから($N_3{}^3 = O$,$N_3{}^4 = O$ に注意して)

$$J_3(\alpha)^2 = (\alpha E_3 + N_3)^2 = \alpha^2 E_3 + 2\alpha N_3 + N_3{}^2,$$
$$J_3(\alpha)^3 = (\alpha E_3 + N_3)^3 = \alpha^3 E_3 + 3\alpha^2 N_3 + 3\alpha N_3{}^2,$$
$$J_3(\alpha)^4 = (\alpha E_3 + N_3)^4 = \alpha^4 E_3 + 4\alpha^3 N_3 + 6\alpha^2 N_3{}^2$$

のように通常の 2 項展開を利用してべき乗を計算することができる．このような $J_k(\alpha) = \alpha E_k + N_k$ の形をした k 次の上三角行列を k 次の**ジョルダン細胞**という．ジョルダン細胞 $J_k(\alpha)$ の固有値はすべて α である．

一般の正方行列は複数の固有値をもつからさらに一般的な上三角行列を考えることにしよう．補遺 B のブロックに分割された行列の積についての考察により，n 次正方行列 A が k 次と $n-k$ 次の正方行列 A_{11}, A_{22} を用いて

$$A = \begin{pmatrix} A_{11} & O \\ O & A_{22} \end{pmatrix}$$

と分割されているとき，そのべき乗は

$$A^m = \begin{pmatrix} A_{11}{}^m & O \\ O & A_{22}{}^m \end{pmatrix}$$

となる．そこで，ジョルダン細胞が対角線に沿って並べられていて，他の成分が 0 となる上三角行列

$$J = \begin{pmatrix} J_{k_1}(\alpha_1) & & & 0 \\ & J_{k_2}(\alpha_2) & & \\ & & \ddots & \\ 0 & & & J_{k_r}(\alpha_r) \end{pmatrix}$$

を**ジョルダン行列**という．ジョルダン行列のべき乗は

$$J^m = \begin{pmatrix} J_{k_1}(\alpha_1)^m & & & 0 \\ & J_{k_2}(\alpha_2)^m & & \\ & & \ddots & \\ 0 & & & J_{k_r}(\alpha_r)^m \end{pmatrix}$$

ということになる．

問題 9.2 次のジョルダン行列について m 乗を求めよ．

(1) $\begin{pmatrix} 2 & 1 & 0 \\ 0 & 2 & 1 \\ 0 & 0 & 2 \end{pmatrix}$ (2) $\begin{pmatrix} 3 & 1 & 0 \\ 0 & 3 & 0 \\ 0 & 0 & 2 \end{pmatrix}$ (3) $\begin{pmatrix} -1 & 1 & 0 & 0 \\ 0 & -1 & 1 & 0 \\ 0 & 0 & -1 & 0 \\ 0 & 0 & 0 & 5 \end{pmatrix}$

§9.2 広義固有空間

前節でジョルダン行列については比較的べき乗を計算しやすいことを学習したが，一般の行列をジョルダン行列を使って表現することができるのであろうか．正方行列 A の固有値 λ に対して，ある自然数 k について

$$(A - \lambda E)^k \boldsymbol{v} = \boldsymbol{0}$$

を満たす零ベクトルではないベクトル $\boldsymbol{v} \in \mathbb{C}^n$ を λ に対する**広義固有ベクトル**といい，

$$W_k(\lambda) = \{\boldsymbol{v} \in \mathbb{C}^n \mid (A - \lambda E)^k \boldsymbol{v} = \boldsymbol{0}\}$$

で表す．なお $W_1(\lambda)$ は λ に対する固有空間 $W(\lambda)$ である．この広義固有ベクトルと零ベクトル $\boldsymbol{0}$ との集合

$$W_e(\lambda) = \bigcup_{k=1}^{\infty} W_k(\lambda)$$

を λ に対する**広義固有空間**という．

問題 9.3 次を示せ．
(1) $W_k(\lambda)$ は部分空間であり $W_k(\lambda) \subset W_{k+1}(\lambda)$ を満たす．
(2) $\boldsymbol{v} \in W_{j+1}(\lambda)$ であれば $(A - \lambda E)\boldsymbol{v} \in W_j(\lambda)$ である．
(3) $W_1(\lambda) \subsetneq W_2(\lambda) \subsetneq \cdots \subsetneq W_{k_\lambda}(\lambda) = W_e(\lambda)$ となる正の整数 k_λ がある．

広義固有空間についても固有空間と同様な性質が成り立つ．

命題 9.1
(1) A の異なる固有値 $\lambda_1, \ldots, \lambda_r$ に対応する広義固有ベクトル $\boldsymbol{v}_j \in W_e(\lambda_j)$ を選ぶと，$\boldsymbol{v}_1, \ldots, \boldsymbol{v}_r$ は 1 次独立である．
(2) A の異なる固有値 $\lambda_1, \ldots, \lambda_r$ による広義固有空間の和空間 $W_e(\boldsymbol{v}_1) + \cdots + W_e(\boldsymbol{v}_r)$ は直和になる．

§9.2 広義固有空間

命題 9.1 の性質を使うと，

命題 9.2

正方行列の固有値について，

（1） $\dim(W_e(\lambda)) = m(\lambda)$（$= \lambda$ の重複度）

（2） $W_j(\lambda)$ について次が成り立つ．

$$\dim(W_2(\lambda)) - \dim(W_1(\lambda)) \geqq \dim(W_3(\lambda)) - \dim(W_2(\lambda))$$

$$\geqq \cdots$$

$$\geqq \dim(W_{k_\lambda}(\lambda)) - \dim(W_{k_{\lambda}-1}(\lambda)) \ (> 0)$$

ここで具体的に広義固有ベクトルを求めてみよう．

例題 9.1 次の行列について広義固有ベクトルを求めよ．

（1） $A = \begin{pmatrix} 2 & 1 & 1 \\ 1 & 3 & 0 \\ -1 & -1 & 2 \end{pmatrix}$ （2） $B = \begin{pmatrix} 3 & 1 & -1 \\ -2 & -1 & 3 \\ -1 & -2 & 4 \end{pmatrix}$

（3） $C = \begin{pmatrix} 0 & 4 & -4 \\ 1 & 0 & 2 \\ 2 & -4 & 6 \end{pmatrix}$ （4） $D = \begin{pmatrix} 3 & -1 & -1 & -1 \\ 1 & 0 & -1 & -2 \\ 1 & -1 & 1 & -1 \\ -1 & 2 & 1 & 4 \end{pmatrix}$

[解] （1） A の固有値は $\varphi_A(t) = (2-t)^2(3-t)$ より $2, 2, 3$ である．$2, 3$ に対する固有ベクトルは，それぞれ

$$(A - 2E)\boldsymbol{u} = \boldsymbol{0}, \quad (A - 3E)\boldsymbol{v} = \boldsymbol{0}$$

を解いて

$$\boldsymbol{u} = a \begin{pmatrix} 1 \\ -1 \\ 1 \end{pmatrix} \ (a \neq 0), \quad \boldsymbol{v} = b \begin{pmatrix} 0 \\ -1 \\ 1 \end{pmatrix} \ (b \neq 0)$$

である.また,2に対する広義固有ベクトルは $(A-2E)\boldsymbol{w}=\boldsymbol{u}$ となる $\boldsymbol{w}$ を求めて

$$\boldsymbol{w}=a\begin{pmatrix}1\\-1\\1\end{pmatrix}+c\begin{pmatrix}-2\\1\\0\end{pmatrix}\quad (a=c=0 \text{ ではない})$$

である.

(2) B の固有値は $\varphi_B(t)=(2-t)^3$ より $2,2,2$ である.したがって $\boldsymbol{0}$ 以外が広義固有ベクトルであるが,広義固有空間の構造がわかるように調べてみる.2に対する固有ベクトルは $(B-2E)\boldsymbol{u}=\boldsymbol{0}$ を解いて

$$\boldsymbol{u}=a\begin{pmatrix}0\\1\\1\end{pmatrix}\quad (a\neq 0)\quad\text{つまり}\quad W_1(2)=\left\{a\begin{pmatrix}0\\1\\1\end{pmatrix}\,\middle|\,a\in\mathbb{R}\right\}$$

2に対する広義固有ベクトルを求めるには,まず $(B-2E)^2\boldsymbol{u}=\boldsymbol{0}$ に対するものとして,$(B-2E)\boldsymbol{v}=\boldsymbol{u}$ を解くと

$$W_2(2)=\left\{a\begin{pmatrix}0\\1\\1\end{pmatrix}+b\begin{pmatrix}1\\-1\\0\end{pmatrix}\,\middle|\,a,b\in\mathbb{R}\right\}$$

となる.さらに $(B-2E)^3\boldsymbol{u}=\boldsymbol{0}$ に対するものとして,$(B-2E)\boldsymbol{w}=\boldsymbol{v}$ を解く.$a=0$ の場合を考えて

$$\boldsymbol{w}=a\begin{pmatrix}0\\1\\1\end{pmatrix}+b\begin{pmatrix}1\\-1\\0\end{pmatrix}+c\begin{pmatrix}2\\-1\\0\end{pmatrix}\quad (a=b=c=0 \text{ ではない})$$

である.したがって $W_e(2)=W_3(2)$ である.

(3) C の固有値は $\varphi_C(t)=(2-t)^3$ より $2,2,2$ である.したがって $\boldsymbol{0}$ 以外が広義固有ベクトルであるが,広義固有空間の構造がわかるように調べてみる.2に対する固有ベクトルは $(C-2E)\boldsymbol{v}=\boldsymbol{0}$ を解いて

$$\boldsymbol{v}=a\begin{pmatrix}2\\1\\0\end{pmatrix}+b\begin{pmatrix}-2\\0\\1\end{pmatrix}\quad (a=b=0 \text{ ではない})$$

である.広義固有ベクトルを求めるには2に対する固有ベクトル $\boldsymbol{v}$ をうまく選んで $(C-2E)\boldsymbol{w}=\boldsymbol{v}$ となる $\boldsymbol{w}$ を求めると($\boldsymbol{v}$ が $b=2a$ の場合で)

§9.2 広義固有空間

$$w = a\begin{pmatrix}2\\1\\0\end{pmatrix} + b\begin{pmatrix}-2\\0\\1\end{pmatrix} + c\begin{pmatrix}1\\0\\0\end{pmatrix} = a'\begin{pmatrix}2\\1\\0\end{pmatrix} + b'\begin{pmatrix}-2\\1\\2\end{pmatrix} + c\begin{pmatrix}1\\0\\0\end{pmatrix}$$

$(a' = b' = c = 0 \text{ ではない})$

となる.すなわち $W_e(2) = W_2(2)$ である.なお,ここでは後の都合もあり,

$$(C - 2E)\begin{pmatrix}1\\0\\0\end{pmatrix} = \begin{pmatrix}-2\\1\\2\end{pmatrix} \quad \left(= \begin{pmatrix}2\\1\\0\end{pmatrix} + 2\begin{pmatrix}-2\\0\\1\end{pmatrix}\right)$$

となるように固有ベクトルを表示してある.

(4) D の固有値は $\varphi_D(t) = (2-t)^4$ より $2, 2, 2, 2$ であり,固有ベクトルは $(D - 2E)\boldsymbol{u} = \boldsymbol{0}$ を解くと

$$\boldsymbol{u} = a\begin{pmatrix}1\\0\\1\\0\end{pmatrix} + b\begin{pmatrix}0\\-1\\0\\1\end{pmatrix} \quad (a = b = 0 \text{ ではない})$$

また,広義固有ベクトルは $(D - 2E)\boldsymbol{v} = \boldsymbol{u}$ を解くと

$$(D - 2E)\begin{pmatrix}2\\1\\0\\0\end{pmatrix} = \begin{pmatrix}1\\0\\1\\0\end{pmatrix}, \quad (D - 2E)\begin{pmatrix}1\\1\\0\\0\end{pmatrix} = \begin{pmatrix}0\\-1\\0\\1\end{pmatrix}$$

したがって $W_e(2) = W_2(2)$ である. □

問題 9.4 次の行列の広義固有ベクトルを求めよ.

(1) $\begin{pmatrix}1 & 6 & -2\\-1 & -5 & 2\\-1 & 1 & -4\end{pmatrix}$ (2) $\begin{pmatrix}-1 & -2 & 6\\2 & 4 & -3\\-2 & -1 & 6\end{pmatrix}$

(3) $\begin{pmatrix}5 & -2 & 1\\4 & -2 & 3\\4 & -5 & 6\end{pmatrix}$ (4) $\begin{pmatrix}3 & 0 & -1 & 1\\0 & 3 & -2 & 1\\-1 & 1 & 1 & 0\\-2 & 1 & 0 & 1\end{pmatrix}$

行列の対角化では固有ベクトルを座標軸（＝基底）として利用したように，対角化できない行列を標準化する場合には，広義固有ベクトルが重要な役割を果たす．ここで，正方行列 A が正則行列 P によりジョルダン細胞に標準化できたと仮定しよう．すなわち，

$$P^{-1}AP = \begin{pmatrix} \lambda & 1 & 0 & \cdots & 0 \\ 0 & \lambda & \ddots & \ddots & \vdots \\ \vdots & \ddots & \ddots & \ddots & 0 \\ \vdots & & \ddots & \ddots & 1 \\ 0 & \cdots & \cdots & 0 & \lambda \end{pmatrix} \quad \text{つまり} \quad AP = P \begin{pmatrix} \lambda & 1 & 0 & \cdots & 0 \\ 0 & \lambda & \ddots & \ddots & \vdots \\ \vdots & \ddots & \ddots & \ddots & 0 \\ \vdots & & \ddots & \ddots & 1 \\ 0 & \cdots & \cdots & 0 & \lambda \end{pmatrix}$$

であるから，$P = (\boldsymbol{p}_1 \ \ldots \ \boldsymbol{p}_n)$ の列ベクトル $\boldsymbol{p}_j$ は

$$A\boldsymbol{p}_1 = \lambda \boldsymbol{p}_1, \quad A\boldsymbol{p}_2 = \boldsymbol{p}_1 + \lambda \boldsymbol{p}_2, \quad \ldots, \quad A\boldsymbol{p}_n = \boldsymbol{p}_{n-1} + \lambda \boldsymbol{p}_n$$

という性質をもつ．すなわち，各列ベクトル $\boldsymbol{p}_j$ は，

(9.1)
$$(A - \lambda E)\boldsymbol{p}_1 = \boldsymbol{0}, \quad (A - \lambda E)\boldsymbol{p}_2 = \boldsymbol{p}_1, \quad \ldots, \quad (A - \lambda E)\boldsymbol{p}_n = \boldsymbol{p}_{n-1}$$

という関係式を満たし

$$(A - \lambda E)\boldsymbol{p}_1 = \boldsymbol{0}, \quad (A - \lambda E)^2 \boldsymbol{p}_2 = \boldsymbol{0}, \quad \ldots, \quad (A - \lambda E)^{n-1} \boldsymbol{p}_n = \boldsymbol{0}$$

となり，λ に対する広義固有ベクトルになっている．行列の対角化をしたときと同様に考えると，命題 9.1, 9.2 により広義固有ベクトルにより基底を作ることができるので，正方行列はジョルダン行列に標準化できそうである．

定理 9.1

複素正則行列 A について，適当な正則行列 P により $P^{-1}AP$ はジョルダン行列になる．しかもこのジョルダン行列はジョルダン細胞の順序を除けば一意的に定まる．

§9.2 広義固有空間

定理 9.1 のジョルダン行列を行列 A の**ジョルダンの標準形**という．ジョルダンの標準形は，2 次の正方行列の場合，

$$\begin{pmatrix} a & 0 \\ 0 & b \end{pmatrix}, \quad \begin{pmatrix} a & 1 \\ 0 & a \end{pmatrix}$$

の 2 タイプであり，また 3 次の正方行列の場合は

$$\begin{pmatrix} a & 0 & 0 \\ 0 & b & 0 \\ 0 & 0 & c \end{pmatrix}, \quad \begin{pmatrix} a & 1 & 0 \\ 0 & a & 0 \\ 0 & 0 & b \end{pmatrix}, \quad \begin{pmatrix} a & 1 & 0 \\ 0 & a & 1 \\ 0 & 0 & a \end{pmatrix}$$

の 3 タイプである．ただし a, b, c は等しい場合も互いに異なる場合もあるものとする．また 3 次の場合の 2 番目のタイプのジョルダン細胞の順序を変えたものも 2 番目のタイプに含めるものとする．この分類に従えば，4 次のジョルダンの標準形は

$$\begin{pmatrix} a & 0 & 0 & 0 \\ 0 & b & 0 & 0 \\ 0 & 0 & c & 0 \\ 0 & 0 & 0 & d \end{pmatrix}, \quad \begin{pmatrix} a & 1 & 0 & 0 \\ 0 & a & 0 & 0 \\ 0 & 0 & b & 0 \\ 0 & 0 & 0 & c \end{pmatrix},$$

$$\begin{pmatrix} a & 1 & 0 & 0 \\ 0 & a & 0 & 0 \\ 0 & 0 & b & 1 \\ 0 & 0 & 0 & b \end{pmatrix}, \quad \begin{pmatrix} a & 1 & 0 & 0 \\ 0 & a & 1 & 0 \\ 0 & 0 & a & 0 \\ 0 & 0 & 0 & b \end{pmatrix}, \quad \begin{pmatrix} a & 1 & 0 & 0 \\ 0 & a & 1 & 0 \\ 0 & 0 & a & 1 \\ 0 & 0 & 0 & a \end{pmatrix}$$

に分類される．

具体例に対してジョルダンの標準形を求めるには，広義固有ベクトルを (9.1) を満たすように選び，それを列ベクトルとして正則行列 P を作ればよいわけであるが，少々めんどうである．

例題 9.2 例題 9.1 の行列をジョルダンの標準形に変形せよ．

[解] 例題 9.1 で求めた広義固有ベクトルを用いると

（1） $P = \begin{pmatrix} 1 & -2 & 0 \\ -1 & 1 & -1 \\ 1 & 0 & 1 \end{pmatrix}$ とおくと $P^{-1}AP = \begin{pmatrix} 2 & 1 & 0 \\ 0 & 2 & 0 \\ 0 & 0 & 3 \end{pmatrix}$

(2) $P = \begin{pmatrix} 0 & 1 & 2 \\ 1 & -1 & -1 \\ 1 & 0 & 0 \end{pmatrix}$ とおくと $P^{-1}BP = \begin{pmatrix} 2 & 1 & 0 \\ 0 & 2 & 1 \\ 0 & 0 & 2 \end{pmatrix}$

(3) $P = \begin{pmatrix} 2 & -2 & 1 \\ 1 & 1 & 0 \\ 0 & 2 & 0 \end{pmatrix}$ とおくと $P^{-1}CP = \begin{pmatrix} 2 & 0 & 0 \\ 0 & 2 & 1 \\ 0 & 0 & 2 \end{pmatrix}$

(4) $P = \begin{pmatrix} 1 & 2 & 0 & 1 \\ 0 & 1 & -1 & 1 \\ 1 & 0 & 0 & 0 \\ 0 & 0 & 1 & 0 \end{pmatrix}$ とおくと $P^{-1}DP = \begin{pmatrix} 2 & 1 & 0 & 0 \\ 0 & 2 & 0 & 0 \\ 0 & 0 & 2 & 1 \\ 0 & 0 & 0 & 2 \end{pmatrix}$ □

問題 9.5 問題 9.4 の行列のジョルダン標準形を求めよ．

演 習 問 題

A9.1 次の行列をジョルダン標準形に変形せよ．

(1) $\begin{pmatrix} 3 & -2 \\ 2 & 7 \end{pmatrix}$ (2) $\begin{pmatrix} 1 & -4 & 4 \\ 2 & 7 & -4 \\ 1 & 2 & 1 \end{pmatrix}$ (3) $\begin{pmatrix} 1 & 0 & 0 \\ a & 1 & 0 \\ 0 & a & a \end{pmatrix}$

A9.2 次の行列の n 乗を求めよ．

(1) $\begin{pmatrix} 4 & -1 \\ 1 & 2 \end{pmatrix}$ (2) $\begin{pmatrix} 2 & -1 & 1 \\ 0 & 3 & -1 \\ 1 & 1 & 2 \end{pmatrix}$ (3) $\begin{pmatrix} 2 & -2 & 3 \\ 1 & 3 & -1 \\ 0 & -1 & 4 \end{pmatrix}$

A9.3 2つの数列 $\{x_n\}$, $\{y_n\}$ が次の関係を満たすとき，それぞれの一般項を求めよ．

(1) $\begin{cases} x_{n+1} = 5x_n + 2y_n \\ y_{n+1} = -2x_n + 9y_n \end{cases}$ $\begin{pmatrix} x_0 \\ y_0 \end{pmatrix} = \begin{pmatrix} 3 \\ 1 \end{pmatrix}$

(2) $\begin{cases} x_{n+1} = -x_n + 3y_n \\ y_{n+1} = -3x_n + 5y_n \end{cases}$ $\begin{pmatrix} x_0 \\ y_0 \end{pmatrix} = \begin{pmatrix} 5 \\ 3 \end{pmatrix}$

A9.4 数列 $\{x_n\}$ は $x_0 = x_1 = 1$ で $x_{n+1} = 2ax_n - a^2 x_{n-1}$ (a は定数) という関係を満たす．$y_n = x_{n-1}$ として A9.3 の形の関係に変形することで $\{x_n\}$ の一般項を求めよ．

補　遺

§A　外積

2つの空間ベクトル u, v が，零ベクトルではなくかつ互いに平行ではないときに
(i) u, v の両方に直交する空間ベクトル n で，
(ii) 大きさ $\|n\|$ は u, v が構成する平行四辺形の面積に等しく，
(iii) 向きは u, v, n の順に右手系をなす

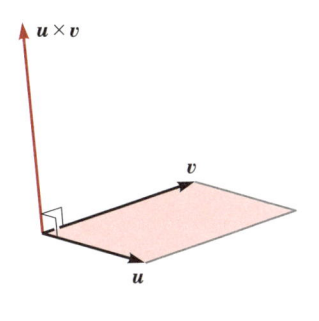

ものがただ1つある．このベクトル n を $u \times v$ と表して u, v の**外積**または**ベクトル積**という．また u, v が平行の場合（これらのいずれかが $\mathbf{0}$ の場合を含めて）には $u \times v = \mathbf{0}$ と約束することにする．

図 A.1

$u = (u_1, u_2, u_3)$, $v = (v_1, v_2, v_3)$ と成分表示されている場合には，演習問題 B1.3 と命題 2.1 により

$$u \times v = \left(\begin{vmatrix} u_2 & u_3 \\ v_2 & v_3 \end{vmatrix}, -\begin{vmatrix} u_1 & u_3 \\ v_1 & v_3 \end{vmatrix}, \begin{vmatrix} u_1 & u_2 \\ v_1 & v_2 \end{vmatrix} \right)$$

として与えられる．これを $e_1 = (1, 0, 0)$, $e_2 = (0, 1, 0)$, $e_3 = (0, 0, 1)$ を使って，覚えやすくするために形式的に

$$u \times v = \begin{vmatrix} e_1 & e_2 & e_3 \\ u_1 & u_2 & u_3 \\ v_1 & v_2 & v_3 \end{vmatrix}$$

と表すこともある．このように表すと外積が次の性質を満たすことがわかる．

命題 A.1

空間ベクトル u, v, w と実数 λ について次の性質が成り立つ.

(1) $u \times v = -v \times u$ 特に $u \times u = 0$ ［歪対称性］

(2) $u \times (v + w) = u \times v + u \times w$ ［分配法則］

(3) $(\lambda u) \times v = \lambda(u \times v) = u \times (\lambda v)$ ［線形性］

問題 A.1 次の空間ベクトルについて $u \times v$ を求めよ.

(1) $u = (3, 1, 2), \ v = (2, -5, 3)$ (2) $u = (1, 4, -3), \ v = (2, 1, 7)$

3つの空間ベクトル u, v, w に対して $u \cdot (v \times w)$ をこれらのベクトルの**スカラー三重積**という. 外積の定義からわかるように，スカラー三重積は3つのベクトルが作る平行六面体の体積に，これらのベクトルが右手系であるか左手系であるかに応じて正負の符号を付けたものになる．すなわち，$u = (u_1, u_2, u_3), \ v = (v_1, v_2, v_3), \ w = (w_1, w_2, w_3)$ に対して

$$u \cdot (v \times w) = \begin{vmatrix} u_1 & u_2 & u_3 \\ v_1 & v_2 & v_3 \\ w_1 & w_2 & w_3 \end{vmatrix}$$

である．

命題 A.2

(1) $u \cdot (v \times w) = v \cdot (w \times u) = w \cdot (u \times v)$

(2) 3つの空間ベクトル u, v, w が1次独立であるための必要十分条件は $u \cdot (v \times w) \neq 0$ である．

3つの空間ベクトル u, v, w に対して $u \times (v \times w)$ をこれらのベクトルの**ベクトル三重積**という．成分表示により計算すると

$$u \times (v \times w) = (u \cdot w)v - (u \cdot v)w$$

となることがわかる．

§B ブロック行列

行列 A をいくつかの縦線と横線とで区切ると A はいくつかの小長方形に分割される．この小長方形が作る行列を A の**ブロック**という．例えば

$$A = \begin{pmatrix} 4 & 3 & -1 & 3 \\ 2 & 0 & 9 & 7 \\ \hline 5 & -3 & 6 & 1 \end{pmatrix}$$

の場合，A は 4 つのブロック

$$A_{11} = \begin{pmatrix} 4 & 3 & -1 \\ 2 & 0 & 9 \end{pmatrix}, \quad A_{12} = \begin{pmatrix} 3 \\ 7 \end{pmatrix}, \quad A_{21} = (5 \ -3 \ 6), \quad A_{22} = (1)$$

に分割されていて

$$A = \begin{pmatrix} A_{11} & A_{12} \\ A_{21} & A_{22} \end{pmatrix}$$

と表示される．

一般に，(m, n) 行列 A を $r-1$ 個の横線と $s-1$ 個の縦線によって rs 個のブロックに分割した

$$A = \begin{pmatrix} A_{11} & A_{12} & \cdots & A_{1s} \\ A_{21} & A_{22} & \cdots & A_{2s} \\ \vdots & & & \vdots \\ A_{r1} & A_{r2} & \cdots & A_{rs} \end{pmatrix} \begin{matrix} \updownarrow m_1 \\ \updownarrow m_2 \\ \\ \updownarrow m_r \end{matrix}$$

$$\underset{n_1}{\leftrightarrow} \quad \underset{n_2}{\leftrightarrow} \quad \quad \underset{n_s}{\leftrightarrow}$$

の A_{ij} を，A の (i, j) **ブロック**という．第 2 章で用いた余因子と同じ記号ではあるが，この節に限ってブロックを意味することにする．各ブロックについて $A_{i1}, A_{i2}, \ldots, A_{is}$ はすべて同じ行数（これを m_i とする）をもち，また $A_{1j}, A_{2j}, \ldots, A_{rj}$ はすべて同じ列数（これを n_j とする）をもつ．これらの数について $m_1 + m_2 + \cdots + m_r = m$, $n_1 + n_2 + \cdots + n_s = n$ が成り立つが，$(m_1, \ldots, m_r; n_1, \ldots, n_s)$ を**分割の型**という．

分割された行列に関する演算は，各ブロックを成分のように考えて計算すればよい．

（1）［スカラー倍］$A = (A_{ij})$ のスカラー倍は $\lambda A = (\lambda A_{ij})$

（2）［和］同じ型に分割されている 2 つの行列 $A = (A_{ij})$, $B = (B_{ij})$ の和は $A + B = (A_{ij} + B_{ij})$

（3）［積］分割の型が $(m_1, \ldots, m_r; n_1, \ldots, n_s)$ である行列 $A = (A_{ij})$ と分割の型が $(n_1, \ldots, n_s; p_1, \ldots, p_t)$ である行列 $B = (B_{ij})$ とについて, 積 $C = AB$ は分割の型が $(m_1, \ldots, m_r; p_1, \ldots, p_t)$ で (i, j) ブロックが

$$C_{ij} = A_{i1}B_{1j} + A_{i2}B_{2j} + \cdots + A_{is}B_{sj}$$

の行列である.

（4）［転置］$A = (A_{ij})$ の転置行列は, ブロックごとの転置行列を転置したものになる.

$${}^tA = \begin{pmatrix} {}^tA_{11} & {}^tA_{21} & \cdots & {}^tA_{r1} \\ \vdots & & & \vdots \\ {}^tA_{1s} & {}^tA_{2s} & \cdots & {}^tA_{rs} \end{pmatrix}$$

ここでは一般のブロック行列について述べたが, 分割された行列の各ブロックをさらに分割することにすれば, 多くの場合は 4 つに分割されたブロック行列を考えておけばよい.

問題 B.1 $(m_1, m_2; n_1, n_2)$ 型に分割された行列 A と $(n_1, n_2; p_1, p_2)$ 型に分割された行列 B について次を確認せよ.

$$\begin{pmatrix} A_{11} & O \\ O & A_{22} \end{pmatrix} \begin{pmatrix} B_{11} & O \\ O & B_{22} \end{pmatrix} = \begin{pmatrix} A_{11}B_{11} & O \\ O & A_{22}B_{22} \end{pmatrix}$$

問題 B.2 A, B は n 次の正方行列とする. このとき次の等式が成り立つことを示せ. ただし $i = \sqrt{-1}$ とする.

（1）$\begin{pmatrix} E_n & O_n \\ E_n & E_n \end{pmatrix} \begin{pmatrix} A & B \\ B & A \end{pmatrix} \begin{pmatrix} E_n & O_n \\ -E_n & E_n \end{pmatrix} = \begin{pmatrix} A - B & B \\ O_n & A + B \end{pmatrix}$

（2）$\begin{pmatrix} E_n & O_n \\ iE_n & E_n \end{pmatrix} \begin{pmatrix} A & -B \\ B & A \end{pmatrix} \begin{pmatrix} E_n & O_n \\ -iE_n & E_n \end{pmatrix} = \begin{pmatrix} A + iB & -B \\ O_n & A - iB \end{pmatrix}$

ここでブロック行列の行列式について考えておくことにしよう. n 次正方行列の $(n_1, \ldots, n_r; n_1, \ldots, n_r)$ 型への分割, すなわち**対角ブロック** $A_{11}, \ldots, A_{rr}$ が正方行列になるような分割を $(n_1, \ldots, n_r)$ 型**対称分割**という. 対角行列に対応して, 対称に分割された正方行列が $A_{ij} = O \ (i \neq j)$ つまり非対角ブロックが零行列であるとき**ブロック対角行列**であるという. また三角行列に対応して, 対称に分割された正方行列が $A_{ij} = O \ (i > j)$ であるとき**ブロック上三角行列**といい, また $A_{ij} = O \ (i < j)$ であるとき**ブロック下三角行列**といい, 両者を併せて**ブロック三角行列**という.

命題 B.1

ブロック三角行列の行列式は対角ブロックの行列式の積になる.

$$\begin{vmatrix} A_{11} & A_{12} & \cdots & A_{1r} \\ O & A_{22} & \cdots & A_{2r} \\ \vdots & \ddots & \ddots & \vdots \\ O & \cdots & O & A_{rr} \end{vmatrix} = |A_{11}| \times |A_{22}| \times \cdots \times |A_{rr}|$$

問題 B.3 A, B はともに n 次正方行列とする. 問題 B.2 を利用して次の等式を示せ.

(1) $\begin{vmatrix} A & B \\ B & A \end{vmatrix} = |A+B||A-B|$ (2) $\begin{vmatrix} A & -B \\ B & A \end{vmatrix} = |A+iB||A-iB|$

問題 B.4 $(m, n-m)$ 型に対称分割された行列について次が成り立つことを示せ. ただし A_{11} は正則であると仮定する.

(1) $\begin{pmatrix} E_m & O \\ -A_{21}A_{11}^{-1} & E_{n-m} \end{pmatrix} \begin{pmatrix} A_{11} & A_{12} \\ A_{21} & A_{22} \end{pmatrix} = \begin{pmatrix} A_{11} & A_{12} \\ O & A_{22} - A_{21}A_{11}^{-1}A_{12} \end{pmatrix}$

(2) $\begin{vmatrix} A_{11} & A_{12} \\ A_{21} & A_{22} \end{vmatrix} = |A_{11}| \times |A_{22} - A_{21}A_{11}^{-1}A_{12}|$

問題 B.5 A, B, C がすべて n 次正方行列であるとき

$$\begin{vmatrix} A & B \\ C & O \end{vmatrix} \quad \text{と} \quad \begin{vmatrix} O & B \\ C & D \end{vmatrix}$$

を求めよ.

問題 B.5 を一般化して考えてみよう．n 次正方行列 $A = (a_{ij})$ の r 個の行 $i_1, \ldots, i_r$ と r 個の列 $j_1, \ldots, j_r$ を取り出してできる小行列を $\Delta\binom{i_1, \ldots, i_r}{j_1, \ldots, j_r}$ と表す．行列式の展開に関する命題 2.10 は次のように一般化される．

命題 B.2

n 次正方行列に対して，

（1） n 個の行から取り出した r 個の行 $i_1, \ldots, i_r$ $(i_1 < \cdots < i_r)$ に対して，残りの $n-r$ 行を $i_{r+1}, \ldots, i_n$ $(i_{r+1} < \cdots < i_n)$ と表すと

$$|A| = (-1)^{i_1 + \cdots + i_r} \sum_{(l_1, \ldots, l_r)} (-1)^{l_1 + \cdots + l_r} \left|\Delta\binom{i_1, \ldots, i_r}{l_1, \ldots, l_r}\right| \left|\Delta\binom{i_{r+1}, \ldots, i_n}{l_{r+1}, \ldots, l_n}\right|$$

である．ただし，和は $1, \ldots, n$ から r 個の $l_1, \ldots, l_r$ $(l_1 < \cdots < l_r)$ を取り出すすべての取り出し方について加えることを意味し，$l_{r+1}, \ldots, l_n$ $(l_{r+1} < \cdots < l_n)$ は残りを表すものとする．

（2） n 個の列から取り出した r 個の列 $j_1, \ldots, j_r$ $(j_1 < \cdots < j_r)$ について，同様の記号を用いると

$$|A| = (-1)^{j_1 + \cdots + j_r} \sum_{(k_1, \ldots, k_r)} (-1)^{k_1 + \cdots + k_r} \left|\Delta\binom{k_1, \ldots, k_r}{j_1, \ldots, j_r}\right| \left|\Delta\binom{k_{r+1}, \ldots, k_n}{j_{r+1}, \ldots, j_n}\right|$$

特にブロック行列に適用すると

命題 B.3

$(m, n-m; n-m, m)$ 型に分割された行列について次が成り立つ．

$$\begin{vmatrix} A & B \\ C & O \end{vmatrix} = (-1)^{m(n-m)} |B||C|, \quad \begin{vmatrix} O & B \\ C & D \end{vmatrix} = (-1)^{m(n-m)} |B||C|$$

次に $(m, n-m)$ 型に対称分割された正則行列 $\begin{pmatrix} A & B \\ C & D \end{pmatrix}$ について

(ⅰ) A, D は正則

(ⅱ) $(A - BD^{-1}C), (D - CA^{-1}B)$ も正則

という条件の下で逆行列を考察してみることにしよう．$(m, n-m)$ 型に対称分割された行列
$$\begin{pmatrix} K & L \\ M & N \end{pmatrix}$$
が逆行列であるとすると
$$\begin{pmatrix} E_m & O \\ O & E_{n-m} \end{pmatrix} = \begin{pmatrix} A & B \\ C & D \end{pmatrix}\begin{pmatrix} K & L \\ M & N \end{pmatrix} = \begin{pmatrix} AK+BM & AL+BN \\ CK+DM & CL+DN \end{pmatrix}$$
となることから
$$\begin{cases} L = -A^{-1}BN, \\ M = -D^{-1}CK, \end{cases} \quad \begin{cases} (A-BD^{-1}C)K = E_m, \\ (D-CA^{-1}B)N = E_{n-m} \end{cases}$$
が得られるので
$$\begin{pmatrix} (A-BD^{-1}C)^{-1} & -A^{-1}B(D-CA^{-1}B)^{-1} \\ -D^{-1}C(A-BD^{-1}C)^{-1} & (D-CA^{-1}B)^{-1} \end{pmatrix}$$
が逆行列である．特に A, D が正則であれば $(m, n-m)$ 型に対称分割された2つの行列
$$X = \begin{pmatrix} A & B \\ O & D \end{pmatrix}, \quad Y = \begin{pmatrix} A & O \\ C & D \end{pmatrix}$$
は正則であり，
$$X^{-1} = \begin{pmatrix} A^{-1} & -A^{-1}BD^{-1} \\ O & D^{-1} \end{pmatrix}, \quad Y^{-1} = \begin{pmatrix} A^{-1} & O \\ -D^{-1}CA^{-1} & D^{-1} \end{pmatrix}$$
となる．

問題 **B.6** B は m 次正則行列で，C は $n-m$ 次正則行列であるとき，正則行列
$$Z = \begin{pmatrix} A & B \\ C & O \end{pmatrix}, \quad W = \begin{pmatrix} O & B \\ C & D \end{pmatrix}$$
の逆行列を求めよ．

§C 像と核

行列 A が定める線形写像 $f_A : \mathbb{R}^n \longrightarrow \mathbb{R}^m$ により,原点 $\mathbf{0}$ は原点 $\mathbf{0}$ に写されるが,他の図形はどのように写るのであろうか.

原点を通る直線 $l = \{t\boldsymbol{v} \mid t \in \mathbb{R}\}$ は,$f_A(t\boldsymbol{v}) = tf_A(\boldsymbol{v})$ であることから

(i) $f_A(\boldsymbol{v}) = \mathbf{0}$ であれば l は原点 $\mathbf{0}$ に写る

(ii) $f_A(\boldsymbol{v}) \neq \mathbf{0}$ であれば l は直線 $l' = \{tf_A(\boldsymbol{v}) \mid t \in \mathbb{R}\}$ に写る

のいずれかが成り立つ.具体例で調べてみよう.

例 C.1 座標平面において

$$A = \frac{1}{2} \begin{pmatrix} 1 & 1 \\ 1 & 1 \end{pmatrix}$$

で与えられる直線 $m : y = x$ への射影 $f_A : \mathbb{R}^2 \longrightarrow \mathbb{R}^2$ を考える.

(1) 直線 m と直交する直線 $l : y = -x$

つまり

$$l = \left\{ t \begin{pmatrix} 1 \\ -1 \end{pmatrix} \,\middle|\, t \in \mathbb{R} \right\}$$

は原点に写り,

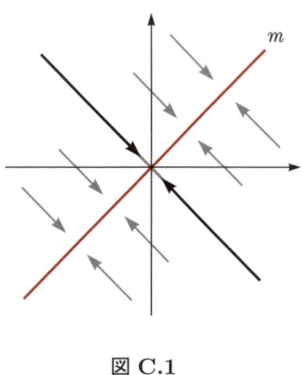

図 C.1

(2) それ以外の直線

$$\left\{ t \begin{pmatrix} 1 \\ b \end{pmatrix} \,\middle|\, t \in \mathbb{R} \right\} \quad (b \neq -1) \quad と \quad \left\{ t \begin{pmatrix} 0 \\ 1 \end{pmatrix} \,\middle|\, t \in \mathbb{R} \right\}$$

とは直線 m に写る. ◇

もちろん,直線が原点に写る場合と直線が直線に写る場合とが必ずしも混在するわけではない.

例 C.2 (1) 座標平面の原点中心の回転移動では,直線は必ず直線に写る.

(2) 零行列 O によって定まる $f_O : \mathbb{R}^2 \longrightarrow \mathbb{R}^2$ により,平面上の点はすべて原点に写るので,特にすべての直線は原点に写る. ◇

次に原点を通る平面について考えてみよう．原点を通る平面

$$\alpha = \{s\boldsymbol{u} + t\boldsymbol{v} \mid s, t \in \mathbb{R}\} \quad (\boldsymbol{u} \not\!\!\parallel \boldsymbol{v})$$

($\not\!\!\parallel$ は平行でないことを表す記号) を f_A で写すと，

$$f_A(s\boldsymbol{u} + t\boldsymbol{v}) = sf_A(\boldsymbol{u}) + tf_A(\boldsymbol{v})$$

であるから，

（ⅰ） $f_A(\boldsymbol{u}) = f_A(\boldsymbol{v}) = \boldsymbol{0}$ であれば α は原点 $\boldsymbol{0}$ に，
（ⅱ） $f_A(\boldsymbol{u}) \neq \boldsymbol{0}$, $f_A(\boldsymbol{v}) \neq \boldsymbol{0}$ かつ $f_A(\boldsymbol{v}) \not\!\!\parallel f_A(\boldsymbol{u})$ ならば α は平面に，
（ⅲ） その他の場合は直線に写る

のいずれかになる．これも具体例で調べてみよう．

例 C.3 次の行列 B で与えられる座標空間 $\mathbb{R}^3$ から xy 座標平面への射影 $f_B : \mathbb{R}^3 \longrightarrow \mathbb{R}^2$ を考える．

$$B = \begin{pmatrix} 1 & 0 & 0 \\ 0 & 1 & 0 \end{pmatrix}$$

（１） xy 平面と直交する平面

$$\alpha = \left\{ s\begin{pmatrix} a \\ b \\ 0 \end{pmatrix} + t\begin{pmatrix} 0 \\ 0 \\ 1 \end{pmatrix} \bigg| s, t \in \mathbb{R} \right\} \quad (a^2 + b^2 \neq 0)$$

は xy 平面と α との交線に写り，

（２） それ以外の平面

$$\left\{ s\begin{pmatrix} a \\ 0 \\ 1 \end{pmatrix} + t\begin{pmatrix} 0 \\ b \\ 1 \end{pmatrix} \bigg| s, t \in \mathbb{R} \right\} \quad (ab \neq 0)$$

または xy 平面

$$\left\{ s\begin{pmatrix} 1 \\ 0 \\ 0 \end{pmatrix} + t\begin{pmatrix} 0 \\ 1 \\ 0 \end{pmatrix} \bigg| s, t \in \mathbb{R} \right\}$$

は座標平面 $\mathbb{R}^2$ 全体に写る． ◇

一般の線形写像 $f: V \longrightarrow W$ について V の部分空間 S の写り先 $f(S)$ を調べてみよう．$w_1, w_2 \in f(S)$ であれば $w_i = f(v_i)$ となる $v_i \in S$ があるわけであるが，

$$\lambda_1 w_1 + \lambda_2 w_2 = \lambda_1 f(v_1) + \lambda_2 f(v_2) = f(\lambda_1 v_1 + \lambda_2 v_2) \in f(S)$$

となることから，$f(S)$ は W の部分空間になっている．特に V の写り先

$$\mathrm{image}(f) = f(V)$$

は f の**像**とよばれ，W の部分空間である．

線形写像による部分空間の写り先がどのようになっているかを考えるにあたり，例 C.1 や例 C.2 を見ると $f: V \longrightarrow W$ の"つぶれ具合"に関係していて，このつぶれ具合は零ベクトル $o \in W$ に写る集合で表現できそうである．そこで

$$\ker(f) = \{v \in V \mid f(v) = o\} \quad (= f^{-1}(o))$$

を f の**核**とよぶ．線形写像の性質から V の零ベクトル o は $o \in \ker(f)$ である．例 C.1 の直線 $y = x$ への正射影の核は直線 $y = -x$ であり，例 C.3 の xy 平面への正射影の核は z 軸である．なお $v_1, v_2 \in \ker(f)$ であれば

$$f(\lambda_1 v_1 + \lambda_2 v_2) = \lambda_1 f(v_1) + \lambda_2 f(v_2) = o$$

であるから，$\ker(f)$ は V の部分空間になっている．

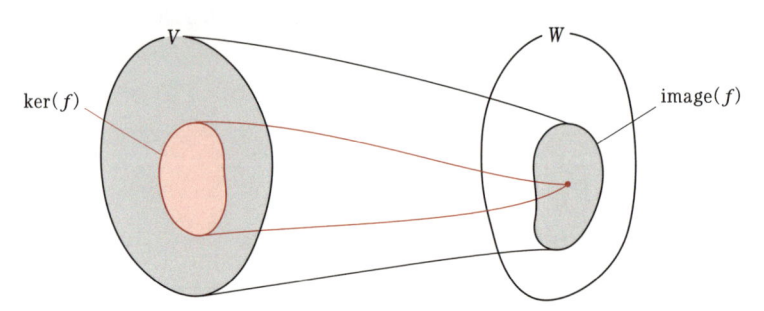

図 C.2

§C 像と核

ここで $m \times n$ 行列 A が定める線形写像 $f_A : \mathbb{R}^n \longrightarrow \mathbb{R}^m$ の核と像とについて考察しておこう．$f_A(\boldsymbol{v}) = A\boldsymbol{v}$ として定められていたから $\boldsymbol{v} \in \ker(f_A)$ であるための必要十分条件は $A\boldsymbol{v} = \boldsymbol{0}$ つまり

$$\ker(f_A) = (\text{連立} 1 \text{次方程式 } A\boldsymbol{v} = \boldsymbol{0} \text{ の解の集合})$$

である．したがって

命題 C.1

行列 A が定める線形写像 $f_A : \mathbb{R}^n \longrightarrow \mathbb{R}^m$ について

$$\dim(\ker(f_A)) = n - \mathrm{rank}(A)$$

が成り立つ．

一方，像の方は $\mathbb{R}^n$ の標準基底 $\boldsymbol{e}_1, \ldots, \boldsymbol{e}_n$ の写り先 $f_A(\boldsymbol{e}_1), \ldots, f_A(\boldsymbol{e}_n)$ によって決まる．$m \times n$ 行列 $A = (a_{ij})$ について

$$f_A(\boldsymbol{e}_j) = A\boldsymbol{e}_j = \begin{pmatrix} a_{1j} \\ \vdots \\ a_{mj} \end{pmatrix}$$

であるから，像は A の列ベクトルの組 $\{\boldsymbol{a}_1, \ldots, \boldsymbol{a}_n\}$ が生成する部分空間になる．したがって

命題 C.2

行列 A が定める線形写像 $f_A : \mathbb{R}^n \longrightarrow \mathbb{R}^m$ について

$$\dim(\mathrm{image}(f_A)) = \mathrm{rank}(A)$$

が成り立つ．

例題 C.1 行列
$$A = \begin{pmatrix} 0 & 1 & 1 & 2 \\ 1 & 1 & 2 & 1 \\ 2 & 1 & 3 & 0 \end{pmatrix}$$
によって定まる線形写像 $f_A : \mathbb{R}^4 \longrightarrow \mathbb{R}^3$ の核の基底と像の基底とを 1 組ずつ求めよ.

[解] まず核について調べる. 連立 1 次方程式 $A\boldsymbol{v} = \boldsymbol{0}$ を考えて

$$\begin{pmatrix} 0 & 1 & 1 & 2 \\ 1 & 1 & 2 & 1 \\ 2 & 1 & 3 & 0 \end{pmatrix} \longrightarrow \begin{pmatrix} 1 & 1 & 2 & 1 \\ 0 & 1 & 1 & 2 \\ 0 & -1 & -1 & -2 \end{pmatrix} \longrightarrow \begin{pmatrix} 1 & 0 & 1 & -1 \\ 0 & 1 & 1 & 2 \\ 0 & 0 & 0 & 0 \end{pmatrix}$$

より,

$$\ker(f_A) = \left\{ \begin{pmatrix} -s+t \\ -s-2t \\ s \\ t \end{pmatrix} \middle| s, t \in \mathbb{R} \right\} \quad \text{で} \quad \left\{ \begin{pmatrix} -1 \\ -1 \\ 1 \\ 0 \end{pmatrix}, \begin{pmatrix} 1 \\ -2 \\ 0 \\ 1 \end{pmatrix} \right\}$$

次に像について調べる. 像は標準基底の写り先である列ベクトルの組

$$\left\{ \begin{pmatrix} 0 \\ 1 \\ 2 \end{pmatrix}, \begin{pmatrix} 1 \\ 1 \\ 1 \end{pmatrix}, \begin{pmatrix} 1 \\ 2 \\ 3 \end{pmatrix}, \begin{pmatrix} 2 \\ 1 \\ 0 \end{pmatrix} \right\}$$

で生成される. したがって

$$\begin{pmatrix} 0 & 1 & 2 \\ 1 & 1 & 1 \\ 1 & 2 & 3 \\ 2 & 1 & 0 \end{pmatrix} \longrightarrow \begin{pmatrix} 1 & 1 & 1 \\ 0 & 1 & 2 \\ 0 & 1 & 2 \\ 0 & -1 & -2 \end{pmatrix} \longrightarrow \begin{pmatrix} 1 & 0 & -1 \\ 0 & 1 & 2 \\ 0 & 0 & 0 \\ 0 & 0 & 0 \end{pmatrix}$$

より

$$\operatorname{image}(f_A) = \left\{ a \begin{pmatrix} 1 \\ 0 \\ -1 \end{pmatrix} + b \begin{pmatrix} 0 \\ 1 \\ 2 \end{pmatrix} \middle| a, b \in \mathbb{R} \right\} \quad \text{で} \quad \left\{ \begin{pmatrix} 1 \\ 0 \\ -1 \end{pmatrix}, \begin{pmatrix} 0 \\ 1 \\ 2 \end{pmatrix} \right\} \quad \square$$

§C 像 と 核

問題 C.1 次の行列が定める線形写像の核と像の基底を 1 組与えよ．

（1） $\begin{pmatrix} 2 & -1 & 1 \\ 3 & -1 & -2 \\ 5 & -2 & -1 \end{pmatrix}$
（2） $\begin{pmatrix} 2 & 3 & 1 \\ 6 & 9 & 3 \\ 4 & 5 & 3 \\ 1 & 9 & -7 \end{pmatrix}$

（3） $\begin{pmatrix} 1 & -1 & 0 & 2 & -3 \\ -1 & 0 & -1 & 1 & 4 \\ 2 & 1 & 3 & -4 & -8 \\ 1 & -1 & 0 & 3 & -2 \end{pmatrix}$
（4） $\begin{pmatrix} 2 & 5 & 5 & 5 & 6 \\ 4 & 1 & 2 & 1 & 3 \\ 0 & 9 & 8 & 9 & 9 \end{pmatrix}$

問題 C.2 次の線形写像 f, g による部分空間 S, T の像をそれぞれ求めよ．

（1） $f : \mathbb{R}^3 \longrightarrow \mathbb{R}^3$,
$\begin{pmatrix} x \\ y \\ z \end{pmatrix} \longmapsto \begin{pmatrix} 3x - y + 2z \\ 2x - z \\ x + y - 4z \end{pmatrix}$
$g : \mathbb{R}^3 \longrightarrow \mathbb{R}^3$,
$\begin{pmatrix} x \\ y \\ z \end{pmatrix} \longmapsto \begin{pmatrix} 2x - y + z \\ 4x - 2y + 6z \\ 8x - 4y + 7z \end{pmatrix}$

として

$$S = \left\{ \begin{pmatrix} x \\ y \\ z \end{pmatrix} \middle| 2x - y + 3z = 0 \right\}, \quad T = \left\{ \begin{pmatrix} x \\ y \\ z \end{pmatrix} \middle| x + y - 4z = 0 \right\}$$

（2） $f : \mathbb{R}^4 \longrightarrow \mathbb{R}^3$,
$\begin{pmatrix} x \\ y \\ z \\ w \end{pmatrix} \longmapsto \begin{pmatrix} x + 2y - w \\ 3x + 6y + z \\ 2x + 4y - 3z \end{pmatrix}$
$g : \mathbb{R}^4 \longrightarrow \mathbb{R}^3$,
$\begin{pmatrix} x \\ y \\ z \\ w \end{pmatrix} \longmapsto \begin{pmatrix} x + 4y - 3w \\ x - 3y + z \\ 7x + 4z - 9w \end{pmatrix}$

として

$$S = \left\{ \begin{pmatrix} x \\ y \\ z \\ w \end{pmatrix} \middle| \begin{array}{l} 2x + y - z + 3w = 0, \\ 4x + 2y + z - 3w = 0 \end{array} \right\}, \quad T = \left\{ \begin{pmatrix} x \\ y \\ z \\ w \end{pmatrix} \middle| \begin{array}{l} x - 4y + 2z = 0, \\ y - 3z + w = 0, \\ 2x + y - 5z = 0 \end{array} \right\}$$

次に，一般に線形写像 $f: V \longrightarrow W$ のつぶれ方を核 $\ker(f)$ がどのように表現しているかを考察してみることにしよう．まず $\ker(f) = V$ となるのは V のベクトルをすべて o に写す場合で $\text{image}(f) = \{o\}$ である．次に $\ker(f) = \{o\}$ の場合を考える．$f(v_1) = f(v_2)$ であれば

$$o = f(v_1) - f(v_2) = f(v_1 - v_2) \quad \text{であるから，} \quad v_1 - v_2 \in \ker(f)$$

となるので $v_1 = v_2$ つまり f は単射であることがわかる．逆に f が単射ならば，$v \neq o$ のとき $f(v) \neq f(o) = o$ となり $\ker(f) = \{o\}$ である．つまり

命題 C.3

線形写像 $f: V \longrightarrow W$ が単射であるための必要十分条件は $\ker(f) = \{o\}$ である．

最後に少し難しいが $\ker(f) \neq \{o\}, V$ の場合を考えよう．$\{v_1, \ldots, v_r\}$ を $\ker(f)$ の 1 組の基底とする．命題 4.5 により $\{v_1, \ldots, v_r, v_{r+1}, \ldots, v_n\}$ が V の基底になるように $v_{r+1}, \ldots, v_n \in V$ を選ぶことができる．$v_{r+1}, \ldots, v_n$ で張られる V の部分空間を V_f とすると $V_f \cap \ker(f) = \{o\}$ であり，

$$f(\lambda_1 v_1 + \cdots + \lambda_r v_r + \cdots + \lambda_n v_n) = \lambda_{r+1} f(v_{r+1}) + \cdots + \lambda_n f(v_n)$$

であるから，f を $V_f \longrightarrow \text{image}(f)$ と考えると全単射になる．特に命題 C.1, C.2 は次のようになる．なお (1) の等式を線形写像の像と核に関する**次元公式**という．

定理 C.2

線形写像 $f: V \longrightarrow W$ について
(1) $\dim(\ker(f)) + \dim(\text{image}(f)) = \dim(V)$ である．
(2) V が内積空間であるとき f から導かれる $(\ker(f))^\perp \longrightarrow \text{image}(f)$ という線形写像は 1 対 1 かつ上への写像である．

問題 C.3 次で定まる線形写像 $f: \mathbb{R}^n \longrightarrow \mathbb{R}^m$ について，核と像の次元を求めよ．

(1) $f: \mathbb{R}^3 \longrightarrow \mathbb{R}^4$,
$$\begin{pmatrix} x \\ y \\ z \end{pmatrix} \longmapsto \begin{pmatrix} 5x - 2y + z \\ 2x + 3y - z \\ x - y + 2z \\ x + 2y + z \end{pmatrix}$$

(2) $f: \mathbb{R}^3 \longrightarrow \mathbb{R}^2$,
$$\begin{pmatrix} x \\ y \\ z \end{pmatrix} \longmapsto \begin{pmatrix} 7x - y - z \\ 4x + 2y + z \end{pmatrix}$$

(3) $f: \mathbb{R}^5 \longrightarrow \mathbb{R}^3$,
$$\begin{pmatrix} x \\ y \\ z \\ w \\ s \end{pmatrix} \longmapsto \begin{pmatrix} x + 2y - z + 4s \\ 3x - y + 2z + w \\ 5x + 3y + w + 8s \end{pmatrix}$$

(4) $f: \mathbb{R}^4 \longrightarrow \mathbb{R}^4$,
$$\begin{pmatrix} x \\ y \\ z \\ w \end{pmatrix} \longmapsto \begin{pmatrix} x - z + 2w \\ 5x - 2y + 5z \\ x + y - 6z + 7w \\ 3x - y + 2z + w \end{pmatrix}$$

演習問題

A.1 次の等式を示せ．

(1) $(\boldsymbol{a} - \boldsymbol{b}) \times (\boldsymbol{a} + \boldsymbol{b}) = 2(\boldsymbol{a} \times \boldsymbol{b})$

(2) $\boldsymbol{a} \times (\boldsymbol{b} \times \boldsymbol{c}) + \boldsymbol{b} \times (\boldsymbol{c} \times \boldsymbol{a}) + \boldsymbol{c} \times (\boldsymbol{a} \times \boldsymbol{b}) = \boldsymbol{0}$

(3) $(\boldsymbol{a} \times \boldsymbol{b}) \cdot (\boldsymbol{c} \times \boldsymbol{d}) = \begin{vmatrix} \boldsymbol{a} \cdot \boldsymbol{c} & \boldsymbol{a} \cdot \boldsymbol{d} \\ \boldsymbol{b} \cdot \boldsymbol{c} & \boldsymbol{b} \cdot \boldsymbol{d} \end{vmatrix}$

A.2 次の行列は正則か．正則であればその逆行列を求めよ．

(1) $\begin{pmatrix} 3 & 2 & 1 & 7 \\ 2 & 1 & 4 & 5 \\ 0 & 0 & 5 & 2 \\ 0 & 0 & 2 & 1 \end{pmatrix}$

(2) $\begin{pmatrix} 2 & 5 & 0 & 0 \\ 1 & 2 & 0 & 0 \\ 4 & 7 & 2 & 1 \\ 1 & 6 & 3 & 2 \end{pmatrix}$

(3) $\begin{pmatrix} 0 & 0 & 3 & 2 \\ 0 & 0 & 4 & 3 \\ 3 & 2 & 5 & 2 \\ 2 & 1 & 2 & 1 \end{pmatrix}$

(4) $\begin{pmatrix} 7 & 5 & 3 & 2 \\ 1 & 2 & 4 & 3 \\ 3 & 2 & 0 & 0 \\ 2 & 1 & 0 & 0 \end{pmatrix}$

A.3 n 次正則行列 A をブロックとする $2n$ 次正方行列

$$\begin{pmatrix} A & -A \\ A & A \end{pmatrix}$$

の逆行列を求めよ．

A.4 次の行列で定まる線形写像の核と像の基底を 1 組与えよ．

(1) $\begin{pmatrix} 0 & 1 & 1 & 2 & 3 \\ 2 & 1 & 3 & 0 & 1 \\ 3 & 4 & 7 & 5 & 9 \end{pmatrix}$
(2) $\begin{pmatrix} 2 & -1 & 3 & 2 \\ 4 & -2 & 5 & 3 \\ 8 & -4 & 9 & 5 \end{pmatrix}$

(3) $\begin{pmatrix} 1 & -2 & 1 \\ 3 & 4 & -3 \\ 1 & -7 & 4 \\ 2 & 1 & -1 \end{pmatrix}$
(4) $\begin{pmatrix} 0 & 2 & 3 \\ 1 & 1 & -1 \\ 5 & 0 & 4 \\ 2 & 3 & 1 \end{pmatrix}$

A.5 次のベクトル $\boldsymbol{v}, \boldsymbol{w}$ は行列 A で定まる線形写像の像に含まれるか．

(1) $A = \begin{pmatrix} 3 & -2 & 1 & 5 \\ 1 & 4 & 5 & -3 \\ 2 & 5 & 7 & -3 \end{pmatrix}, \quad \boldsymbol{v} = \begin{pmatrix} 4 \\ 6 \\ 9 \end{pmatrix}, \quad \boldsymbol{w} = \begin{pmatrix} 2 \\ 3 \\ 7 \end{pmatrix}$

(2) $A = \begin{pmatrix} 2 & 5 & 1 & 2 \\ 1 & 2 & -1 & 3 \\ 1 & 5 & 8 & -9 \end{pmatrix}, \quad \boldsymbol{v} = \begin{pmatrix} 3 \\ 2 \\ 4 \end{pmatrix}, \quad \boldsymbol{w} = \begin{pmatrix} 4 \\ 5 \\ 8 \end{pmatrix}$

A.6 n 次以下の関数全体のなすベクトル空間を V とする．次で定まる V の線形変換の核と像とを求めよ．ただし $n \geqq 3$ とする．

(1) $D(f)(x) = f'(x)$
(2) $T(f)(x) = f(x+1)$
(3) $L(f)(x) = (x+1)f'(x) - f(x)$
(4) $F(f)(x) = x^2 f''(x) - 4xf'(x) + 6f(x)$

A.7 次の線形写像の核と像とを求めよ．

(1) $f : \mathrm{Mat}(n, n; \mathbb{R}) \longrightarrow \mathrm{Mat}(n, n; \mathbb{R}), \quad f(A) = A - {}^t A$
(2) $f : \mathrm{Mat}(2, 2; \mathbb{R}) \longrightarrow \mathbb{R}, \quad f(A) = \mathrm{trace}(A)$

B.1 （1） 次の $\mathbb{R}^5$ の部分空間 V の基底を 1 組あげ，V の次元を求めよ．

$$V = \left\{ \begin{pmatrix} x \\ y \\ z \\ s \\ t \end{pmatrix} \middle| \begin{array}{l} x - 2y + 2z + s - t = 0, \\ 2x - 4y + 5z + 4s - 3t = 0, \\ -3x + 6y - 4z + s + t = 0 \end{array} \right\}$$

（2） （1）の V を定義域とする線形写像 $f : V \longrightarrow \mathbb{R}^3$, $g : V \to \mathbb{R}^3$ が以下のように与えられているとき，それぞれの核と像の次元をそれぞれ求めよ．

$$V \ni \begin{pmatrix} x \\ y \\ z \\ s \\ t \end{pmatrix} \stackrel{f}{\longmapsto} \begin{pmatrix} 4x - 8y - 9s \\ z + 2s + 5t \\ 2z + s + 2t \end{pmatrix} \in \mathbb{R}^3, \quad V \ni \begin{pmatrix} x \\ y \\ z \\ s \\ t \end{pmatrix} \stackrel{g}{\longmapsto} \begin{pmatrix} 4x - 6y + 5z + 9t \\ x - 2y + z - s \\ 2y + z + 4s + 9t \end{pmatrix} \in \mathbb{R}^3$$

C.1 n 次正方行列 A が $A^2 = A$ を満たすとき，この行列の固有値は 0 または 1 である（演習問題 B6.6）．A の固有空間 $W(0), W(1)$ と A が定める線形写像 $f_A : \mathbb{R}^n \longrightarrow \mathbb{R}^n$ とについて次を示せ．

（1） $W(0) = \ker(f_A)$

（2） $W(1) \supset \mathrm{image}(f_A)$

（3） $\dim(W(0)) = n - \mathrm{rank}(A)$

（4） $\dim(W(1)) = \mathrm{rank}(A)$

（5） A は対角化可能である（$n = 2$ の場合が演習問題 B6.6）．

C.2 $f : \mathbb{R}^2 \longrightarrow \mathbb{R}^2$ を線形変換とするとき次を示せ．

（1） $\ker(f) = \mathrm{image}(f)$ または $\mathbb{R}^2 = \ker(f) \oplus \mathrm{image}(f)$ が成り立つ．

（2） f の $\mathbb{R}^2$ の標準基底に関する行列表示を A とするとき，$\ker(f) = \mathrm{image}(f)$ であるための必要十分条件は $A \neq O$, $A^2 = O$ である．

C.3 (m, n) 型行列 A と (n, p) 型行列 B とに対して次の不等式を示せ．

$$\mathrm{rank}(A) + \mathrm{rank}(B) - n \leqq \mathrm{rank}(AB) \leqq \min\{\mathrm{rank}(A), \mathrm{rank}(B)\}$$

C.4 2 つの (m, n) 型行列 A, B について次の不等式を示せ．

$$\mathrm{rank}(A + B) \leqq \mathrm{rank}(A) + \mathrm{rank}(B)$$

問題・演習問題略解

第 1 章

問題 1.1 （1） $a \cdot b = -10$, $\|a\| = 2\sqrt{5}$, $\|b\| = \sqrt{10}$, $\theta = \dfrac{3\pi}{4}$

（2） $a \cdot b = 9$, $\|a\| = 3\sqrt{2}$, $\|b\| = 3$, $\theta = \dfrac{\pi}{4}$

問題 1.2 （1） $\dfrac{3-x}{4} = y+2 = \dfrac{z-1}{5}$ （2） $\dfrac{x-4}{7} = \dfrac{y+1}{3} = \dfrac{3-z}{5}$

（3） $\dfrac{x-3}{2} = \dfrac{1-y}{3} = 2-z$

▶**注意** 直線の方程式の表示は 1 通りではない．

$$\frac{x-x_0}{a} = \frac{y-y_0}{b} = \frac{z-z_0}{c}$$

が解であれば，他の解は

$$\frac{x-x_0-ak}{a} = \frac{y-y_0-bk}{b} = \frac{z-z_0-ck}{c}$$

という形である．例えば（3）で $\dfrac{5-x}{2} = \dfrac{y+2}{3} = z-1$ も 1 つの解である．

問題 1.3 （1） $4x + 7y - 2z + 27 = 0$ （2） $x + y - z = 0$

（3） $2x - y + 3z = 20$

問題 1.4 $AB = \begin{pmatrix} 3 & 2 & 1 \\ 7 & 6 & 1 \\ 3 & 6 & -3 \end{pmatrix}$, $BA = \begin{pmatrix} 7 & 5 \\ 5 & -1 \end{pmatrix}$

問題 1.5 （1） 正則, $\begin{pmatrix} -7 & 5 \\ 3 & -2 \end{pmatrix}$ （2） 非正則

（3） 正則, $\dfrac{1}{17}\begin{pmatrix} -1 & 5 \\ 3 & 2 \end{pmatrix}$ （4） $x = -1, 3$ （5） $x = -\dfrac{3}{2}, 4$

問題 1.6 $X = \dfrac{1}{7}\begin{pmatrix} -26 & 5 \\ 16 & -2 \end{pmatrix}$, $Y = \dfrac{1}{7}\begin{pmatrix} -16 & 20 \\ 11 & -12 \end{pmatrix}$

演習問題

A1.1 （1） $\dfrac{x-2}{-3} = \dfrac{y-1}{2} = \dfrac{z+3}{5}$ （2） $x = 2, \dfrac{y-1}{2} = \dfrac{z+3}{5}$
（3） $x = 2, y = 1$（z は任意）　（4） $\dfrac{x-2}{14} = \dfrac{y-1}{9} = \dfrac{z+3}{-11}$

A1.2 （1） $(1, 1, 3)$　（2） 共有点を持たない（l, m はねじれの位置にある）

▶**注意** 座標空間内の 2 直線が交点をもたず，また平行でもないときに，これらの 2 直線は**ね****じれの位置にある**といわれる．

A1.3 （1） $(56, 18, 9)$　（2） 共有点を持たない（l は π に平行）
（3） l は π に含まれ，l 上の点すべてが共有点

A1.4 $x + 19 = \dfrac{y+29}{4} = z$

A1.5 （1） $5x + 10y - 2z = 27$　（2） $3x - 2y + 5z = 1$
（3） $14x - 7y - 13z = 7$　（4） $x - y - 5z = 1$　（5） $15x - 19y + 4z = 23$
一般に 2 平面

$$a_1 x + b_1 y + c_1 z = d_1, \quad a_2 x + b_2 y + c_2 z = d_2$$

の交線を含む平面は

$$k(a_1 x + b_1 y + c_1 z - d_1) + l(a_2 x + b_2 y + c_2 z - d_2) = 0$$

と表すことができる．

A1.6 $\dfrac{x}{p} + \dfrac{y}{q} + \dfrac{z}{r} = 1$

A1.7 $\mathrm{H}\left(\dfrac{35}{9}, -\dfrac{28}{9}, \dfrac{14}{9}\right), \mathrm{Q}\left(\dfrac{79}{9}, -\dfrac{65}{9}, \dfrac{28}{9}\right)$

B1.1 $(x_0 + ta, y_0 + tb)$ が l の方程式を満たすことから t を求める．

B1.2 $(x_0 + ta, y_0 + tb, z_0 + tc)$ が π の方程式を満たすことから t を求める．

B1.3 $k(a_2 b_3 - a_3 b_2, -(a_1 b_3 - a_3 b_1), a_1 b_2 - a_2 b_1)$

B1.4 （1） $\left\{ \begin{pmatrix} x & y & z \\ 0 & x & y \\ 0 & 0 & x \end{pmatrix} \middle| \; x, y, z \in \mathbb{R} \right\}$　（2） 略

第2章

問題 2.1 $\delta(1, 2, 3) = 0$, $\delta(1, 3, 2) = \delta(2, 1, 3) = 1$
$\delta(2, 3, 1) = \delta(3, 1, 2) = 2$, $\delta(3, 2, 1) = 3$

問題 2.2 （1） -8 　　（1） 44 　　（1） 49 　　（1） $a^3 + b^3 + c^3 - 3abc$

問題 2.3 平面上のベクトルと同じように考えると $\boldsymbol{a}, \boldsymbol{b}$ が作る底面の平行四辺形の面積は

$$\sqrt{\|\boldsymbol{a}\|^2\|\boldsymbol{b}\|^2 - (\boldsymbol{a}\cdot\boldsymbol{b})^2}$$
$$= \sqrt{(a_1{}^2 + a_2{}^2 + a_3{}^2)(b_1{}^2 + b_2{}^2 + b_3{}^2) - (a_1b_1 + a_2b_2 + a_3b_3)^2}.$$

一方, 演習問題 B1.2, B1.3 により $\boldsymbol{c}$ の終点から底面の平行四辺形を含む平面への距離は

$$\frac{|c_1(a_2b_3 - a_3b_2) - c_2(a_1b_3 - a_3b_1) + c_3(a_1b_2 - a_2b_1)|}{\sqrt{(a_2b_3 - a_3b_2)^2 + (a_1b_3 - a_3b_1)^2 + (a_1b_2 - a_2b_1)^2}}$$
$$= \frac{|c_1(a_2b_3 - a_3b_2) - c_2(a_1b_3 - a_3b_1) + c_3(a_1b_2 - a_2b_1)|}{\sqrt{\|\boldsymbol{a}\|^2\|\boldsymbol{b}\|^2 - (\boldsymbol{a}\cdot\boldsymbol{b})^2}}$$

であるから, 結論を得る.

問題 2.4 四面体 OABC と $\overrightarrow{OA}, \overrightarrow{OB}, \overrightarrow{OC}$ が作る平行六面体とを比べると, 四面体は底面積が半分で錐体であるから, 体積は $\dfrac{1}{6}\left|\det\begin{pmatrix} a_1 & a_2 & a_3 \\ b_1 & b_2 & b_3 \\ c_1 & c_2 & c_3 \end{pmatrix}\right|$ （| | は絶対値を表す）.

問題 2.5 （1） 252 　　（2） 1400 　　（3） -540

問題 2.6 （1），（2）共に 110 （（2）の行列式の第 2 行をたせば（1）になる）

問題 2.7 （1） 0 （1 行目と 3 行目）　　（2） 0 （1 行目と 2 行目）

問題 2.8 （1） -15 　　（2） 20 　　（3） $2(a + b + c)^3$

問題 2.9 略

問題 2.10 A^2 の行列式なので $4a^2b^2c^2$

問題 2.11 $A_{11} = -17$, $A_{13} = -10$, $A_{21} = 37$, $A_{23} = 26$, $A_{31} = A_{32} = 1$

問題 2.12 （1） 3 　　（2） -19 　　（3） 160

問題 **2.13** （１） 正則, $\begin{pmatrix} 1 & -2 & 1 \\ 0 & -1 & 1 \\ -1 & 4 & -2 \end{pmatrix}$ （２） 非正則 （３） 非正則

（４） 正則, $\dfrac{1}{15}\begin{pmatrix} 38 & -29 & -8 \\ -22 & 16 & 7 \\ 1 & 2 & -1 \end{pmatrix}$

（５） $a = 0, -1$ の場合に非正則，それ以外の場合は正則, $\dfrac{1}{a(a+1)}\begin{pmatrix} 1 & -1 & a \\ a^2 & a & -a^2 \\ -a & a & a \end{pmatrix}$

（６） 正則, $\begin{pmatrix} 4 & 0 & 1 & -2 \\ 1 & 0 & 0 & 0 \\ -2 & 0 & 0 & 1 \\ -3 & 1 & -1 & 1 \end{pmatrix}$

演 習 問 題

A2.1 （１） 0 （２） 2100 （３） 0 （４） -3 （５） 24 （６） 6
（７） 0 （８） -46 （９） 60 （10） -44 （11） 98 （12） 4

A2.2 （１） $n = 4m, 4m+1$ のとき 1, $n = 4m+2, 4m+3$ のとき -1
（２） $(-1)^{n-1}n!$ （３） 1 （４） $b^{n-1}(na+b)$

A2.3 （１） $(a-b)(b-c)(c-a)$ （２） $(a+b+c)(a+b-c)(a-b+c)(a-b-c)$
（３） $(a-b)^3(a+3b)$ （４） $(x-y)^2(x+y+2)(x+y-2)$

A2.4 （１） 列の差をとる．なお，一般に次が知られている（**ファンデルモンドの行列式**）．

$$\begin{vmatrix} 1 & 1 & \cdots & 1 \\ x_1 & x_2 & \cdots & x_n \\ x_1^2 & x_2^2 & \cdots & x_n^2 \\ \cdots & \cdots & \cdots & \\ x_1^{n-1} & x_2^{n-1} & \cdots & x_n^{n-1} \end{vmatrix} = \prod_{i>j}(x_i - x_j)$$

ここで $\prod$ は積記号であり，例えば $\prod_{i=1}^{n} a_i = a_1 a_2 \cdots a_n$ のように使う．
（２） 1 行目を展開せよ．

A2.5 A の第 3 行から第 2 行を，第 2 行から第 1 行を，それぞれ引くと，できた第 2 行と第 3 行は等しくなるので，$|A| = 0$．

A2.6 （1） 0 か 1　　（2） 0 か ±1　　（3） ±1

A2.7 （1） $x = -3, -1, 1$
（2） $2a = b$ のとき任意の x, $2a \neq b$ のとき $x = \pm(a+b)$

A2.8 （1） 非正則　　（2） 正則, $\dfrac{1}{90}\begin{pmatrix} 29 & -19 & 11 \\ -13 & -7 & 23 \\ 4 & 16 & -14 \end{pmatrix}$

（3） 正則, $\dfrac{1}{2}\begin{pmatrix} -11 & 5 & 8 \\ 3 & -1 & -2 \\ -37 & 17 & 26 \end{pmatrix}$　　（4） 非正則

（5） $a = 0, \pm\sqrt{2}$ のとき非正則, これ以外の場合は正則で
$$\dfrac{1}{a(a^2-2)}\begin{pmatrix} a^2-1 & -a & 1 \\ -a & a^2 & -a \\ 1 & -a & a^2-1 \end{pmatrix}$$

B2.1 （1） 行列式の値 a_n の漸化式 $a_n = (1+x^2)a_{n-1} - x^2 a_{n-2}$ を導けば, $1 + x^2 + x^4 + \cdots + x^{2n}$　　（2） $n+1$　　（3） $\dfrac{1}{2}(3^n - 1)$

（4） $n = 3m$ のとき $(-1)^m$, $n = 3m-2$ のとき $(-1)^{m-1}$, $n = 3m-1$ のとき 0

（5） $a^{n-2}(a^2 + a - 1)$　　（6） $n!(n-1)!\cdots 3!\,2!\,1!$

B2.2 （1） 1 次方程式になり, 与えられた点で成り立つ.

（2） $\begin{vmatrix} x & y & z & 1 \\ x_1 & y_1 & z_1 & 1 \\ x_2 & y_2 & z_2 & 1 \\ x_3 & y_3 & z_3 & 1 \end{vmatrix} = 0$

（2）で x, y, z の係数が同時に 0 とはならないことについては, 演習問題 B3.3 を参照. また, （1）,（2） ともに演習問題 B3.4 も参照.

B2.3 （1） $\Delta = (A_{ij})$ とおくと ${}^t A \Delta = |A| E_n$ となる.

（2） A と
$$\begin{pmatrix} 1 & A_{12} & \cdots & A_{1n} \\ 0 & A_{22} & \cdots & A_{2n} \\ \vdots & \vdots & & \vdots \\ 0 & A_{n2} & \cdots & A_{nn} \end{pmatrix}$$
と ${}^t A$ との積を調べよ.

B2.4 （1），（2）略

（3） $A=(a_{ij})$, $B=(b_{ij})$ とすると $AB=\left(\sum_{k=1}^{n} a_{ik}b_{kj}\right)$ であるから，和の順序を変えて

$$\text{trace}(AB)=\sum_{i=1}^{n}\left(\sum_{k=1}^{n}a_{ik}b_{ki}\right)=\sum_{k=1}^{n}\left(\sum_{i=1}^{n}a_{ik}b_{ki}\right)=\text{trace}(BA).$$

（4） $\text{trace}(B^{-1}AB)=\text{trace}(ABB^{-1})=\text{trace}(A)$.

B2.5 定義より $|A|=(-1)^n|A|$ である．

B2.6 略

C2.1 十分条件であることは定理 2.1 による．必要条件であることは，仮定により A, A^{-1} の成分はすべて整数であるから $|A|$, $|A^{-1}|$ はともに整数で $|A||A^{-1}|=1$ よりわかる．

第 3 章

問題 3.1 （1） $(x,y,z)=(4,1,2)$　（2） $(x,y,z)=(5,-3,2)$

問題 3.2 （1） $(x,y,z)=(2,1,-3)$　（2） $(x,y,z,w)=(1,-3,2,-1)$

問題 3.3 $a+b=0$ または $b+c=0$ または $c+a=0$ が成り立つ（x,y で整理せよ）．

問題 3.4 （1） $\begin{pmatrix} 1 & -2 & 0 & -1 \\ 0 & 0 & 1 & 3 \\ 0 & 0 & 0 & 0 \end{pmatrix}$　（2） $\begin{pmatrix} 1 & 0 & 5 & -8 \\ 0 & 1 & -3 & 7 \\ 0 & 0 & 0 & 0 \end{pmatrix}$

（3） $\begin{pmatrix} 1 & 0 & 1 & 0 & 5 & 0 \\ 0 & 1 & -3 & 0 & 1 & 0 \\ 0 & 0 & 0 & 1 & 2 & 0 \\ 0 & 0 & 0 & 0 & 0 & 1 \end{pmatrix}$　（4） $\begin{pmatrix} 1 & 0 & -1 \\ 0 & 1 & 2 \\ 0 & 0 & 0 \end{pmatrix}$

問題 3.5 （1） 3　（2） 1　（3） 2　（4） 1

問題 3.6 （1） 3　（2） 2　（3） 3
（4） $1\,(a=0)$, $2\,(a=3)$, $3\,(a\neq 0, 3)$

問題 3.7 （1） $(x,y,z)=(5,2,-5)$　（2） $(x,y,z,w)=(3,-2,1,2)$

問題 3.8 （1） $\begin{pmatrix} 1 & 0 & -1 \\ -2 & -1 & 4 \\ 1 & 1 & -2 \end{pmatrix}$ （2） $\begin{pmatrix} 4 & 0 & 1 & -2 \\ 1 & 0 & 0 & 0 \\ 2 & 0 & 0 & -1 \\ -7 & 1 & -1 & 3 \end{pmatrix}$

（3） $\dfrac{1}{4} \begin{pmatrix} 3 & -2 & -3 \\ -2 & 0 & -2 \\ -8 & 4 & 0 \end{pmatrix}$

問題 3.9 （1） $(x, y, z) = (2, -1, 3)$ （2） $(x, y, z) = (1, 0, 1)$
（3） $(x, y, z) = (2-t, 1+3t, t)$ (t は任意定数) （4） 不能
（5） $(x, y, z, w) = (8-3s-5t, s, 3-2t, t)$ (s, t は任意定数)
（6） $a = -2$ のとき不能, $a = 1$ のとき $(x, y, z) = (1-s-t, s, t)$ (s, t は任意定数),
$a \neq -2, 1$ のとき $x = y = z = \dfrac{1}{a+2}$

演習問題

A3.1 （1） $x = \dfrac{1+a}{1+a^2},\ y = \dfrac{1-a}{1+a^2}$ （2） $x = 3,\ y = -1,\ z = 0$
（3） $x = 4,\ y = 3,\ z = -1$ （4） $x = -1,\ y = -\dfrac{1}{2},\ z = \dfrac{1}{2}$

A3.2 （1） $x = 1,\ y = -2,\ z = 4$
（2） $x = 2+t,\ y = \dfrac{1}{2} + 2t,\ z = t$ (t は任意定数)   （3） 解なし
（4） $x = 3,\ y = 2,\ z = -1$ （5） $x = 4-t,\ y = -1-t,\ z = t$ (t は任意定数)
（6） $x = 1+t,\ y = 2t,\ z = -1$ (t は任意定数)
（7） $x = 1+3t,\ y = 5+4t,\ z = -t,\ w = t$ (t は任意定数)
（8） $x = 1+2t,\ y = z = t,\ w = 0$ (t は任意定数)
（9） $x = 19,\ y = 8,\ z = 4,\ w = -6$
（10） $x_1 = -7+3s,\ x_2 = 5-2s-t,\ x_3 = s,\ x_4 = t,\ x_5 = -1$ (s, t は任意定数)

A3.3 （1） $a + b + c = 0$ （2） $-a - 2b + c = 0$ （3） $a - b + c - d = 0$

A3.4 （1） $a = 1$ のとき解なし. $a = -\dfrac{1}{2}$ のとき
$$x = -\dfrac{2}{3} + t,\quad y = \dfrac{2}{3} + t,\quad z = t \quad (t \text{ は任意定数}).$$

$a \neq 1, -\dfrac{1}{2}$ のとき
$$x = \dfrac{a}{1-a}, \quad y = 1, \quad z = \dfrac{a}{a-1}.$$

(2) $a = -1$ のとき解なし．$a = 1$ のとき
$$x = \dfrac{3}{2} - t, \quad y = \dfrac{1}{2}, \quad z = t \quad (t \text{ は任意定数}).$$

$a \neq \pm 1$ のとき
$$x = \dfrac{3a+4}{2(a+1)}, \quad y = \dfrac{1}{2}, \quad z = -\dfrac{1}{2(a+1)}.$$

(3) $a = 4$ のとき解なし．$a = 1$ のとき
$$x = 1 - 3t, \quad y = z = t \quad (t \text{ は任意定数}).$$

$a \neq 1, 4$ のとき
$$x = a+5, \quad y = \dfrac{8-3a}{a-4}, \quad z = \dfrac{6-a}{a-4}.$$

(4) $a = 1$ のとき解なし．$a = -1$ のとき
$$x = -1 + t, \quad y = -2 + t, \quad z = t \quad (t \text{ は任意定数}).$$

$a \neq \pm 1$ のとき
$$x = -\dfrac{a+2}{2(a-1)}, \quad y = \dfrac{3}{2(a-1)}, \quad z = \dfrac{a-4}{2(a-1)}.$$

A3.5 (1) $a = 2$ (2) $a = 5$

A3.6 (1) 2   (2) 3   (3) $1\,(a=1)$, $3\,(a=-3)$, $4\,(a \neq -3, 1)$
(4) $0\,(a=b=c=0)$, $1\,(a+b+c \neq 0,\ a=b=c)$, $2\,(a+b+c=0$ かつ $a=b=c=0$ ではない), $3\,(a+b+c \neq 0$ かつ $a=b=c$ ではない)

A3.7 行列の階数は 3

(1) $\begin{pmatrix} 1 & 0 & 1 & 0 & -4 \\ 0 & 1 & 3 & 0 & 3 \\ 0 & 0 & 0 & 1 & 4 \\ 0 & 0 & 0 & 0 & 0 \end{pmatrix}$ (2) $\begin{pmatrix} 1 & 0 & 0 & -1 \\ 0 & 1 & 0 & 3 \\ 0 & 0 & 1 & 0 \\ 0 & 0 & 0 & 0 \end{pmatrix}$

(3) $\begin{pmatrix} 0 & 1 & 0 & -3 & 6 & 0 \\ 0 & 0 & 1 & 5 & -8 & 0 \\ 0 & 0 & 0 & 0 & 0 & 1 \\ 0 & 0 & 0 & 0 & 0 & 0 \\ 0 & 0 & 0 & 0 & 0 & 0 \end{pmatrix}$ (4) $\begin{pmatrix} 1 & 0 & \dfrac{3}{4} & 0 & -\dfrac{37}{24} \\ 0 & 1 & \dfrac{7}{8} & 0 & \dfrac{5}{16} \\ 0 & 0 & 0 & 1 & \dfrac{5}{6} \end{pmatrix}$

A3.8 (1) $\begin{pmatrix} -17 & 50 & 12 & -6 \\ 6 & -17 & -4 & 2 \\ -7 & 20 & 5 & -2 \\ -3 & 9 & 2 & -1 \end{pmatrix}$ (2) $\begin{pmatrix} 1 & -2 & 2 & -2 & 2 \\ 0 & 1 & -2 & 2 & -2 \\ 0 & 0 & 1 & -2 & 2 \\ 0 & 0 & 0 & 1 & -2 \\ 0 & 0 & 0 & 0 & 1 \end{pmatrix}$

(3) $\begin{pmatrix} 1 & 0 & 0 & 0 & -a \\ 0 & 1 & 0 & 0 & -b \\ 0 & 0 & 1 & 0 & -c \\ 0 & 0 & 0 & 1 & -d \\ 0 & 0 & 0 & 0 & 1 \end{pmatrix}$ (4) $\begin{pmatrix} 1 & -2 & 6 & -30 \\ 0 & 1 & -3 & 15 \\ 0 & 0 & 1 & -5 \\ 0 & 0 & 0 & 1 \end{pmatrix}$

(5) $\begin{pmatrix} 0 & 0 & 0 & 1 \\ 0 & 0 & 1 & -2 \\ 0 & 1 & -3 & 6 \\ 1 & -5 & 15 & -30 \end{pmatrix}$ (6) $\begin{pmatrix} -30 & 15 & -5 & 1 \\ 6 & -3 & 1 & 0 \\ -2 & 1 & 0 & 0 \\ 1 & 0 & 0 & 0 \end{pmatrix}$

(7) $\dfrac{1}{4}\begin{pmatrix} -8 & 5 & -1 & -3 \\ -28 & 16 & 4 & -20 \\ 8 & -4 & 0 & 4 \\ 12 & -7 & -1 & 9 \end{pmatrix}$ (8) $\dfrac{1}{2}\begin{pmatrix} -1 & 11 & 7 & -26 \\ -1 & -7 & -3 & 16 \\ 1 & 1 & -1 & 0 \\ 1 & -1 & -1 & 2 \end{pmatrix}$

B3.1 (1) 交点を (x_0, y_0) とすれば，3 直線の方程式による連立一次方程式は非自明な解 $(x_0, y_0, 1)$ をもつ．

(2) $x^2 = X$ とおけば (1) と同様．

B3.2 （関係式）$= k$ とおき連立 1 次方程式に変形する．この連立 1 次方程式は x, y, z すべて 0 ではない解をもち，$x : y : z = 2 : 1 : 1$．

B3.3 行基本変形により

$$\begin{pmatrix} x_1 & y_1 & z_1 & 1 \\ x_2 - x_1 & y_2 - y_1 & z_2 - z_1 & 0 \\ x_3 - x_1 & y_3 - y_1 & z_3 - z_1 & 0 \end{pmatrix}$$

となる．この (1, 4) 成分が 1 となるので，階数が 3 ではなければ第 2 行の成分がすべて 0 であるか，第 3 行は第 2 行の定数倍になる．

B3.4 a, b, c を未知数とする連立 1 次方程式

$$\begin{cases} ax + by + c = 0 \\ ax_1 + by_1 + c = 0 \\ ax_2 + by_2 + c = 0 \end{cases}$$

が非自明な解を持つ．

第 4 章

問題 4.1 （ 1 ） 一次独立　　（ 2 ） 一次独立　　（ 3 ） 一次従属　　（ 4 ） 一次従属

問題 4.2 （ 1 ）　$x = 1, -2$　　（ 2 ）　$x = 10, y = 2$

問題 4.3 $\lambda_{k+1} = \cdots = \lambda_r = 0$ とすると

$$\lambda_1 \boldsymbol{u}_1 + \cdots + \lambda_k \boldsymbol{u}_k = \lambda_1 \boldsymbol{u}_1 + \cdots + \lambda_k \boldsymbol{u}_k + \lambda_{k+1} \boldsymbol{u}_{k+1} + \cdots + \lambda_r \boldsymbol{u}_r$$

となる．$\boldsymbol{u}_1, \boldsymbol{u}_2, \ldots, \boldsymbol{u}_r$ が一次独立であるから，$\lambda_1 \boldsymbol{u}_1 + \cdots + \lambda_k \boldsymbol{u}_k = \boldsymbol{0}$ ならば $\lambda_1 = \cdots = \lambda_r = 0$ であり，$\boldsymbol{u}_1, \ldots, \boldsymbol{u}_k$ は一次独立である．なお，ベクトルの順番を入れ替えれば $\boldsymbol{u}_{i_1}, \boldsymbol{u}_{i_2}, \ldots, \boldsymbol{u}_{i_k}$ と互いに異なる任意の k 個を選んでも一次独立であることがわかる．

問題 4.4 一例を挙げる．

（ 1 ）　$\left\{ s \begin{pmatrix} 1 \\ 0 \\ 4 \end{pmatrix} + t \begin{pmatrix} 0 \\ 1 \\ 3 \end{pmatrix} \middle| s, t \in \mathbb{R} \right\}$　　（ 2 ）　$\left\{ s \begin{pmatrix} 5 \\ 0 \\ -2 \end{pmatrix} + t \begin{pmatrix} 0 \\ 5 \\ 3 \end{pmatrix} \middle| s, t \in \mathbb{R} \right\}$

問題 4.5 （ 2 ），（ 4 ）は部分空間，（ 1 ），（ 3 ）は部分空間ではない．

問題 4.6 一例を挙げる．

（ 1 ）　$\left\{ \begin{pmatrix} 1 \\ 3 \\ 2 \end{pmatrix}, \begin{pmatrix} 4 \\ 5 \\ 1 \end{pmatrix} \right\}$　　（ 2 ）　$\left\{ \begin{pmatrix} 3 \\ -1 \\ 2 \end{pmatrix}, \begin{pmatrix} 1 \\ 4 \\ -3 \end{pmatrix} \right\}$　　（ 3 ）　$\left\{ \begin{pmatrix} 3 \\ 1 \\ 2 \end{pmatrix} \right\}$

（ 4 ）　$\left\{ \begin{pmatrix} 3 \\ 4 \\ 7 \end{pmatrix}, \begin{pmatrix} 1 \\ 2 \\ 4 \end{pmatrix}, \begin{pmatrix} 6 \\ 8 \\ 9 \end{pmatrix} \right\}$

▶**注意** 例えば (1) の場合，与えられたベクトルを行ベクトルとした行列を

$$\begin{pmatrix} 1 & 3 & 2 \\ 4 & 5 & 1 \\ 3 & 2 & -1 \end{pmatrix} \to \begin{pmatrix} 1 & 3 & 2 \\ 0 & 1 & 1 \\ 0 & 0 & 0 \end{pmatrix} \to \begin{pmatrix} 1 & 0 & -1 \\ 0 & 1 & 1 \\ 0 & 0 & 0 \end{pmatrix}$$

のように行基本変形して $\left\{ \begin{pmatrix} 1 \\ 0 \\ -1 \end{pmatrix}, \begin{pmatrix} 0 \\ 1 \\ 1 \end{pmatrix} \right\}$ としても良い．

問題 4.7 （ 1 ）　2　　（ 2 ）　1　　（ 3 ）　3

問題 4.8 （1） o, o' がともに零元, すなわちすべての $v \in V$ について $v+o=v=v+o'$ であれば，条件（I-i）により $o = o+o' = o'+o = o'$.

（2） v に対して $y_v, y_v' \in V$ がともに v の逆元, すなわち $v+y_v = o = v+y_v'$ をみたすとする.

$$y_v' = y_v' + o = y_v' + (v+y_v) = (y_v'+v)+y_v = (v+y_v')+y_v = o+y_v = y_v$$

であるから，逆元もただ 1 つである.

（3） $0 \cdot v = (0+0) \cdot v = 0 \cdot v + 0 \cdot v$ より $0 \cdot v$ の逆元 $-(0 \cdot v)$ を考えると

$$o = 0 \cdot v + (-(0 \cdot v)) = (0 \cdot v + 0 \cdot v) + (-(0 \cdot v))$$
$$= 0 \cdot v + (0 \cdot v + (-(0 \cdot v))) = 0 \cdot v.$$

（4）
$$o = \lambda \cdot o + (-\lambda \cdot o) = \lambda \cdot (o+o) + (-\lambda \cdot o)$$
$$= (\lambda \cdot o + \lambda \cdot o) + (-\lambda \cdot o) = \lambda \cdot o + (\lambda \cdot o + (-\lambda \cdot o))$$
$$= \lambda \cdot o.$$

（5） $o = 0 \cdot v = (1+(-1)) \cdot v = 1 \cdot v + (-1) \cdot v = v + (-1) \cdot v$ より

$$-v = -v + o = -v + (v + (-1) \cdot v) = (-v+v) + (-1) \cdot v$$
$$= o + (-1) \cdot v = (-1) \cdot v.$$

問題 4.9 （S）をみたせば $\lambda_2 = 0$, $w_2 = o$ とすれば（S-i）が得られ, $\lambda_1 = \lambda_2 = 1$ とすれば（S-ii）が得られる．一方, （S-i）により $\lambda_1 w_1, \lambda_2 w_2 \in W$ となり（S-ii）により $\lambda_1 w_1 + \lambda_2 w_2 \in W$ が得られる.

問題 4.10 （1） $v_1, v_2 \in W_1 \cap W_2$ とする. $\lambda_1, \lambda_2 \in \mathbb{R}$ に対して W_1 が部分空間であるから $\lambda_1 v_1 + \lambda_2 v_2 \in W_1$ である. W_2 も部分空間であるから同様のことがわかり $\lambda_1 v_1 + \lambda_2 v_2 \in W_1 \cap W_2$ であるから $W_1 \cap W_2$ は部分空間である.

（2） $u = u_1+u_2$, $v = v_1+v_2 \in W_1+W_2$ とする. ただし $u_1, v_1 \in W_1$, $u_2, v_2 \in W_2$. $\lambda_1, \lambda_2 \in \mathbb{R}$ に対して $\lambda_1 u_1 + \lambda_2 v_1 \in W_1$, $\lambda_1 u_2 + \lambda_2 v_2 \in W_2$ であるから

$$\lambda_1 u + \lambda_2 v = (\lambda_1 u_1 + \lambda_2 v_1) + (\lambda_1 u_2 + \lambda_2 v_2) \in W_1 + W_2$$

となり W_1+W_2 は部分空間である.

問題 4.11 （1） $\dfrac{\pi}{3}$ （2） $\dfrac{\pi}{2}$ （3） $\dfrac{5\pi}{6}$ （4） $\dfrac{\pi}{4}$

第 4 章　　　　　　　　　　　　　　　　　　　　259

問題 **4.12**　$v_1, v_2 \in W^\perp$ とすると，すべての $w \in W$ に対して $\langle v_1, w \rangle = 0 = \langle v_2, w \rangle$ である．したがって，実数 λ_1, λ_2 について

$$\langle \lambda_1 v_1 + \lambda_2 v_2, w \rangle = \lambda_1 \langle v_1, w \rangle + \lambda_2 \langle v_2, w \rangle = 0$$

となり $\lambda_1 v_1 + \lambda_2 v_2 \in W^\perp$．

問題 **4.13**　（1）$\dfrac{7}{13}\boldsymbol{u} = \dfrac{7}{13}\begin{pmatrix} 2 \\ 3 \end{pmatrix}$　　（2）$-\dfrac{2}{5}\boldsymbol{u} = -\dfrac{2}{5}\begin{pmatrix} -3 \\ 4 \end{pmatrix}$

問題 **4.14**　（1）$\boldsymbol{u}_1 + \dfrac{7}{5}\boldsymbol{u}_2 = \dfrac{1}{5}\begin{pmatrix} 19 \\ 3 \\ -5 \end{pmatrix}$　　（2）$3\boldsymbol{u}_1 - \boldsymbol{u}_2 = \begin{pmatrix} 4 \\ 1 \\ 4 \end{pmatrix}$

問題 **4.15**　略

問題 **4.16**　（1）$\left\{ \boldsymbol{e}_1 = \dfrac{1}{\sqrt{2}}\begin{pmatrix} 1 \\ 0 \\ 1 \end{pmatrix}, \boldsymbol{e}_2 = \dfrac{1}{\sqrt{3}}\begin{pmatrix} -1 \\ 1 \\ 1 \end{pmatrix}, \boldsymbol{e}_3 = \dfrac{1}{\sqrt{6}}\begin{pmatrix} 1 \\ 2 \\ -1 \end{pmatrix} \right\}$

（2）$\left\{ \boldsymbol{e}_1 = \dfrac{1}{\sqrt{2}}\begin{pmatrix} 1 \\ -1 \\ 0 \end{pmatrix}, \boldsymbol{e}_2 = \dfrac{\sqrt{2}}{6}\begin{pmatrix} 1 \\ 1 \\ -4 \end{pmatrix}, \boldsymbol{e}_3 = \dfrac{-1}{3}\begin{pmatrix} 2 \\ 2 \\ 1 \end{pmatrix} \right\}$

（3）$\left\{ \boldsymbol{e}_1 = \dfrac{1}{2}\begin{pmatrix} 1 \\ 1 \\ -1 \\ -1 \end{pmatrix}, \boldsymbol{e}_2 = \dfrac{1}{\sqrt{2}}\begin{pmatrix} 1 \\ 0 \\ 1 \\ 0 \end{pmatrix}, \boldsymbol{e}_3 = \dfrac{1}{2}\begin{pmatrix} 1 \\ -1 \\ -1 \\ 1 \end{pmatrix}, \boldsymbol{e}_4 = \dfrac{-1}{\sqrt{2}}\begin{pmatrix} 0 \\ 1 \\ 0 \\ 1 \end{pmatrix} \right\}$

演 習 問 題

A4.1　（1）一次独立　　（2）一次従属　　（3）一次従属　　（4）一次独立

A4.2　（1）$x = -\dfrac{1}{7}$, $\lambda_1 = 7$, $\lambda_2 = -2$, $\lambda_3 = 3$（の定数倍）

（2）$x = \dfrac{5}{2}$, $y = 3$, $\lambda_1 = -2$, $\lambda_2 = 1$, $\lambda_3 = 1$（の定数倍）

A4.3　（1）含む　　（2）含まない　　（3）含む　　（4）含まない

A4.4　部分空間ではない（1），（2），（4）　　部分空間（3）

A4.5 (1) $\left\{\begin{pmatrix}-8\\0\\1\end{pmatrix}, \begin{pmatrix}-3\\1\\0\end{pmatrix}\right\}$ (2) $\left\{\begin{pmatrix}1\\-7\\1\end{pmatrix}\right\}$ (3) $\left\{\begin{pmatrix}-3\\2\\1\end{pmatrix}\right\}$

(4) $\left\{\begin{pmatrix}-1\\0\\1\end{pmatrix}\right\}$

A4.6 例を挙げる.

(1) $\left\{\begin{pmatrix}2\\3\\5\end{pmatrix}, \begin{pmatrix}1\\3\\4\end{pmatrix}\right\}, \left\{\begin{pmatrix}1\\1\\-1\end{pmatrix}\right\}$

(2) $\left\{\begin{pmatrix}1\\7\\4\\8\end{pmatrix}, \begin{pmatrix}3\\4\\1\\6\end{pmatrix}\right\}, \left\{\begin{pmatrix}9\\-11\\17\\0\end{pmatrix}, \begin{pmatrix}10\\18\\0\\-17\end{pmatrix}\right\}$

(3) $\left\{\begin{pmatrix}1\\3\\2\\1\\6\end{pmatrix}, \begin{pmatrix}2\\5\\3\\3\\9\end{pmatrix}, \begin{pmatrix}0\\2\\2\\1\\5\end{pmatrix}\right\}, \left\{\begin{pmatrix}1\\-1\\1\\0\\0\end{pmatrix}, \begin{pmatrix}5\\-8\\0\\1\\3\end{pmatrix}\right\}$

A4.7 $\begin{pmatrix}2 & -1 & 1 & 3\\3 & 0 & -2 & 1\end{pmatrix}, \begin{pmatrix}1 & -2 & 4 & 5\\0 & 3 & -7 & -7\end{pmatrix}$ を基本変形せよ.

A4.8 mn

A4.9 部分空間 (1), (2), (3)　　部分空間ではない (4)

A4.10 $\lambda_1 v_1 + \cdots + \lambda_r v_r = \mathbf{0}$ の両辺の v_i との内積をとれ.

A4.11 (1) $\left\{\dfrac{1}{\sqrt{3}}\begin{pmatrix}1\\1\\1\end{pmatrix}, \dfrac{-1}{\sqrt{6}}\begin{pmatrix}1\\-2\\1\end{pmatrix}, \dfrac{1}{\sqrt{2}}\begin{pmatrix}-1\\0\\1\end{pmatrix}\right\}$

(2) $\left\{\dfrac{1}{\sqrt{14}}\begin{pmatrix}2\\1\\3\end{pmatrix}, \dfrac{1}{\sqrt{10}}\begin{pmatrix}0\\3\\-1\end{pmatrix}, \dfrac{1}{\sqrt{35}}\begin{pmatrix}5\\-1\\-3\end{pmatrix}\right\}$

(3) $\left\{\dfrac{1}{\sqrt{6}}\begin{pmatrix}2\\1\\0\\1\end{pmatrix}, \dfrac{1}{\sqrt{38}}\begin{pmatrix}0\\-1\\6\\1\end{pmatrix}, \dfrac{1}{\sqrt{19}}\begin{pmatrix}0\\3\\1\\-3\end{pmatrix}\right\}$

(4) $\left\{ \dfrac{1}{\sqrt{2}}\begin{pmatrix}1\\1\\0\\0\end{pmatrix},\ \dfrac{1}{\sqrt{6}}\begin{pmatrix}-1\\1\\2\\0\end{pmatrix},\ \dfrac{1}{2\sqrt{3}}\begin{pmatrix}1\\-1\\1\\3\end{pmatrix},\ \dfrac{1}{2}\begin{pmatrix}-1\\1\\-1\\1\end{pmatrix} \right\}$

A4.12 例を挙げる.

(1) $\left\{ \dfrac{1}{\sqrt{2}}\begin{pmatrix}-1\\1\\0\\0\end{pmatrix},\ \dfrac{1}{\sqrt{6}}\begin{pmatrix}-1\\-1\\2\\0\end{pmatrix},\ \dfrac{1}{2\sqrt{3}}\begin{pmatrix}-1\\-1\\-1\\3\end{pmatrix} \right\}$

(2) $\left\{ \dfrac{1}{\sqrt{2}}\begin{pmatrix}1\\1\\0\\0\end{pmatrix},\ \dfrac{1}{\sqrt{6}}\begin{pmatrix}-1\\1\\2\\0\end{pmatrix},\ \dfrac{1}{2\sqrt{3}}\begin{pmatrix}1\\-1\\1\\3\end{pmatrix} \right\}$

B4.1 (1) $\{u_1, \ldots, u_r\}$ は W の基底であるから.

(2) $u_1, \ldots, u_r$ との内積を計算せよ.

(3) $v \in W \cap W^\perp$ ならば $\langle v, v \rangle = 0$ となり $v = 0$.

(4) 定義により $W \subset (W^\perp)^\perp$ であるが, 次元を調べると結論を得る. また $v_W, v'_W \in W$ かつ $v - v_W, v - v'_W \in W^\perp$ であるから $v_W = v'_W$.

B4.2 $\dim(S_n) = \dfrac{1}{2}n(n+1)$, $\dim(A_n) = \dfrac{1}{2}n(n-1)$, 直和性は $X \in \mathrm{Mat}(n, n; \mathbb{R})$ を $X = \dfrac{1}{2}(X + {}^t X) + \dfrac{1}{2}(X - {}^t X)$ と表すことで示せ.

B4.3 (1) 略 (2) A, X を成分表示して調べよ.

C4.1 (1) $\langle v, u_i \rangle u_i = u_i \langle u_i, v \rangle = u_i {}^t u_i v$ となる.

(2) $u_1, \ldots, u_r$ が互いに直交するから, 行列の結合法則により $(u_i {}^t u_i)(u_j {}^t u_j) = u_i({}^t u_i u_j){}^t u_j = u_i {}^t u_i\ (i=j)$, $O\ (i \neq j)$ となる.

C4.2 $f \in C^0(\mathbb{R})$ に対して $f_e, f_o \in C^0(\mathbb{R})$ を
$$f_e(t) = \dfrac{1}{2}\{f(t) + f(-t)\}, \quad f_o(t) = \dfrac{1}{2}\{f(t) - f(-t)\}$$
と定める.

C4.3 $W_1 \cap W_2$ の基底 $\{a_1, \ldots, a_m\}$ を1つ選び, 命題 4.5 を使って W_1, W_2 の基底 $\{a_1, \ldots, a_m, b_1, \ldots, b_{s-m}\}$, $\{a_1, \ldots, a_m, c_1, \ldots, c_{r-m}\}$ をとると
$$\{a_1, \ldots, a_m, b_1, \ldots, b_{s-m}, c_1, \ldots, c_{r-m}\}$$

が $W_1 + W_2$ の基底になる.

C4.4 A の行ベクトル $a_1, \ldots, a_m$ が張る部分空間 V の基底が $a_{i_1}, \ldots, a_{i_r}$ であり, B の行ベクトル $b_1, \ldots, b_m$ が張る部分空間 W の基底が $b_{j_1}, \ldots, b_{j_s}$ であるとする. $A+B$ の行ベクトル $a_1 + b_1, \ldots, a_m + b_m$ で生成される部分空間は $a_{i_1}, \ldots, a_{i_r}, b_{j_1}, \ldots, b_{j_s}$ で張られる部分空間 $V+W$ に含まれる.

C4.5 （1） 部分積分をするか積和公式を用いよ.

（2） $a_0(f) = \dfrac{1}{2\pi} \displaystyle\int_{-\pi}^{\pi} f(x)\,dx, \quad a_k(f) = \dfrac{1}{\pi} \displaystyle\int_{-\pi}^{\pi} f(x) \cos kx\,dx$

$b_k(f) = \dfrac{1}{\pi} \displaystyle\int_{-\pi}^{\pi} f(x) \sin kx\,dx$

（3） $\tilde{f}_n(x) = \dfrac{\pi^2}{3} + 4 \displaystyle\sum_{k=1}^{n} \dfrac{(-1)^k}{k^2} \cos kx$ （4） $\dfrac{\pi^2}{6}$

第 5 章

問題 5.1 （1） 線形.

（2） $f\begin{pmatrix}1\\1\end{pmatrix} = \begin{pmatrix}1\\1\end{pmatrix}$ だが

$$f\left(2\begin{pmatrix}1\\1\end{pmatrix}\right) = f\begin{pmatrix}2\\2\end{pmatrix} = \begin{pmatrix}2\\4\end{pmatrix} \neq 2\begin{pmatrix}1\\1\end{pmatrix}$$

であるから非線形.

（3） $f\begin{pmatrix}0\\0\end{pmatrix} = \begin{pmatrix}1\\0\end{pmatrix}$ であるから非線形. （4） 線形

問題 5.2 $g \circ f(\lambda_1 v_1 + \lambda_2 v_2) = g(\lambda_1 f(v_1) + \lambda_2 f(v_2)) = \lambda_1 g \circ f(v_1) + \lambda_2 g \circ f(v_2)$ であるから線形である.

問題 5.3 $w_1 = f(v_1), w_2 = f(v_2)$ とする. f は線形写像であるから

$$f(\lambda_1 v_1 + \lambda_2 v_2) = \lambda_1 f(v_1) + \lambda_2 f(v_2) = \lambda_1 w_1 + \lambda_2 w_2$$

であるから f^{-1} は

$$f^{-1}(\lambda_1 w_1 + \lambda_2 w_2) = \lambda_1 v_1 + \lambda_2 v_2 = \lambda f^{-1}(w_1) + \lambda_2 f^{-1}(w_2)$$

をみたし線形であることがわかる.

第 5 章

問題 5.4 （1） $\begin{pmatrix} 1 & 3 \\ -2 & 1 \\ 5 & -2 \end{pmatrix}$ （2） $\begin{pmatrix} 4 & 4 \\ 3 & 1 \\ 0 & -6 \end{pmatrix}$ （3） $\begin{pmatrix} 3 & -1 & 2 \\ 7 & -4 & 3 \end{pmatrix}$

問題 5.5 行列表示の定義から $A_f = (a_{ij})$, $A_g = (b_{ij})$ とすると

$$f(v_j) = a_{1j}w_1 + \cdots + a_{mj}w_m, \quad g(w_i) = b_{1i}u_1 + \cdots + b_{pi}u_p$$

である．したがって g が線形であることから

$$\begin{aligned}
g \circ f(v_j) &= g(a_{1j}w_1 + \cdots + a_{mj}w_m) = a_{1j}g(w_1) + \cdots + a_{mj}g(w_m) \\
&= \sum_{i=1}^{m} a_{ij}\{b_{1i}u_1 + \cdots + a_{pi}u_p\} \\
&= a_{1j}(b_{11}u_1 + \cdots + b_{p1}u_p) + a_{2j}(b_{12}u_1 + \cdots + b_{p2}u_p) \\
&\quad + \cdots + a_{mj}(b_{1m}u_1 + \cdots + b_{pm}u_p) \\
&= (a_{1j}b_{11} + a_{2j}b_{12} + \cdots + a_{mj}b_{1m})u_1 \\
&\quad + \cdots + (a_{1j}b_{p1} + a_{2j}b_{p2} + \cdots + a_{mj}b_{pm})u_p \\
&= \sum_{l=1}^{m} b_{1l}a_{lj}u_1 + \cdots + \sum_{l=1}^{m} b_{pl}a_{lj}u_p
\end{aligned}$$

となるので $A_{g \circ f} = \left(\sum_{l=1}^{m} b_{il}a_{lj}\right)$ である．一方，$A_g A_f$ を計算するとこの行列に一致する．

問題 5.6 $f(v_j) = v_j$ であるから．

問題 5.7 （1） $\begin{pmatrix} 2 & 1 \\ 3 & -2 \end{pmatrix}$ （2） $\dfrac{1}{7}\begin{pmatrix} 2 & 1 \\ 3 & -2 \end{pmatrix}$ （3） $\begin{pmatrix} 0 & 0 & 1 \\ 0 & 1 & -1 \\ 1 & -1 & 0 \end{pmatrix}$

（4） $\begin{pmatrix} 0 & -3 & 2 \\ -3 & -1 & 0 \\ 2 & 4 & -1 \end{pmatrix}$

問題 5.8 $A = (A_{ij})$, $P[\mathscr{V}', \mathscr{V}] = (p_{ij})$, $P[\mathscr{W}, \mathscr{W}'] = (q_{ij})$ とすると

$$\begin{aligned}
f(v'_j) &= f\left(\sum_{l}^{n} p_{lj}v_l\right) = \sum_{l=1}^{n} p_{lj}f(v_l) = \sum_{l=1}^{n} p_{lj}\left(\sum_{k=1}^{m} a_{kl}w_k\right) = \sum_{k=1}^{m}\sum_{l=1}^{n} a_{kl}p_{lj}w_k \\
&= \sum_{k=1}^{m}\sum_{l=1}^{n} a_{kl}p_{lj}\left(\sum_{i=1}^{m} q_{ik}w'_i\right) = \sum_{i=1}^{m}\left(\sum_{i=1}^{m}\sum_{l=1}^{n} q_{ik}a_{kl}p_{lj}\right)w'_i.
\end{aligned}$$

問題 5.9 $\begin{pmatrix} 17 & -2 & -6 \\ -17 & 3 & 9 \end{pmatrix}$

問題 5.10 $\left\{ \begin{pmatrix} 2 \\ 1 \end{pmatrix}, \begin{pmatrix} 1 \\ 5 \end{pmatrix} \right\}$

演習問題

A5.1 $\begin{pmatrix} \cos\varphi & -\sin\varphi \\ \sin\varphi & \cos\varphi \end{pmatrix} \begin{pmatrix} 1 & 0 \\ 0 & -1 \end{pmatrix} \begin{pmatrix} \cos\varphi & -\sin\varphi \\ \sin\varphi & \cos\varphi \end{pmatrix}^{-1} = \begin{pmatrix} \cos 2\varphi & \sin 2\varphi \\ \sin 2\varphi & -\cos 2\varphi \end{pmatrix}$

より，x 軸の正の方向とのなす角 φ の直線に関する線対称移動．

A5.2 線形 (1), (4), (5), (6) 非線形 (2), (3)

A5.3 (1) $\begin{pmatrix} 0 & 1 & 1 \\ -1 & 2 & 1 \\ 1 & -1 & 0 \end{pmatrix}$ (2) $\dfrac{1}{7}\begin{pmatrix} -6 & 9 & 11 \\ 11 & 8 & -12 \\ -38 & -20 & 23 \end{pmatrix}$

A5.4 (1) $\begin{pmatrix} 2 & 3 & 1 \\ 0 & 0 & 0 \\ -1 & 1 & 0 \end{pmatrix}$ (2) $\begin{pmatrix} 8 & 8 & 2 \\ -4 & -4 & -1 \\ -5 & -5 & -1 \end{pmatrix}$

(3) $\begin{pmatrix} 5 & 4 & 2 & -1 \\ 0 & -2 & 1 & 0 \end{pmatrix}$

A5.5 (1) $\begin{pmatrix} 0 & 1 \\ 1 & 1 \end{pmatrix}$ (2) $\dfrac{1}{3}\begin{pmatrix} -12 & -1 \\ 9 & 2 \end{pmatrix}$ (3) $\begin{pmatrix} 0 & 4 & 2 \\ 2 & -1 & -1 \\ 1 & -2 & 1 \end{pmatrix}$

(4) $\dfrac{1}{18}\begin{pmatrix} 3 & 8 & 2 \\ 3 & 2 & -4 \\ 3 & -4 & 8 \end{pmatrix}$

A5.6 (1) $\left\{ \begin{pmatrix} 3 \\ -2 \end{pmatrix}, \begin{pmatrix} -4 \\ 3 \end{pmatrix} \right\}$ (2) $\left\{ \begin{pmatrix} -3 \\ 4 \end{pmatrix}, \begin{pmatrix} 5 \\ -5 \end{pmatrix} \right\}$

(3) $\left\{ \begin{pmatrix} 15 \\ 8 \end{pmatrix}, \begin{pmatrix} 18 \\ 13 \end{pmatrix} \right\}$

A5.7 $\begin{pmatrix} 17 \\ -5 \end{pmatrix}$

A5.8 （1）$\begin{pmatrix} 14 & -29 & 25 \\ -7 & 27 & -20 \end{pmatrix}$ （2）$\begin{pmatrix} -2 & 7 & 0 \\ -11 & 41 & -20 \end{pmatrix}$

（3）$\dfrac{1}{7}\begin{pmatrix} 3 & 55 \\ 7 & 14 \\ -7 & 91 \end{pmatrix}$

A5.9 （1）$\left\{\begin{pmatrix} -2 \\ 5 \end{pmatrix}, \begin{pmatrix} 1 \\ -2 \end{pmatrix}\right\}$ （2）$\left\{\begin{pmatrix} 4 \\ 21 \end{pmatrix}, \begin{pmatrix} -1 \\ -8 \end{pmatrix}\right\}$

B5.1 （1）$\begin{pmatrix} 0 & 1 & 0 & 0 & 0 \\ 0 & 0 & 2 & 0 & 0 \\ 0 & 0 & 0 & 3 & 0 \\ 0 & 0 & 0 & 0 & 4 \\ 0 & 0 & 0 & 0 & 0 \end{pmatrix}$ （2）$\begin{pmatrix} 1 & 1 & 1 & 1 & 1 \\ 0 & 1 & 2 & 3 & 4 \\ 0 & 0 & 1 & 3 & 6 \\ 0 & 0 & 0 & 1 & 4 \\ 0 & 0 & 0 & 0 & 1 \end{pmatrix}$

（3）$\begin{pmatrix} 0 & -1 & 0 & 0 & 0 \\ 0 & 1 & -2 & 0 & 0 \\ 0 & 0 & 2 & -3 & 0 \\ 0 & 0 & 0 & 3 & -4 \\ 0 & 0 & 0 & 0 & 4 \end{pmatrix}$ （4）$\begin{pmatrix} 0 & 1 & 0 & 0 & 0 \\ -4 & 2 & 2 & 0 & 0 \\ 0 & -3 & 4 & 3 & 0 \\ 0 & 0 & -2 & 6 & 4 \\ 0 & 0 & 0 & -1 & 8 \end{pmatrix}$

B5.2 $P = (p_{ij})$ とすれば $v_j = \sum\limits_{i=1}^{n} p_{ij} e_i$ である．A の (i, j) 成分を計算すると

$$\langle v_i, v_j \rangle = \left\langle \sum_{k=1}^{n} p_{ki} e_k, \sum_{l=1}^{n} p_{lj} e_l \right\rangle = \sum_{k=1}^{n} \sum_{l=1}^{n} p_{ki} p_{lj} \langle e_k, e_l \rangle = \sum_{k=1}^{n} p_{ki} p_{kj}$$

となり ${}^tPP$ の (i, j) 成分と一致する．

第6章

問題 6.1 （1）$-1, 2, 3$ （2）$-2, 4, 4$ （3）$2, 2, 5$ （4）$4, 4, 4$
（5）$1, 1, 5$ （6）$5, 5, 5$

問題 6.2 例題 6.1 の $A:2$ に対して $s\begin{pmatrix} 1 \\ -1 \end{pmatrix}$ $(s \neq 0)$, 4 に対して $t\begin{pmatrix} 1 \\ 1 \end{pmatrix}$ $(t \neq 0)$

例題 6.1 の $C:2$ に対して $s\begin{pmatrix} 1 \\ 1 \\ 1 \end{pmatrix}$ $(s \neq 0)$, 3 に対して $t\begin{pmatrix} 1 \\ 0 \\ 1 \end{pmatrix}$ $(t \neq 0)$, 5 に対して $u\begin{pmatrix} 1 \\ -1 \\ 0 \end{pmatrix}$ $(u \neq 0)$

(1) -1 に対して $s\begin{pmatrix} 1 \\ -1 \\ 0 \end{pmatrix}$ $(s \neq 0)$, 2 に対して $t\begin{pmatrix} 1 \\ 0 \\ 1 \end{pmatrix}$ $(t \neq 0)$, 3 に対して $u\begin{pmatrix} 1 \\ 1 \\ 1 \end{pmatrix}$ $(u \neq 0)$

(2) -2 に対して $s\begin{pmatrix} -1 \\ 1 \\ 1 \end{pmatrix}$ $(s \neq 0)$, 4 に対して $t\begin{pmatrix} 1 \\ -1 \\ 1 \end{pmatrix}$ $(t \neq 0)$

(3) 2 に対して $s\begin{pmatrix} 1 \\ -1 \\ 0 \end{pmatrix} + t\begin{pmatrix} 1 \\ 0 \\ -1 \end{pmatrix}$ ($s = t = 0$ ではない), 5 に対して $u\begin{pmatrix} 1 \\ 1 \\ 1 \end{pmatrix}$ $(u \neq 0)$

(4) $s\begin{pmatrix} 1 \\ 1 \\ 1 \end{pmatrix}$ $(s \neq 0)$

(5) 1 に対して $s\begin{pmatrix} 2 \\ -1 \\ 0 \end{pmatrix} + t\begin{pmatrix} 1 \\ 0 \\ -1 \end{pmatrix}$ ($s = t = 0$ ではない), 5 に対して $u\begin{pmatrix} 1 \\ 1 \\ 1 \end{pmatrix}$ $(u \neq 0)$

(6) $s\begin{pmatrix} 2 \\ 3 \\ 0 \end{pmatrix} + t\begin{pmatrix} 1 \\ 0 \\ 3 \end{pmatrix}$ ($s = t = 0$ ではない)

問題 6.3 r に関する帰納法で証明する. $r = 1$ のときはベクトルの選び方の仮定から正しい. そこで $r - 1$ のとき正しいと仮定する. $\alpha_{11}\boldsymbol{v}_{11} + \cdots + \alpha_{rd_r}\boldsymbol{v}_{rd_r} = \boldsymbol{0}$ であれば

$$\lambda_r(\alpha_{11}\boldsymbol{v}_{11} + \cdots + \alpha_{rd_r}\boldsymbol{v}_{rd_r}) = \boldsymbol{0}$$
$$= A\boldsymbol{0} = A(\alpha_{11}\boldsymbol{v}_{11} + \cdots + \alpha_{rd_r}\boldsymbol{v}_{rd_r})$$
$$= \lambda_1(\alpha_{11}\boldsymbol{v}_{11} + \cdots + \alpha_{1d_1}\boldsymbol{v}_{1d_1}) + \cdots + \lambda_r(\alpha_{r1}\boldsymbol{v}_{r1} + \cdots + \alpha_{rd_r}\boldsymbol{v}_{rd_r})$$

より

$$(\lambda_1 - \lambda_r)(\alpha_{11}\boldsymbol{v}_{11} + \cdots + \alpha_{1d_1}\boldsymbol{v}_{1d_1})$$
$$+ \cdots + (\lambda_{r-1} - \lambda_r)(\alpha_{r-11}\boldsymbol{v}_{r-11} + \cdots + \alpha_{r-1d_{r-1}}\boldsymbol{v}_{r-1d_{r-1}}) = \boldsymbol{0}$$

となる. 帰納法の仮定から $\alpha_{11} = \cdots = \alpha_{r-1d_{r-1}} = 0$ である. したがって $\alpha_{r1}\boldsymbol{v}_{r1} + \cdots + \alpha_{rd_r}\boldsymbol{v}_{rd_r} = \boldsymbol{0}$ となるが, $\boldsymbol{v}_{r1}, \ldots, \boldsymbol{v}_{rd_r}$ が 1 次独立であるから $\alpha_{r1} = \cdots = \alpha_{rd_r} = 0$ もわかり $\boldsymbol{v}_{11}, \ldots, \boldsymbol{v}_{rd_r}$ は 1 次独立である.

問題 6.4 （１） 対角化可能

$$P = \begin{pmatrix} 1 & 3 & -1 \\ 1 & 0 & 1 \\ 1 & 1 & 0 \end{pmatrix} \quad \text{とすると} \quad \begin{pmatrix} 2 & 0 & 0 \\ 0 & 3 & 0 \\ 0 & 0 & 5 \end{pmatrix}$$

（２） 対角化可能

$$P = \begin{pmatrix} 1 & -1 & -1 \\ -1 & 1 & 0 \\ 1 & 0 & 1 \end{pmatrix} \quad \text{とすると} \quad \begin{pmatrix} -1 & 0 & 0 \\ 0 & 3 & 0 \\ 0 & 0 & 3 \end{pmatrix}$$

（３） 対角化可能

$$P = \begin{pmatrix} 1 & 1 & 1 \\ -1 & 0 & 2 \\ 0 & -1 & 1 \end{pmatrix} \quad \text{とすると} \quad \begin{pmatrix} 1 & 0 & 0 \\ 0 & 1 & 0 \\ 0 & 0 & 5 \end{pmatrix}$$

（４） 対角化不可能　（５） 対角化不可能　（６） 対角化不可能

問題 6.5　（１） $\dfrac{1}{4}\begin{pmatrix} 5^m + 3 & 2(5^m - 1) & 5^m - 1 \\ 5^m - 1 & 2(5^m + 1) & 5^m - 1 \\ 5^m - 1 & 2(5^m - 1) & 5^m + 3 \end{pmatrix}$

（２） $\begin{pmatrix} -2^m + 3^{m+1} - 5^m & -2^m + 3^{m+1} - 2\cdot 5^m & 3(2^m - 2\cdot 3^m + \cdot 5^m) \\ -2^m + 5^m & -2^m + 2\cdot 5^m & 3(2^m - 5^m) \\ -2^m + 3^m & -2^m + 3^m & 3\cdot 2^m - 2\cdot 3^m \end{pmatrix}$

（３） $\begin{pmatrix} (-1)^m & (-1)^m - 3^m & (-1)^m - 3^m \\ (-1)^{m+1} + 3^m & (-1)^{m+1} + 2\cdot 3^m & (-1)^{m+1} + 3^m \\ (-1)^m - 3^m & (-1)^m - 3^m & (-1)^m \end{pmatrix}$

演習問題

A6.1　（１） $a-1,\ a+1$；$a-1$ に対して $s\begin{pmatrix} -1 \\ 1 \end{pmatrix}$ $(s \neq 0)$, $a+1$ に対して $s\begin{pmatrix} 1 \\ 1 \end{pmatrix}$ $(s \neq 0)$

（２） $1-a,\ 1+a$；$1-a$ に対して $s\begin{pmatrix} -a \\ 1 \end{pmatrix}$ $(s \neq 0)$, $1+a$ に対して $s\begin{pmatrix} a \\ 1 \end{pmatrix}$ $(s \neq 0)$

（３） $-2,\ 1,\ 1$；-2 に対して $s\begin{pmatrix} -3 \\ -1 \\ 3 \end{pmatrix}$ $(s \neq 0)$, 1 に対して $s\begin{pmatrix} -3 \\ 2 \\ 3 \end{pmatrix}$ $(s \neq 0)$

（４） $1,\ 1,\ 2$；1 に対して $s\begin{pmatrix} 1 \\ 1 \\ 0 \end{pmatrix} + t\begin{pmatrix} -1 \\ 0 \\ 1 \end{pmatrix}$ $(s = t = 0$ ではない$)$, 2 に対して $s\begin{pmatrix} 1 \\ 1 \\ 1 \end{pmatrix}$ $(s \neq 0)$

(5)　$-2, -1, 6$；-2 に対して $s\begin{pmatrix} -1 \\ 0 \\ 1 \end{pmatrix}$ $(s \neq 0)$, -1 に対して $s\begin{pmatrix} 0 \\ -1 \\ 1 \end{pmatrix}$ $(s \neq 0)$, 6 に対して $s\begin{pmatrix} 21 \\ 16 \\ 19 \end{pmatrix}$ $(s \neq 0)$

(6)　$1, 1, 1$；1 に対して $s\begin{pmatrix} 1 \\ 0 \\ 1 \end{pmatrix}$ $(s \neq 0)$

(7)　$3, 3, 3, 8$；3 に対して $s\begin{pmatrix} -1 \\ 1 \\ 0 \\ 0 \end{pmatrix}$ $(s \neq 0)$, 8 に対して $s\begin{pmatrix} 39 \\ -9 \\ 70 \\ 25 \end{pmatrix}$ $(s \neq 0)$

(8)　-1 (重複度 $n-1$), $n-1$；$n-1$ に対して $s\begin{pmatrix} 1 \\ 1 \\ \vdots \\ 1 \end{pmatrix}$ $(s \neq 0)$, -1 に対して $t_1 \begin{pmatrix} -1 \\ 1 \\ 0 \\ \vdots \\ 0 \end{pmatrix} +$ $t_2 \begin{pmatrix} -1 \\ 0 \\ 1 \\ \vdots \\ 0 \end{pmatrix} + \cdots + t_{n-1} \begin{pmatrix} -1 \\ 0 \\ \vdots \\ 0 \\ 1 \end{pmatrix}$ $(t_1 = t_2 = \cdots = t_{n-1} = 0$ ではない$)$

A6.2 (1)　対角化可能
$$P = \begin{pmatrix} -1 & 1 \\ 1 & 1 \end{pmatrix} \quad \text{により} \quad \begin{pmatrix} a-1 & 0 \\ 0 & a+1 \end{pmatrix}$$

(2)　$a \neq 0$ のとき対角化可能
$$P = \begin{pmatrix} -a & a \\ 1 & 1 \end{pmatrix} \quad \text{により} \quad \begin{pmatrix} 1-a & 0 \\ 0 & 1+a \end{pmatrix},$$
$a = 0$ のとき対角化不可能

(3)　対角化不可能

(4)　対角化可能
$$P = \begin{pmatrix} 1 & -1 & 1 \\ 1 & 0 & 1 \\ 0 & 1 & 1 \end{pmatrix} \quad \text{として} \quad \begin{pmatrix} 1 & 0 & 0 \\ 0 & 1 & 0 \\ 0 & 0 & 2 \end{pmatrix}$$

（5） 対角化可能,
$$P = \begin{pmatrix} -1 & 0 & 21 \\ 0 & -1 & 16 \\ 1 & 1 & 19 \end{pmatrix} \text{として} \begin{pmatrix} -2 & 0 & 0 \\ 0 & -1 & 0 \\ 0 & 0 & 6 \end{pmatrix}$$

（6） 対角化不可能　　（7） 対角化不可能

（8） 対角化可能
$$P = \begin{pmatrix} -1 & -1 & \cdots & -1 & 1 \\ 1 & 0 & \cdots & 0 & 1 \\ 0 & 1 & \ddots & \vdots & \vdots \\ \vdots & \ddots & \ddots & 0 & 1 \\ 0 & \cdots & 0 & 1 & 1 \end{pmatrix} \text{として} \begin{pmatrix} -1 & 0 & \cdots & & 0 \\ 0 & \ddots & \ddots & & \vdots \\ \vdots & \ddots & \ddots & -1 & 0 \\ 0 & \cdots & & 0 & n-1 \end{pmatrix}$$

A6.3 （1） 対角化可能　　（2） 対角化不可能　　（3） 対角化可能
（4） 対角化不可能

A6.4 （1） $\dfrac{1}{4}\begin{pmatrix} 1+3\cdot 5^m & -1+5^m \\ -3+3\cdot 5^m & 3+5^m \end{pmatrix}$

（2） $\dfrac{1}{3}\begin{pmatrix} 2^{m+1}+5^m & -2^m+5^m & -2^m+5^m \\ -2^m+5^m & 2^{m+1}+5^m & -2^m+5^m \\ -2^m+5^m & -2^m+5^m & 2^{m+1}+5^m \end{pmatrix}$

（3） $\dfrac{1}{6}\begin{pmatrix} 3\cdot(-2)^m+3\cdot 4^m & (-2)^m-4^m & -(-2)^m+4^m \\ -3\cdot(-2)^{m+1}+2\cdot 3^{m+1}-3\cdot 4^{m+1} & -(-2)^{m+1}+4^{m+1} & (-2)^{m+1}+2\cdot 3^{m+1}-4^{m+1} \\ -3\cdot(-2)^m+2\cdot 3^{m+1}-3\cdot 4^m & -(-2)^m+4^m & (-2)^m+2\cdot 3^{m+1}-4^m \end{pmatrix}$

A6.5 （1） $P = \begin{pmatrix} 0 & -1 & 1 \\ 1 & -1 & 1 \\ 1 & 1 & 0 \end{pmatrix}$ により $P^{-1}AP = \begin{pmatrix} 2 & 0 & 0 \\ 0 & -1 & 0 \\ 0 & 0 & 1 \end{pmatrix}$

（2） $\begin{pmatrix} 2-(-1)^k & -1+(-1)^k & 1-(-1)^k \\ 2-(-1)^k-2^k & -1+(-1)^k+2^k & 1-(-1)^k \\ (-1)^k-2^k & -(-1)^k+2^k & (-1)^k \end{pmatrix}$

（3） $x_n = -1,\ y_n = -1+2^{n+1},\ z_n = 2^{n+1}$

B6.1 （1） 略

（2） $P^{-1}AP$ と対角化すると

$$P^{-1}\varphi_A(A)P = \varphi_A(P^{-1}AP) = \begin{pmatrix} \varphi_A(\lambda_1) & \cdots & 0 \\ \vdots & \ddots & \vdots \\ 0 & \cdots & \varphi_A(\lambda_n) \end{pmatrix} = O$$

B6.2 （1） $\begin{pmatrix} 8 & 12 & -26 \\ 0 & 8 & -19 \\ 0 & 0 & 27 \end{pmatrix}$, $\begin{pmatrix} 16 & 32 & -98 \\ 0 & 16 & -65 \\ 0 & 0 & 81 \end{pmatrix}$, $\dfrac{1}{12}\begin{pmatrix} 6 & -3 & 1 \\ 0 & 6 & 2 \\ 0 & 0 & 4 \end{pmatrix}$

（2） $\begin{pmatrix} -3 & 0 & -1 \\ 0 & -4 & 2 \\ -1 & 1 & -5 \end{pmatrix}$ （3） $\begin{pmatrix} -18 & 0 & 0 \\ 0 & -18 & 0 \\ 0 & 0 & -18 \end{pmatrix}$

B6.3 （1） 固有多項式の定義と行列式の定義による．

（2） $\varphi_A(t) = (\lambda_1 - t) \times \cdots \times (\lambda_n - t)$ の定数項と t^{n-1} の係数を調べる．命題 7.3 を学習した後は $|P^{-1}AP| = |A|$, $\mathrm{trace}(P^{-1}AP) = \mathrm{trace}(A)$ を利用しても良い．

B6.4 λ に対する固有ベクトル $\boldsymbol{v}$ について $A\boldsymbol{v} = \lambda\boldsymbol{v}$ より $\boldsymbol{v} = \lambda A^{-1}\boldsymbol{v}$ であるから，A, A^{-1} の固有空間について $W_A(\lambda) = W_{A^{-1}}(\lambda^{-1})$.

B6.5 対角化した $P^{-1}AP$ の逆行列を考えよ．

B6.6 （1） A の固有値 λ に対する固有ベクトル $\boldsymbol{v}$ を選ぶと $A^2\boldsymbol{v} = A(\lambda\boldsymbol{v}) = \lambda^2\boldsymbol{v}$, $A^2\boldsymbol{v} = A\boldsymbol{v} = \lambda\boldsymbol{v}$.

（2） A は正則． （3） ケーリー・ハミルトンの定理により $A^2 = O$.

（4） 2 つの異なる固有値 $0, 1$ をもち対角化可能か A が対角行列 O, E のいずれか．

B6.7 λ に対する固有ベクトル $\boldsymbol{v}$ は $p(A)\boldsymbol{v} = p(\lambda)\boldsymbol{v}$ をみたす．

B6.8 演習問題 B6.7 により固有値は 0 のみで $\varphi_A(t) = (-t)^n$.

B6.9 AB の固有値 λ に対する固有ベクトル $\boldsymbol{v}$ をとる．$B\boldsymbol{v} \neq \boldsymbol{0}$ ならば $BA(B\boldsymbol{v})$ を調べる．$B\boldsymbol{v} = \boldsymbol{0}$ ならば $|B| = 0$. したがって $|BA| = 0$ で $\lambda\boldsymbol{v} = AB\boldsymbol{v} = A\boldsymbol{0}$ より $\lambda = 0$.

B6.10 $Av = \alpha v$ ならば $A(Bv) = B(Av) = \alpha Bv$

C6.1 （1） 2 つの対角行列は可換 （2） 演習問題 B6.10 参照

第 7 章

問題 7.1 直交行列 $P = \begin{pmatrix} a & b \\ c & d \end{pmatrix}$ について，$e_1 = \begin{pmatrix} 1 \\ 0 \end{pmatrix}$ から見て $u = \begin{pmatrix} a \\ c \end{pmatrix}$ 方向の角を θ とする（ここでは都合により反時計回りを正の角として向きも含めて考えることにする）．$\|u\| = 1$ であるから $a = \cos\theta$, $c = \sin\theta$ である．u と $v = \begin{pmatrix} b \\ d \end{pmatrix}$ とは直交するので e_1 から見て v 方向の角は $\theta + \dfrac{\pi}{2}$ または $\theta - \dfrac{\pi}{2}$ である．したがって

$$v = \pm \begin{pmatrix} \cos\left(\theta + \dfrac{\pi}{2}\right) \\ \sin\left(\theta + \dfrac{\pi}{2}\right) \end{pmatrix} = \pm \begin{pmatrix} -\sin\theta \\ \cos\theta \end{pmatrix}$$

であるから $+$ の場合は θ 回転移動 $R(\theta)$ を表し，$-$ の場合は x 軸の正の方向に対して $\dfrac{\theta}{2}$ の角をなす直線に関する線線対称移動 $T\left(\dfrac{\theta}{2}\right)$ を表す．

問題 7.2 （1） $P^{-1} = {}^t P$ であるから ${}^t({}^t P){}^t P = P\,{}^t P = E$ をみたす．
（2） （1）と命題 7.1 による． （3） ${}^t(PQ)(PQ) = {}^t Q\,{}^t P P Q = E$.

問題 7.3 （1） V の正規直交基底 $\{e_1, \dots, e_n\}$ が f により正規直交基底に写されると仮定する．$v = \sum_{i=1}^n a_i e_i$, $w = \sum_{i=1}^n b_i e_i$ について

$$\langle f(v), f(w) \rangle = \left\langle \sum_{i=1}^n a_i f(e_i),\ \sum_{j=1}^n b_j f(e_j) \right\rangle = \sum_{i=1}^n \sum_{j=1}^n a_i b_j \langle f(e_i), f(e_j) \rangle$$

$$= \sum_{i=1}^n \sum_{j=1}^n a_i b_j \langle e_i, e_j \rangle = \sum_{i=1}^n a_i b_i = \langle v, w \rangle$$

となり内積を保つことがわかる．

逆に f が内積を保てば $\{f(e_1), \dots, f(e_n)\}$ は互いに直交するので，演習問題 A4.10 により一次独立なので基底になる．したがって，これは正規直交基底である．

（2）

$$\langle g \circ f(v),\ g \circ f(v') \rangle = \langle g(f(v)),\ g(f(v')) \rangle = \langle f(v), f(v') \rangle = \langle v, v' \rangle$$

よりわかる．

（3） （1）から全射であることがわかる．また $v \neq v'$ であれば

$$\|f(v) - f(v')\| = \|f(v - v')\| = \|v - v'\| \neq 0$$

であるから単射である．$w, w' \in V$ に対して $w = f(v)$, $w' = f(v')$ とすると

$$\langle w, w' \rangle = \langle f(v), f(v') \rangle = \langle v, v' \rangle = \langle f^{-1}(w), f^{-1}(w') \rangle$$

であるから f^{-1} も直交変換である．

問題 7.4 （1） $P = \dfrac{1}{\sqrt{6}} \begin{pmatrix} 0 & \sqrt{2} & -2 \\ -\sqrt{3} & \sqrt{2} & 1 \\ \sqrt{3} & \sqrt{2} & 1 \end{pmatrix}$ により $\begin{pmatrix} 2 & 0 & 0 \\ 0 & 3 & 0 \\ 0 & 0 & 6 \end{pmatrix}$

（2） $P = \dfrac{1}{\sqrt{6}} \begin{pmatrix} \sqrt{3} & -\sqrt{2} & 1 \\ 0 & \sqrt{2} & 2 \\ \sqrt{3} & \sqrt{2} & -1 \end{pmatrix}$ により $\begin{pmatrix} 1 & 0 & 0 \\ 0 & 2 & 0 \\ 0 & 0 & 5 \end{pmatrix}$

（3） $P = \dfrac{1}{\sqrt{6}} \begin{pmatrix} \sqrt{3} & \sqrt{2} & 1 \\ 0 & -\sqrt{2} & 2 \\ -\sqrt{3} & \sqrt{2} & 1 \end{pmatrix}$ により $\begin{pmatrix} 2 & 0 & 0 \\ 0 & 2 & 0 \\ 0 & 0 & 8 \end{pmatrix}$

問題 7.5 （1） $(x \ y) \begin{pmatrix} 3 & 4 \\ 4 & -5 \end{pmatrix} \begin{pmatrix} x \\ y \end{pmatrix}$ （2） $(x \ y \ z) \begin{pmatrix} 2 & 5 & -4 \\ 5 & -7 & 3 \\ -4 & 3 & 3 \end{pmatrix} \begin{pmatrix} x \\ y \\ z \end{pmatrix}$

問題 7.6 （1） $\begin{pmatrix} X \\ Y \\ Z \end{pmatrix} = \dfrac{1}{\sqrt{6}} \begin{pmatrix} \sqrt{3} & \sqrt{3} & 0 \\ 1 & -1 & 2 \\ -\sqrt{2} & \sqrt{2} & \sqrt{2} \end{pmatrix} \begin{pmatrix} x \\ y \\ z \end{pmatrix}$ とおくと $X^2 + Y^2 - 2Z^2$

（2） $\begin{pmatrix} X \\ Y \\ Z \end{pmatrix} = \dfrac{1}{\sqrt{6}} \begin{pmatrix} -\sqrt{3} & \sqrt{3} & 0 \\ 1 & 1 & -2 \\ \sqrt{2} & \sqrt{2} & \sqrt{2} \end{pmatrix} \begin{pmatrix} x \\ y \\ z \end{pmatrix}$ とおくと $2X^2 + 2Y^2 - Z^2$

（3） $\begin{pmatrix} X \\ Y \\ Z \end{pmatrix} = \dfrac{1}{\sqrt{6}} \begin{pmatrix} -\sqrt{3} & \sqrt{3} & 0 \\ \sqrt{2} & \sqrt{2} & -\sqrt{2} \\ 1 & 1 & 2 \end{pmatrix} \begin{pmatrix} x \\ y \\ z \end{pmatrix}$ とおくと $-2X^2 + 3Y^2 + 6Z^2$

（4） $\begin{pmatrix} X \\ Y \\ Z \end{pmatrix} = \dfrac{1}{\sqrt{6}} \begin{pmatrix} -\sqrt{3} & 0 & \sqrt{3} \\ \sqrt{2} & \sqrt{2} & \sqrt{2} \\ 1 & -2 & 1 \end{pmatrix} \begin{pmatrix} x \\ y \\ z \end{pmatrix}$ とおくと $\dfrac{1}{2}(X^2 + 2Y^2 + 5Z^2)$

問題 7.7 （1） $1 \leqq \mathcal{Q}(v) \leqq 6$ （2） $-1 \leqq \mathcal{Q}(v) \leqq 4$ （3） $0 \leqq \mathcal{Q}(v) \leqq 6$

問題 7.8 $D_k \neq 0$ であるから $n = 2, 3$ の場合それぞれ計算してみると

$$\mathcal{Q}(\boldsymbol{x}) = \frac{1}{a_{11}}(a_{11}x_1 + a_{12}x_2)^2 + \frac{1}{a_{11}}(a_{11}a_{22} - a_{12}^2){x_2}^2$$
$$= \frac{1}{D_1}(a_{11}x_1 + a_{12}x_2)^2 + \frac{1}{D_1 D_2}(D_2 x_2)^2,$$

$$\mathcal{Q}(\boldsymbol{x}) = \frac{1}{D_1}(a_{11}x_1 + a_{12}x_2 + a_{13}x_3)^2$$
$$+ \frac{1}{D_1 D_2}\left(\begin{vmatrix} a_{11} & a_{12} \\ a_{21} & a_{22} \end{vmatrix} x_2 + \begin{vmatrix} a_{11} & a_{13} \\ a_{21} & a_{23} \end{vmatrix} x_3 \right)^2 + \frac{1}{D_2 D_3}(D_3 x_3)^2$$

となる．したがって $D_0 = 1$ とおくと正定値，負定値であるための必要十分条件はそれぞれ

$$D_{k-1}D_k > 0 \quad (k = 1, 2, (3)), \quad D_{k-1}D_k < 0 \quad (k = 1, 2, (3))$$

である．

参考までに $n = 4$ の場合を述べておくと

$$\mathcal{Q}(\boldsymbol{x}) = \frac{1}{D_1}(a_{11}x_1 + a_{12}x_2 + a_{13}x_3 + a_{14}x_4)^2$$
$$+ \frac{1}{D_1 D_2}\left(\begin{vmatrix} a_{11} & a_{12} \\ a_{21} & a_{22} \end{vmatrix} x_2 + \begin{vmatrix} a_{11} & a_{13} \\ a_{21} & a_{23} \end{vmatrix} x_3 + \begin{vmatrix} a_{11} & a_{14} \\ a_{21} & a_{24} \end{vmatrix} x_4 \right)^2$$
$$+ \frac{1}{D_2 D_3}\left(\begin{vmatrix} a_{11} & a_{12} & a_{13} \\ a_{21} & a_{22} & a_{23} \\ a_{31} & a_{32} & a_{33} \end{vmatrix} x_3 + \begin{vmatrix} a_{11} & a_{12} & a_{14} \\ a_{21} & a_{22} & a_{24} \\ a_{31} & a_{32} & a_{34} \end{vmatrix} x_4 \right)^2 + \frac{1}{D_3 D_4}(D_4 x_4)^2$$

となる．

問題 7.9 （1） 正定値　　（2） 半正定値

問題 7.10 （1）　(2, 1)　　（2）　(1, 1)　　（3）　(2, 0)　　（3）　(2, 1)

演 習 問 題

A7.1 （1）　$P = \dfrac{1}{\sqrt{2}}\begin{pmatrix} 1 & 1 \\ 1 & -1 \end{pmatrix}$ により $\begin{pmatrix} a+b & 0 \\ 0 & a-b \end{pmatrix}$

（2）　$P = \dfrac{1}{\sqrt{30}}\begin{pmatrix} -\sqrt{6} & -2\sqrt{5} & 2 \\ 2\sqrt{6} & -\sqrt{5} & 1 \\ 0 & \sqrt{5} & 5 \end{pmatrix}$ により $\begin{pmatrix} 0 & 0 & 0 \\ 0 & 0 & 0 \\ 0 & 0 & 30 \end{pmatrix}$

（3）　$P = \dfrac{1}{3\sqrt{5}}\begin{pmatrix} -3 & 4 & 2\sqrt{5} \\ 6 & 2 & \sqrt{5} \\ 0 & 5 & -2\sqrt{5} \end{pmatrix}$ により $\begin{pmatrix} 3 & 0 & 0 \\ 0 & 3 & 0 \\ 0 & 0 & -6 \end{pmatrix}$

なお $P = \dfrac{1}{3}\begin{pmatrix} 1 & 2 & 2 \\ 2 & -2 & 1 \\ 2 & 1 & -2 \end{pmatrix}$ としても同じようになる．

(4) $P = \dfrac{1}{\sqrt{6}}\begin{pmatrix} 1 & -\sqrt{3} & \sqrt{2} \\ -2 & 0 & \sqrt{2} \\ 1 & \sqrt{3} & \sqrt{2} \end{pmatrix}$ により $\begin{pmatrix} 1 & 0 & 0 \\ 0 & 3 & 0 \\ 0 & 0 & 7 \end{pmatrix}$

(5) $P = \dfrac{1}{\sqrt{6}}\begin{pmatrix} -\sqrt{2} & \sqrt{3} & 1 \\ \sqrt{2} & \sqrt{3} & -1 \\ \sqrt{2} & 0 & 2 \end{pmatrix}$ により $\begin{pmatrix} 1 & 0 & 0 \\ 0 & 4 & 0 \\ 0 & 0 & 4 \end{pmatrix}$

(6) $P = \dfrac{1}{\sqrt{2}}\begin{pmatrix} -1 & 0 & 1 & 0 \\ 0 & -1 & 0 & 1 \\ 1 & 0 & 1 & 0 \\ 0 & 1 & 0 & 1 \end{pmatrix}$ により $\begin{pmatrix} -2 & 0 & 0 & 0 \\ 0 & -2 & 0 & 0 \\ 0 & 0 & 4 & 0 \\ 0 & 0 & 0 & 4 \end{pmatrix}$

(7) $P = \dfrac{1}{2\sqrt{6}}\begin{pmatrix} \sqrt{2} & -2\sqrt{3} & -2 & \sqrt{6} \\ \sqrt{2} & 2\sqrt{3} & -2 & \sqrt{6} \\ 3\sqrt{2} & 0 & 0 & -\sqrt{6} \\ \sqrt{2} & 0 & 4 & \sqrt{6} \end{pmatrix}$ により $\begin{pmatrix} -1 & 0 & 0 & 0 \\ 0 & 2 & 0 & 0 \\ 0 & 0 & 2 & 0 \\ 0 & 0 & 0 & 7 \end{pmatrix}$

(8) $P = \dfrac{1}{2\sqrt{3}}\begin{pmatrix} -\sqrt{6} & -\sqrt{2} & -1 & \sqrt{3} \\ \sqrt{6} & -\sqrt{2} & -1 & \sqrt{3} \\ 0 & 2\sqrt{2} & -1 & \sqrt{3} \\ 0 & 0 & 3 & \sqrt{3} \end{pmatrix}$ により $\begin{pmatrix} -1 & 0 & 0 & 0 \\ 0 & -1 & 0 & 0 \\ 0 & 0 & -1 & 0 \\ 0 & 0 & 0 & 3 \end{pmatrix}$

A7.2 (1) 半正定値　(2) 半負定値

A7.3 (1) $\begin{pmatrix} X \\ Y \end{pmatrix} = \dfrac{1}{\sqrt{2}}\begin{pmatrix} 1 & 1 \\ -1 & 1 \end{pmatrix}\begin{pmatrix} x \\ y \end{pmatrix}$ と変換して $X^2 + 3Y^2$

(2) $\begin{pmatrix} X \\ Y \\ Z \end{pmatrix} = \dfrac{1}{\sqrt{6}}\begin{pmatrix} -\sqrt{2} & \sqrt{2} & \sqrt{2} \\ 2 & 1 & 1 \\ 0 & -\sqrt{3} & \sqrt{3} \end{pmatrix}\begin{pmatrix} x \\ y \\ z \end{pmatrix}$ と変換して $X^2 + 4Y^2 + 6Z^2$

(3) $\begin{pmatrix} X \\ Y \\ Z \end{pmatrix} = \dfrac{1}{3\sqrt{2}}\begin{pmatrix} -3 & 3 & 0 \\ 1 & 1 & -4 \\ 2\sqrt{2} & 2\sqrt{2} & \sqrt{2} \end{pmatrix}\begin{pmatrix} x \\ y \\ z \end{pmatrix}$ と変換して $3(-X^2 - Y^2 + 2Z^2)$

(4) $\begin{pmatrix} X \\ Y \\ Z \end{pmatrix} = \dfrac{1}{\sqrt{6}}\begin{pmatrix} -\sqrt{3} & 0 & \sqrt{3} \\ \sqrt{2} & \sqrt{2} & \sqrt{2} \\ 1 & -2 & 1 \end{pmatrix}\begin{pmatrix} x \\ y \\ z \end{pmatrix}$ と変換して $3(Y^2 + 2Z^2)$

A7.4 (1) 正定値であるから　(2) 2次形式部分に対応する固有値は 5, 2, -1

A7.5 (1) $(1, 1)$　(2) $(2, 1)$

A7.6 以下の P により $\begin{pmatrix} X \\ Y \end{pmatrix} = {}^tP\begin{pmatrix} x \\ y \end{pmatrix}$ と座標変換したときの標準形である.

第 7 章　　　　　　　　　　　　　　　　　　　　　　**275**

(1)　$P = \dfrac{1}{2}\begin{pmatrix} 1 & -\sqrt{3} \\ \sqrt{3} & 1 \end{pmatrix}$, $-2X^2 + 2Y^2 = 1$ (双曲線)

(2)　$P = \dfrac{1}{2}\begin{pmatrix} \sqrt{3} & -1 \\ 1 & \sqrt{3} \end{pmatrix}$, $6X^2 + 2Y^2 = 1$ (楕円)

(3)　$P = \dfrac{1}{\sqrt{2}}\begin{pmatrix} 1 & -1 \\ 1 & 1 \end{pmatrix}$, $X^2 = Y$ (放物線)

(4)　$P = \dfrac{1}{5}\begin{pmatrix} 4 & -3 \\ 3 & 4 \end{pmatrix}$, $\dfrac{8}{3}X^2 + 16Y'^2 = 1$, $\left(Y' = Y - \dfrac{1}{4}\right)$ (楕円)

(5)　$P = \dfrac{1}{\sqrt{10}}\begin{pmatrix} 3 & -1 \\ 1 & 3 \end{pmatrix}$, $4X'^2 - Y'^2 = 0$,
$$\left(X' = X - \dfrac{3}{2},\ Y' = Y - 2\right) \text{ (交わる 2 直線)}$$

(6)　$P = \dfrac{1}{\sqrt{2}}\begin{pmatrix} 1 & 1 \\ 1 & -1 \end{pmatrix}$, $X' = \dfrac{1}{2\sqrt{2}}Y'^2$,
$$\left(X' = X - \dfrac{3}{\sqrt{2}},\ Y' = Y - \sqrt{2}\right) \text{ (放物線)}$$

A7.7　P により $\begin{pmatrix} X \\ Y \\ Z \end{pmatrix} = {}^{t}P \begin{pmatrix} x \\ y \\ z \end{pmatrix}$ と変換する.

(1)　$P = \dfrac{1}{\sqrt{6}}\begin{pmatrix} -\sqrt{3} & \sqrt{2} & 1 \\ \sqrt{3} & \sqrt{2} & 1 \\ 0 & \sqrt{2} & -2 \end{pmatrix}$, $6X^2 + 6Y^2 = 1$ (円柱)

(2)　$P = \dfrac{1}{\sqrt{6}}\begin{pmatrix} -\sqrt{3} & 1 & \sqrt{2} \\ \sqrt{3} & 1 & \sqrt{2} \\ 0 & -2 & \sqrt{2} \end{pmatrix}$, $-\dfrac{X^2}{4} - \dfrac{Y^2}{4} + \dfrac{Z^2}{2} = 1$ (二葉双曲面)

(3)　$P = \dfrac{1}{3\sqrt{5}}\begin{pmatrix} -3 & 4 & 2\sqrt{5} \\ 0 & 5 & -2\sqrt{5} \\ 6 & 2 & \sqrt{5} \end{pmatrix}$, $-5X'^2 + 9Z'^2 = 0$
$$\left(X' = X + \sqrt{5},\ Z' = Z + \dfrac{2}{3}\right) \text{ (交わる 2 平面)}$$

(4)　$P = \dfrac{1}{\sqrt{6}}\begin{pmatrix} \sqrt{2} & -1 & \sqrt{3} \\ -\sqrt{2} & 1 & \sqrt{3} \\ \sqrt{2} & 2 & 0 \end{pmatrix}$, $-2X'^2 + Y'^2 + 3Z'^2 = 1$
$$\left(X' = X - \dfrac{2}{\sqrt{3}},\ Y' = Y - \dfrac{7}{\sqrt{6}},\ Z' = Z - \dfrac{3}{\sqrt{2}}\right) \text{ (一葉双曲面)}$$

(5) $P = \dfrac{1}{\sqrt{6}}\begin{pmatrix} \sqrt{3} & -1 & \sqrt{2} \\ \sqrt{3} & 1 & -\sqrt{2} \\ 0 & 2 & \sqrt{2} \end{pmatrix}$, $\dfrac{\sqrt{6}}{4}Z'^2 = X'$

$\left(X' = \dfrac{1}{2}(\sqrt{3}\,X - Y) - \dfrac{2}{\sqrt{6}},\ Y' = -\dfrac{1}{2}(X + \sqrt{3}\,Y),\ Z' = Z + \dfrac{1}{\sqrt{3}} \right)$ （放物柱面）

(6) $P = \dfrac{1}{\sqrt{6}}\begin{pmatrix} \sqrt{2} & -\sqrt{3} & 1 \\ \sqrt{2} & \sqrt{3} & 1 \\ \sqrt{2} & 0 & -2 \end{pmatrix}$, $\dfrac{1}{2\sqrt{3}}(Y'^2 + 3Z'^2) = X'$

$\left(X' = X - \dfrac{1}{\sqrt{3}},\ Y' = Y + \sqrt{2},\ Z' = Z + \dfrac{\sqrt{6}}{3} \right)$ （楕円放物面）

B7.1 （1） 標準形で因数分解すると,

$$\dfrac{1}{2}(-2x + (\sqrt{3}-1)y + (\sqrt{3}+1)z)(2x + (\sqrt{3}+1)y + (\sqrt{3}-1)z).$$

（2） $(x + 3y - z)(3x - y + z)$.

B7.2 ${}^tAA$ の固有値 λ に対する固有ベクトル $\boldsymbol{v}$ をとると

$$\langle \lambda \boldsymbol{v},\,\boldsymbol{v}\rangle = \langle {}^tAA\boldsymbol{v},\,\boldsymbol{v}\rangle = \langle A\boldsymbol{v},\,A\boldsymbol{v}\rangle \geqq 0.$$

また $\boldsymbol{v} \neq \boldsymbol{0}$ より $A\boldsymbol{v} \neq \boldsymbol{0}$ であるための必要十分条件は，A が正則であること．

B7.3 （1） ${}^tPAP = \begin{pmatrix} \lambda_1 & \cdots & 0 \\ \vdots & \ddots & \vdots \\ 0 & \cdots & \lambda_n \end{pmatrix}$ と対角化して $B = P\begin{pmatrix} \sqrt{\lambda_1} & \cdots & 0 \\ \vdots & \ddots & \vdots \\ 0 & \cdots & \sqrt{\lambda_n} \end{pmatrix}{}^tP$

（2） (a) $\dfrac{1}{5}\begin{pmatrix} 4+\sqrt{6} & -2+2\sqrt{6} \\ -2+2\sqrt{6} & 1+4\sqrt{6} \end{pmatrix}$ (b) $\dfrac{1}{3}\begin{pmatrix} 4 & -4 & 2 \\ -4 & 4 & -2 \\ 2 & -2 & 1 \end{pmatrix}$

C7.1 命題 7.3 により上三角化する:

$${}^tPAP = \begin{pmatrix} \lambda_1 & \cdots & * \\ \vdots & \ddots & \vdots \\ 0 & \cdots & \lambda_n \end{pmatrix}.$$

上三角行列については

$$({}^tPAP)^k = \begin{pmatrix} \lambda_1{}^k & \cdots & * \\ \vdots & \ddots & \vdots \\ 0 & \cdots & \lambda_n{}^k \end{pmatrix}$$

第 8 章   **277**

であるから

$$\varphi_{p(A)}(t) = \varphi_{p({}^tPAP)}(t) = \begin{vmatrix} p(\lambda_1) - t & \cdots & * \\ \vdots & \ddots & \vdots \\ 0 & \cdots & p(\lambda_n) - t \end{vmatrix}.$$

C7.2 （1） f の行列表示を用いて正規直交基底 $\{e_1, \ldots, e_n\}$ に対して $\langle e_i, e_j \rangle_V = \langle f(e_i), f(e_j) \rangle_W$ を表示せよ.

（2） 正規直交基底 $\{e_1, \ldots, e_n\}$ の像 $\{f(e_1), \ldots, f(e_n)\}$ は演習問題 A4.10 により一次独立.

（3） $\|v + v'\|^2 = \|v\|^2 + 2\langle v, v' \rangle + \|v'\|^2$ を利用する.

C7.3 $F(v) = {}^tvAv + 2\langle b, v \rangle + d$ とおく. 正則な連立 1 次方程式 $Av = -b$ の解を v_0 とする（この位置ベクトルの終点を **2 次曲面の中心**という）. $u = v - v_0$ と平行移動すると A が対称行列であるから ${}^tv_0Au = \langle Av_0, u \rangle = -\langle b, u \rangle$ となるので $F(v) = {}^tuAu + F(v_0)$ である. したがって 2 次形式 ${}^tuAu$ を直交行列 P を用いて $w = {}^tPu$ とおくことで標準形に変形できる.

一方正則行列 $\widetilde{Q} = \begin{pmatrix} E_3 & v_0 \\ {}^t\mathbf{0} & 1 \end{pmatrix}$ を考えると ${}^t\widetilde{Q}\widetilde{A}\widetilde{Q} = \begin{pmatrix} A & \mathbf{0} \\ {}^t\mathbf{0} & F(v_0) \end{pmatrix}$ となり

$$|\widetilde{A}| = |{}^t\widetilde{Q}||\widetilde{A}||\widetilde{Q}| = |A|F(v_0)$$

であるから結論を得る.

なお $|A| \neq 0$ の 2 次曲面は**有心**であるといい，固有ベクトルからできる座標軸を**主軸**という. また 2 次曲面の方程式を標準形にすることを**主軸変換**を行うともいう.

2 次曲線 ${}^tvAv + 2\langle b, v \rangle + f = 0$ についても同様の性質が成り立つ.

第 8 章

問題 8.1 略

問題 8.2 （1） $\sqrt{2}\left(\cos\dfrac{\pi}{4} + i\sin\dfrac{\pi}{4}\right)$ （2） $2\left(\cos\left(-\dfrac{\pi}{6}\right) + i\sin\left(-\dfrac{\pi}{6}\right)\right)$

（3） $3(\cos\pi + i\sin\pi)$ （4） $2\sqrt{3}\left(\cos\dfrac{5\pi}{6} + i\sin\dfrac{5\pi}{6}\right)$

（5） $5\left(\cos\dfrac{\pi}{2} + i\sin\dfrac{\pi}{2}\right)$

問題 8.3 （1） $\sqrt{3} + i$ （2） $-3i$ （3） $-1 + i$

問題 8.4 （1） $16+11i$　（2） $-10+60i$　（3） $1+\sqrt{3}i$　（4） $\dfrac{2}{5}-\dfrac{11}{5}i$

問題 8.5 （1） $65\sqrt{2}$　（2） $\dfrac{1}{2}$　（3） 64

問題 8.6 （1） $\dfrac{\pi}{12}$　（2） $-\dfrac{\pi}{12}$　（3） $-\dfrac{\pi}{3}$

問題 8.7 （1） $\|z\|=\sqrt{15},\ \|w\|=\sqrt{30},\ \langle z,\,w\rangle=2-9i,\ \langle w,\,z\rangle=2+9i$
（2） $\|z\|=\|w\|=\sqrt{2},\ \langle z,\,w\rangle=-2i,\ \langle w,\,z\rangle=2i$
（3） $\|z\|=\sqrt{22},\ \|w\|=\sqrt{39},\ \langle z,\,w\rangle=27-2i,\ \langle w,\,z\rangle=27+2i$
（4） $\|z\|=\|w\|=\sqrt{2},\ \langle z,\,w\rangle=\langle w,\,z\rangle=0$

問題 8.8 （1） $P^*P=({}^t\overline{\boldsymbol{p}_i}\boldsymbol{p}_j)=(\overline{{}^t\boldsymbol{p}_i\overline{\boldsymbol{p}_j}})=(\overline{\langle\boldsymbol{p}_i,\,\boldsymbol{p}_j\rangle})$.

（2） $\boldsymbol{z}_j=\displaystyle\sum_{i=1}^n p_{ij}\boldsymbol{w}_i,\ \boldsymbol{p}_j=\begin{pmatrix}p_{1j}\\ \vdots \\ p_{nj}\end{pmatrix}$ とすると

$$\langle \boldsymbol{z}_j,\,\boldsymbol{z}_l\rangle=\sum_{i=1}^n\sum_{k=1}^n p_{ij}\overline{p_{kl}}\langle \boldsymbol{w}_i,\,\boldsymbol{w}_k\rangle=\sum_{i=1}^n p_{ij}\overline{p_{il}}={}^t\boldsymbol{p}_j\overline{\boldsymbol{p}}_l.$$

問題 8.9 $\lambda\|\boldsymbol{v}\|^2=\langle A\boldsymbol{v},\,\boldsymbol{v}\rangle={}^t\boldsymbol{v}\,{}^tA\bar{\boldsymbol{v}}={}^t\boldsymbol{v}\bar{A}\bar{\boldsymbol{v}}=\langle\boldsymbol{v},\,A\boldsymbol{v}\rangle=\bar{\lambda}\|\boldsymbol{v}\|^2$

問題 8.10 略

問題 8.11 （1） $P=\dfrac{1}{2}\begin{pmatrix}0 & \sqrt{2} & -\sqrt{2}\\ -\sqrt{2}i & i & i\\ \sqrt{2} & 1 & 1\end{pmatrix}$ として $P^*AP=\begin{pmatrix}0 & 0 & 0\\ 0 & \sqrt{2} & 0\\ 0 & 0 & -\sqrt{2}\end{pmatrix}$

（2） $P=\dfrac{1}{\sqrt{6}}\begin{pmatrix}2 & 0 & \sqrt{2}\\ i & \sqrt{3}i & -\sqrt{2}i\\ -1 & \sqrt{3} & \sqrt{2}\end{pmatrix}$ として $P^*AP=\begin{pmatrix}1 & 0 & 0\\ 0 & 3 & 0\\ 0 & 0 & 7\end{pmatrix}$

（3） $P=\dfrac{1}{\sqrt{6}}\begin{pmatrix}\sqrt{2} & \sqrt{3} & 1\\ \sqrt{2}i & 0 & -2i\\ -\sqrt{2} & \sqrt{3} & -1\end{pmatrix}$ として $P^*AP=\begin{pmatrix}-2 & 0 & 0\\ 0 & 1 & 0\\ 0 & 0 & 1\end{pmatrix}$

第 8 章 279

演 習 問 題

A8.1 （1） 固有値は $1, 1 \pm \sqrt{3}\,i$. 1 に対する固有ベクトルは $s\begin{pmatrix} 0 \\ 1 \\ 2 \end{pmatrix}$ $(s \neq 0)$. $1 + \sqrt{3}\,i$ に対する固有ベクトルは $t\begin{pmatrix} \sqrt{3}\,i \\ 2 \\ 1 \end{pmatrix}$ $(t \neq 0)$. $1 - \sqrt{3}\,i$ に対する固有ベクトルは $u\begin{pmatrix} -\sqrt{3}\,i \\ 2 \\ 1 \end{pmatrix}$ $(u \neq 0)$.

（2） 固有値は $1 \pm i$. $1 + i$ に対する固有ベクトルは $s\begin{pmatrix} i \\ 1 \end{pmatrix}$ $(s \neq 0)$. $1 - i$ に対する固有ベクトルは $t\begin{pmatrix} i \\ -1 \end{pmatrix}$ $(t \neq 0)$.

（3） 固有値は $5 - 4i, -4 + 5i$. $5 - 4i$ に対する固有ベクトルは $s\begin{pmatrix} 2 - i \\ 2 \end{pmatrix}$ $(s \neq 0)$, $-4 + 5i$ に対する固有ベクトルは $t\begin{pmatrix} 2i - 4 \\ 5 \end{pmatrix}$ $(t \neq 0)$.

（4） 固有値は $1, 4$. 1 に対する固有ベクトルは $s\begin{pmatrix} 1 + i \\ -1 \end{pmatrix}$ $(s \neq 0)$. 4 に対する固有ベクトルは $t\begin{pmatrix} 1 \\ 1 - i \end{pmatrix}$ $(t \neq 0)$.

（5） 固有値は $2i, -4i$. $2i$ に対する固有ベクトルは $s\begin{pmatrix} 1 - 2i \\ 1 \end{pmatrix}$ $(s \neq 0)$. $-4i$ に対する固有ベクトルは $t\begin{pmatrix} -1 \\ 1 + 2i \end{pmatrix}$ $(t \neq 0)$.

（6） 固有値は $0, 3, 4$. 0 に対する固有ベクトルは $s\begin{pmatrix} i \\ 0 \\ -1 \end{pmatrix}$ $(s \neq 0)$. 3 に対する固有ベクトルは $t\begin{pmatrix} 0 \\ 1 \\ 0 \end{pmatrix}$ $(t \neq 0)$. 4 に対する固有ベクトルは $u\begin{pmatrix} i \\ 0 \\ 1 \end{pmatrix}$ $(u \neq 0)$

A8.2 正規行列は（2），（3），（4）（エルミート行列），（5）（歪エルミート行列），（6）（エルミート行列）

（2） $U = \dfrac{1}{\sqrt{2}} \begin{pmatrix} i & i \\ 1 & -1 \end{pmatrix}$ により $\begin{pmatrix} 1 + i & 0 \\ 0 & 1 - i \end{pmatrix}$

（3） $U = \dfrac{1}{3\sqrt{5}} \begin{pmatrix} 2\sqrt{5} - \sqrt{5}\,i & 2i - 4 \\ 2\sqrt{5} & 5 \end{pmatrix}$ により $\begin{pmatrix} 5 - 4i & 0 \\ 0 & -4 + 5i \end{pmatrix}$

（4）$U = \dfrac{1}{\sqrt{3}}\begin{pmatrix} 1+i & 1 \\ -1 & 1-i \end{pmatrix}$ により $\begin{pmatrix} 1 & 0 \\ 0 & 4 \end{pmatrix}$

（5）$U = \dfrac{1}{\sqrt{6}}\begin{pmatrix} 1-2i & -1 \\ 1 & 1+2i \end{pmatrix}$ により $\begin{pmatrix} 2i & 0 \\ 0 & -4i \end{pmatrix}$

（6）$U = \dfrac{1}{\sqrt{2}}\begin{pmatrix} i & 0 & i \\ 0 & \sqrt{2} & 0 \\ -1 & 0 & 1 \end{pmatrix}$ により $\begin{pmatrix} 0 & 0 & 0 \\ 0 & 3 & 0 \\ 0 & 0 & 4 \end{pmatrix}$

A8.3 正規行列 A に対して $X = \dfrac{1}{2}(A+A^*)$, $Y = \dfrac{1}{2i}(A-A^*)$ を考える．

A8.4 （1）$U = \dfrac{1}{\sqrt{3}}\begin{pmatrix} \sqrt{2}\,i & -1 \\ -1 & \sqrt{2}\,i \end{pmatrix}$ として $2\overline{w_1}w_1 - \overline{w_2}w_2$

（2）$U = \dfrac{1}{2^{3/4}}\begin{pmatrix} (\sqrt{2}-1)^{1/2}i & (\sqrt{2}+1)^{1/2}i \\ (\sqrt{2}-1)^{-1/2} & -(\sqrt{2}+1)^{-1/2} \end{pmatrix}$ として $(2+\sqrt{2}\,)\overline{w_1}w_1 + (2-\sqrt{2}\,)\overline{w_2}w_2$

（3）$U = \dfrac{1}{\sqrt{2}}\begin{pmatrix} i & 0 & i \\ 0 & \sqrt{2} & 0 \\ -1 & 0 & 1 \end{pmatrix}$ として $3\overline{w_2}w_2 + 4\overline{w_3}w_3$

B8.1 $(A+iB)^*(A+iB) = ({}^tAA + {}^tBB) + i({}^tAB - {}^tBA)$ であるから，$A+iB$ がユニタリ行列であるための必要十分条件は，${}^tAA + {}^tBB = E_n$, ${}^tAB = {}^tBA$. $2n$ 次正方行列が直交行列になるための必要十分条件も同じになることから，結論を得る．

B8.2 A をユニタリ行列 U で対角化する．固有値がすべて実数であれば

$$U^*A^*U = (U^*AU)^* = U^*AU.$$

B8.3 （1）$A = \begin{pmatrix} 2 & -i \\ i & 1 \end{pmatrix}$, $B = \begin{pmatrix} 1 & 1 \\ 1 & 2 \end{pmatrix}$ はともにエルミート行列だが

$$AB = \begin{pmatrix} 2-i & 2-2i \\ 1+i & 2+i \end{pmatrix}$$

は正規行列ではない．

（2）$P = Q$ の場合に $P+Q = 2P$, $P-Q = O$ はともにユニタリ行列ではない．

C8.1 $AA^* = A^*A$ であるから

$$\|A^*\boldsymbol{v} - \bar\lambda\boldsymbol{v}\|^2 = \langle A^*\boldsymbol{v},\, A^*\boldsymbol{v}\rangle - \langle A^*\boldsymbol{v},\, \bar\lambda\boldsymbol{v}\rangle - \langle \bar\lambda\boldsymbol{v},\, A^*\boldsymbol{v}\rangle + \langle \bar\lambda\boldsymbol{v},\, \bar\lambda\boldsymbol{v}\rangle$$

$$= \langle v, AA^*v \rangle - \lambda \langle v, Av \rangle - \bar{\lambda}\langle Av, v \rangle + \bar{\lambda}\lambda \langle v, v \rangle$$
$$= \langle Av, Av \rangle - \langle \lambda v, Av \rangle - \langle Av, \lambda v \rangle + \langle \lambda v, \lambda v \rangle = \|Av - \lambda v\|^2.$$

したがって，$A^*v = \bar{\lambda}v$．

C8.2 任意のベクトル v について

$$0 = \langle (A_1{}^2 + \cdots + A_m{}^2)v, v \rangle = \sum_{j=1}^m \langle A_j{}^2 v, v \rangle$$
$$= \sum_{j=1}^m \langle A_j v, A_j{}^* v \rangle = \sum_{j=1}^m \|A_j v\|^2$$

より $A_j v = \mathbf{0}$ である．A_j は任意のベクトルを $\mathbf{0}$ に写すので，$A_j = O$ である．

第9章

問題 9.1 （1） $N_5{}^2 = \begin{pmatrix} 0 & 0 & 1 & 0 & 0 \\ 0 & 0 & 0 & 1 & 0 \\ 0 & 0 & 0 & 0 & 1 \\ 0 & 0 & 0 & 0 & 0 \\ 0 & 0 & 0 & 0 & 0 \end{pmatrix}, \ N_5{}^3 = \begin{pmatrix} 0 & 0 & 0 & 1 & 0 \\ 0 & 0 & 0 & 0 & 1 \\ 0 & 0 & 0 & 0 & 0 \\ 0 & 0 & 0 & 0 & 0 \\ 0 & 0 & 0 & 0 & 0 \end{pmatrix},$

$N_5{}^4 = \begin{pmatrix} 0 & 0 & 0 & 0 & 1 \\ 0 & 0 & 0 & 0 & 0 \\ 0 & 0 & 0 & 0 & 0 \\ 0 & 0 & 0 & 0 & 0 \\ 0 & 0 & 0 & 0 & 0 \end{pmatrix}, \ N_5{}^n = 0 \ (n \geqq 5)$

（2） $D = N_4 + 3N_4{}^2 + 5N_4{}^3$ であるから

$D^2 = \begin{pmatrix} 0 & 0 & 1 & 6 \\ 0 & 0 & 0 & 1 \\ 0 & 0 & 0 & 0 \\ 0 & 0 & 0 & 0 \end{pmatrix}, \ D^3 = \begin{pmatrix} 0 & 0 & 0 & 1 \\ 0 & 0 & 0 & 0 \\ 0 & 0 & 0 & 0 \\ 0 & 0 & 0 & 0 \end{pmatrix}, \ D^n = 0 \ (n \geqq 4)$

問題 9.2 （1） $2^m E_3 + 2^{m-1} m N_3 + 2^{m-3} m(m-1) N_3{}^2$

$= \begin{pmatrix} 2^m & 2^{m-1}m & 2^{m-3}m(m-1) \\ 0 & 2^m & 2^{m-1}m \\ 0 & 0 & 2^m \end{pmatrix}$

(2) $\begin{pmatrix} 3^m & 3^{m-1}m & 0 \\ 0 & 3^m & 0 \\ 0 & 0 & 2^m \end{pmatrix}$

(3) $\begin{pmatrix} (-1)^m & (-1)^{m-1}m & \dfrac{(-1)^m}{2}m(m-1) & 0 \\ 0 & (-1)^m & (-1)^{m-1}m & 0 \\ 0 & 0 & (-1)^m & 0 \\ 0 & 0 & 0 & 5^m \end{pmatrix}$

問題 9.3 （ 1 ），（ 2 ）　略

（ 3 ）　$\dim(W(\lambda)) \leqq n$ であるから $W_k(\lambda) = W_e(\lambda)$ となる k があることは（ 1 ）によりわかる．k_λ をこの性質をみたす最小の自然数とする．$W_j(\lambda) = W_{j+1}(\lambda)$ をみたす j（$< k_\lambda$）があると仮定すると $(A - \lambda E)^{j+1}\boldsymbol{v} = \boldsymbol{0}$ ならば $(A - \lambda E)^j\boldsymbol{v} = \boldsymbol{0}$ をみたすことになるので，$(A - \lambda E)^{k_\lambda}\boldsymbol{w} = \boldsymbol{0}$ ならば

$$\boldsymbol{0} = (A - \lambda E)^{k_\lambda}\boldsymbol{w} = (A - \lambda E)^{k_\lambda - j - 1}(A - \lambda E)^{j+1}\boldsymbol{v}$$
$$= (A - \lambda E)^{k_\lambda - j - 1}(A - \lambda E)^j\boldsymbol{v} = (A - \lambda E)^{k_\lambda - 1}\boldsymbol{w}$$

より $W_{k_\lambda - 1}(\lambda) = W_{k_\lambda}(\lambda) = W_e(\lambda)$ となって矛盾する．

問題 9.4　（ 1 ）　-1 に対して $a\begin{pmatrix} -2 \\ 1 \\ 1 \end{pmatrix} + b\begin{pmatrix} 1 \\ 0 \\ 0 \end{pmatrix}$（$a = b = 0$ ではない）．ただし $\begin{pmatrix} 1 \\ 0 \\ 0 \end{pmatrix} \in W_2(-1)$．$-6$ に対して $a\begin{pmatrix} 14 \\ -12 \\ 13 \end{pmatrix}$（$a \neq 0$）．

（ 2 ）　3 に対して $a\begin{pmatrix} 2 \\ -1 \\ 1 \end{pmatrix} + b\begin{pmatrix} 1 \\ 0 \\ 1 \end{pmatrix} + c\begin{pmatrix} 1 \\ 1 \\ 1 \end{pmatrix}$（$a = b = c = 0$ ではない）．ただし $\begin{pmatrix} 1 \\ 0 \\ 1 \end{pmatrix} \in W_2(3)$ で $\begin{pmatrix} 2 \\ -1 \\ 1 \end{pmatrix} \in W_1(3)$ に対応する．

（ 3 ）　3 に対して $a\begin{pmatrix} 1 \\ 2 \\ 2 \end{pmatrix} + b\begin{pmatrix} 1 \\ 1 \\ 1 \end{pmatrix} + c\begin{pmatrix} 1 \\ 0 \\ -1 \end{pmatrix}$（$a = b = c = 0$ ではない）．ただし $\begin{pmatrix} 1 \\ 1 \\ 1 \end{pmatrix} \in W_2(3)$, $\begin{pmatrix} 1 \\ 0 \\ -1 \end{pmatrix} \in W_3(3)$.

（4） 2 に対して $a\begin{pmatrix}1\\2\\1\\0\end{pmatrix}+b\begin{pmatrix}1\\2\\0\\0\end{pmatrix}+c\begin{pmatrix}1\\1\\0\\-1\end{pmatrix}+d\begin{pmatrix}1\\1\\0\\0\end{pmatrix}$ （$a=b=c=d=0$ ではない）．

ただし $\begin{pmatrix}1\\2\\0\\0\end{pmatrix},\begin{pmatrix}1\\1\\0\\0\end{pmatrix}\in W_2(2)$ で，それぞれ $\begin{pmatrix}1\\2\\1\\0\end{pmatrix},\begin{pmatrix}1\\1\\0\\-1\end{pmatrix}\in W_1(2)$ に対応する．

▶注意 （2）〜（4）の広義固有空間は $\mathbf{0}$ 以外であるが，例 9.1 のように構造がわかるように表示した．

問題 9.5 （1） $P=\begin{pmatrix}-2 & 1 & 14\\ 1 & 0 & -12\\ 1 & 0 & 13\end{pmatrix}$ として $\begin{pmatrix}-1 & 1 & 0\\ 0 & -1 & 0\\ 0 & 0 & -6\end{pmatrix}$

（2） $P=\begin{pmatrix}2 & 1 & 1\\ -1 & 0 & 1\\ 1 & 1 & 1\end{pmatrix}$ として $\begin{pmatrix}3 & 1 & 0\\ 0 & 3 & 0\\ 0 & 0 & 3\end{pmatrix}$

（3） $P=\begin{pmatrix}1 & 1 & 1\\ 2 & 1 & 0\\ 2 & 1 & -1\end{pmatrix}$ として $\begin{pmatrix}3 & 1 & 0\\ 0 & 3 & 1\\ 0 & 0 & 3\end{pmatrix}$

（4） $P=\begin{pmatrix}1 & 1 & 1 & 1\\ 2 & 2 & 1 & 1\\ 1 & 0 & 0 & 0\\ 0 & 0 & -1 & 0\end{pmatrix}$ として $\begin{pmatrix}2 & 1 & 0 & 0\\ 0 & 2 & 0 & 0\\ 0 & 0 & 2 & 1\\ 0 & 0 & 0 & 2\end{pmatrix}$

演 習 問 題

A9.1 （1） $P=\begin{pmatrix}2 & -1\\ -2 & 0\end{pmatrix}$ により $\begin{pmatrix}5 & 1\\ 0 & 5\end{pmatrix}$

（2） $P=\begin{pmatrix}2 & -2 & 1\\ -1 & 2 & 0\\ 0 & 1 & 0\end{pmatrix}$ により $\begin{pmatrix}3 & 0 & 0\\ 0 & 3 & 1\\ 0 & 0 & 3\end{pmatrix}$

（3） $a=0$ のとき $P=E$ により $\begin{pmatrix}1 & 0 & 0\\ 0 & 1 & 0\\ 0 & 0 & 0\end{pmatrix}$，$a=1$ のとき $P=\begin{pmatrix}0 & 0 & 1\\ 0 & 1 & 0\\ 1 & 0 & 0\end{pmatrix}$ により $\begin{pmatrix}1 & 1 & 0\\ 0 & 1 & 1\\ 0 & 0 & 1\end{pmatrix}$，$a\neq 0,1$ のとき $P=\begin{pmatrix}0 & 1-a & 0\\ a-a^2 & a & 0\\ a^2 & 0 & 1\end{pmatrix}$ により $\begin{pmatrix}1 & 1 & 0\\ 0 & 1 & 0\\ 0 & 0 & a\end{pmatrix}$．

A9.2 （1） $3^{n-1}\begin{pmatrix} 3+n & -n \\ n & 3-n \end{pmatrix}$

（2） $\begin{pmatrix} 3^n - 2^{n-1}n & -2^{n-1}n & 3^n - 2^n \\ -3^n + 2^{n-1}(n+2) & 2^{n-1}(n+2) & 2^n - 3^n \\ 2^{n-1}n & 2^{n-1}n & 2^n \end{pmatrix}$

（3） $\dfrac{3^{n-2}}{2}\begin{pmatrix} 18 - 5n - n^2 & -n(n+11) & 2n(n+8) \\ n(7-n) & -n^2 + n + 18 & 2n(n-4) \\ n(1-n) & -n(n+5) & 2(n^2 + 2n + 9) \end{pmatrix}$

A9.3 （1） $x_n = 7^{n-1}(21 - 4n),\ y_n = 7^{n-1}(7 - 4n)$

（2） $x_n = 2^n(5 - 3n),\ y_n = 2^n(3 - 3n)$

A9.4 $\begin{cases} x_{n+1} = 2ax_n - a^2 y_n \\ y_{n+1} = x_n, \end{cases}$ $\begin{pmatrix} x_1 \\ y_1 \end{pmatrix} = \begin{pmatrix} 1 \\ 1 \end{pmatrix}$ より $x_n = a^{n-1}(a + n - an)\ (n \geqq 2)$

補　遺

問題 A.1 （1） $(13, -5, -17)$　　（2） $(31, -13, -7)$

問題 B.1 略

問題 B.2 略

問題 B.3 略（注）A, B がともに実行列であれば $|A+iB| |A-iB|$ は複素数 $|A+iB|$ の絶対値の平方になる．

問題 B.4 略

問題 B.5 $(n+l)$ 列と l 列とを入れ替える $(l = 1, 2, \ldots, n)$ とそれぞれ

$$(-1)^n \begin{vmatrix} B & A \\ O & C \end{vmatrix}, \quad (-1)^n \begin{vmatrix} B & O \\ D & C \end{vmatrix}$$

となるので $(-1)^n |B||C|$．なお，$(-1)^{n^2} = (-1)^n$ となることから命題 B.3 に矛盾しない．

問題 B.6 $Z^{-1} = \begin{pmatrix} O & C^{-1} \\ B^{-1} & -B^{-1}AC^{-1} \end{pmatrix},\ W^{-1} = \begin{pmatrix} -C^{-1}DB^{-1} & C^{-1} \\ B^{-1} & O \end{pmatrix}$

問題 C.1 （1） 核 $\left\{ \begin{pmatrix} 3 \\ 7 \\ 1 \end{pmatrix} \right\}$，像 $\left\{ \begin{pmatrix} 1 \\ 0 \\ 1 \end{pmatrix}, \begin{pmatrix} 0 \\ 1 \\ 1 \end{pmatrix} \right\}$

（2）核 $\left\{\begin{pmatrix}-2\\1\\1\end{pmatrix}\right\}$, 像 $\left\{\begin{pmatrix}1\\3\\3\\-7\end{pmatrix}, \begin{pmatrix}0\\0\\2\\-15\end{pmatrix}\right\}$

（3）核 $\left\{\begin{pmatrix}1\\1\\-1\\0\\0\end{pmatrix}, \begin{pmatrix}3\\-2\\0\\-1\\1\end{pmatrix}\right\}$, 像 $\left\{\begin{pmatrix}1\\0\\0\\2\end{pmatrix}, \begin{pmatrix}0\\1\\0\\3\end{pmatrix}, \begin{pmatrix}0\\0\\1\\1\end{pmatrix}\right\}$

（4）核 $\left\{\begin{pmatrix}-5\\-16\\18\\0\\0\end{pmatrix}, \begin{pmatrix}0\\-1\\0\\1\\0\end{pmatrix}, \begin{pmatrix}-1\\-2\\0\\0\\2\end{pmatrix}\right\}$, 像 $\left\{\begin{pmatrix}1\\0\\2\end{pmatrix}, \begin{pmatrix}0\\1\\-1\end{pmatrix}\right\}$

問題 C.2 （1） $f(S) = \left\{a\begin{pmatrix}1\\2\\3\end{pmatrix} + b\begin{pmatrix}1\\1\\1\end{pmatrix} \middle| a, b \in \mathbb{R}\right\} = \left\{\begin{pmatrix}x\\y\\z\end{pmatrix} \middle| x - 2y + z = 0\right\}$,

$f(T) = \left\{a\begin{pmatrix}2\\1\\0\end{pmatrix} \middle| a \in \mathbb{R}\right\}$, $g(S) = \left\{a\begin{pmatrix}2\\0\\5\end{pmatrix} \middle| a \in \mathbb{R}\right\}$,

$g(T) = \left\{a\begin{pmatrix}1\\2\\4\end{pmatrix} + b\begin{pmatrix}2\\0\\5\end{pmatrix} \middle| a, b \in \mathbb{R}\right\} = \left\{\begin{pmatrix}x\\y\\z\end{pmatrix} \middle| 10x + 3y - 4z = 0\right\}$

（2） $f(S) = \left\{a\begin{pmatrix}1\\3\\2\end{pmatrix} + b\begin{pmatrix}1\\-3\\9\end{pmatrix} \middle| a, b \in \mathbb{R}\right\} = \left\{\begin{pmatrix}x\\y\\z\end{pmatrix} \middle| 33x - 7y - 6z = 0\right\}$,

$f(T) = \left\{a\begin{pmatrix}2\\13\\5\end{pmatrix} \middle| a \in \mathbb{R}\right\}$, $g(S) = \left\{a\begin{pmatrix}-1\\1\\1\end{pmatrix} \middle| a \in \mathbb{R}\right\}$, $g(T) = \left\{\begin{pmatrix}0\\0\\0\end{pmatrix}\right\}$

問題 C.3 （1） $\dim(\ker f) = 0$, $\dim(\operatorname{image} f) = 3$

（2） $\dim(\ker f) = 1$, $\dim(\operatorname{image} f) = 2$

（3） $\dim(\ker f) = 3$, $\dim(\operatorname{image} f) = 2$

（4） $\dim(\ker f) = \dim(\operatorname{image} f) = 2$

演 習 問 題

A.1 （1），（2） 略

（3） 命題 A.2（1）を用いると

$$(a \times b) \cdot (c \times d) = c \cdot \{d \times (a \times b)\} = (b \cdot d)(a \cdot c) - (a \cdot d)(b \cdot c).$$

A.2 （1） $\begin{pmatrix} -1 & 2 & -1 & -1 \\ 2 & -3 & 8 & -15 \\ 0 & 0 & 1 & -2 \\ 0 & 0 & -2 & 5 \end{pmatrix}$ （2） $\begin{pmatrix} -2 & 5 & 0 & 0 \\ 1 & -2 & 0 & 0 \\ 6 & -19 & 2 & -1 \\ -11 & 32 & -3 & 2 \end{pmatrix}$

（3） $\begin{pmatrix} 3 & -2 & -1 & 2 \\ -8 & 5 & 2 & -3 \\ 3 & -2 & 0 & 0 \\ -4 & 3 & 0 & 0 \end{pmatrix}$ （4） $\begin{pmatrix} 0 & 0 & -1 & 2 \\ 0 & 0 & 2 & -3 \\ 3 & -2 & -3 & -5 \\ -4 & 3 & 3 & 8 \end{pmatrix}$

A.3 $\dfrac{1}{2}\begin{pmatrix} A^{-1} & A^{-1} \\ -A^{-1} & A^{-1} \end{pmatrix}$

A.4 （1） 像 $\left\{\begin{pmatrix} 1 \\ 1 \\ 4 \end{pmatrix}, \begin{pmatrix} 0 \\ 2 \\ 3 \end{pmatrix}\right\}$ 核 $\left\{\begin{pmatrix} 1 \\ 1 \\ -1 \\ 0 \\ 0 \end{pmatrix}, \begin{pmatrix} 1 \\ -2 \\ 0 \\ 1 \\ 0 \end{pmatrix}, \begin{pmatrix} 1 \\ -3 \\ 0 \\ 0 \\ 1 \end{pmatrix}\right\}$

（2） 像 $\left\{\begin{pmatrix} 1 \\ 0 \\ -2 \end{pmatrix}, \begin{pmatrix} 0 \\ 1 \\ 3 \end{pmatrix}\right\}$ 核 $\left\{\begin{pmatrix} 1 \\ 2 \\ 0 \\ 0 \end{pmatrix}, \begin{pmatrix} 1 \\ 0 \\ -2 \\ 2 \end{pmatrix}\right\}$

（3） 像 $\left\{\begin{pmatrix} 2 \\ 0 \\ 5 \\ 1 \end{pmatrix}, \begin{pmatrix} 0 \\ 2 \\ -1 \\ 1 \end{pmatrix}\right\}$ 核 $\left\{\begin{pmatrix} 1 \\ 3 \\ 5 \end{pmatrix}\right\}$

（4） 像 $\left\{\begin{pmatrix} 0 \\ 1 \\ 5 \\ 2 \end{pmatrix}, \begin{pmatrix} 2 \\ 1 \\ 0 \\ 3 \end{pmatrix}, \begin{pmatrix} 3 \\ -1 \\ 4 \\ 1 \end{pmatrix}\right\}$ 核 $\{\}$（空集合）

A.5 （1） v は含まれ w は含まれない   （2） ともに含まれない

補 遺

A.6 （ 1 ） $\ker(D)$ は定数関数全体の集合，$\mathrm{image}(D)$ は $n-1$ 次以下の関数全体の集合

（ 2 ） $\ker(T) = \{0\}$, $\mathrm{image}(T) = V$ （T は全単射）

（ 3 ） $\ker(L) = \{a(x+1) \mid a \in \mathbb{R}\}$,
$$\mathrm{image}(L) = \left\{ a_0 + \sum_{k=2}^{n} a_k(x+1)^k \;\middle|\; a_0, a_2, \ldots, a_n \in \mathbb{R} \right\}$$

（ 4 ） $\ker(F) = \{ax^2 + bx^3 \mid a, b \in \mathbb{R}\}$, $\mathrm{image}(F)$ は x^2, x^3 の係数が 0 である n 次以下の関数全体の集合

A.7 （ 1 ） $\ker(f)$ は n 次対称行列全体の集合，$\mathrm{image}(f)$ は n 次交代行列全体の集合

（ 2 ） $\ker(f) = \left\{ \begin{pmatrix} a & b \\ c & -a \end{pmatrix} \;\middle|\; a, b, c \in \mathbb{R} \right\}$, $\mathrm{image}(f) = \mathbb{R}$ （全射）

B.1 （ 1 ） $\left\{ \begin{pmatrix} 2 \\ 1 \\ 0 \\ 0 \\ 0 \end{pmatrix}, \begin{pmatrix} 3 \\ 0 \\ -2 \\ 1 \\ 0 \end{pmatrix}, \begin{pmatrix} -1 \\ 0 \\ 1 \\ 0 \\ 1 \end{pmatrix} \right\}$, 3 次元

（ 2 ） f について核は 1 次元，像は 2 次元　g について核は 2 次元，像は 1 次元

C.1 （ 1 ） 両辺とも $\{\boldsymbol{v} \in \mathbb{R}^n \mid A\boldsymbol{v} = \boldsymbol{0}\}$

（ 2 ） $\boldsymbol{w} \in \mathrm{image}(f_A)$ ならば $\boldsymbol{w} = A\boldsymbol{v}$ となる $\boldsymbol{v}$ が存在するので $\boldsymbol{w} = A\boldsymbol{v} = A^2\boldsymbol{v} = A\boldsymbol{w}$

（ 3 ） 次元公式による

（ 4 ） $\dim(W(1)) \geqq \dim(\mathrm{image}(A))$. 一方 $\dim(W(0)) + \dim(W(1)) \leqq n$ より $\dim(W(1)) \leqq \mathrm{rank}(A)$

（ 5 ） $\dim(W(0)) + \dim(W(1)) = n$ であるから

C.2 （ 1 ） $\dim(\ker(f)) + \dim(\mathrm{image}(f)) = 2$ である. $\mathbb{R}^2$ の 2 つの部分空間 $\ker(f)$, $\mathrm{image}(f)$ について $\dim(\ker(f)) = \dim(\mathrm{image}(f)) = 1$ のとき $\ker(f) = \mathrm{image}(f)$ または $\ker(f) \cap \mathrm{image}(f) = \{\boldsymbol{0}\}$

（ 2 ） $A^2 = O$ であるための必要十分条件は $\mathrm{image}(f) \subset \ker(f)$

C.3 $\mathrm{rank}(AB) = \dim(\mathrm{image}(f_A \circ f_B)) \leqq \dim(\mathrm{image}(f_B)) = \mathrm{rank}(B)$,
$$\mathrm{rank}(AB) = \dim(\mathrm{image}(f_A \circ f_B)) = \dim(f_A \circ f_B(\mathbb{R}^p))$$
$$\leqq \dim(f_A(\mathbb{R}^n)) = \mathrm{rank}(A).$$

また $\ker(f_A) \cap f_B(\mathbb{R}^p) \subset \ker(f_A)$ である．f_A の定義域を $f_B(\mathbb{R}^p)$ に制限した線形写像 $f_A|_{f_B(\mathbb{R}^p)} : f_B(\mathbb{R}^p) \longrightarrow \mathbb{R}^m$ を考えると $\ker(f_A) \cap f_B(\mathbb{R}^p) = \ker\bigl(f_A|_{f_B(\mathbb{R}^p)}\bigr)$ であるから

$$\operatorname{rank}(AB) = \dim(\operatorname{image}(f_A \circ f_B)) = \dim(f_B(\mathbb{R}^p)) - \dim(\ker(f_A) \cap f_B(\mathbb{R}^p))$$

$$\geqq \dim(\operatorname{image}(f_B)) - \dim(\ker(f_A))$$

$$= \dim(\operatorname{image}(f_B)) - \{n - \dim(\operatorname{image}(f_A))\}$$

$$= \operatorname{rank}(A) + \operatorname{rank}(B) - n.$$

C.4 $\operatorname{image}(f_A + f_B)$ は和空間 $\operatorname{image}(f_A) + \operatorname{image}(f_B)$ に含まれているので

$$\operatorname{rank}(A + B) \leqq \dim(\operatorname{image}(f_A) + \operatorname{image}(f_B))$$

$$\leqq \dim(\operatorname{image}(f_A)) + \dim(\operatorname{image}(f_B)) = \operatorname{rank}(A) + \operatorname{rank}(B).$$

索　引

記号

$\oplus$	112
$\|A\|$	26
A^*	213
${}^tA$	41
$\det(A)$	26
$\dim(W)$	105, 114
E_n	20
$\varphi_A(t)$	163
$\mathrm{image}(A)$	240
$\ker(A)$	240
$\mathrm{rank}(A)$	74
$\mathrm{trace}(A)$	58
$\|\boldsymbol{v}\|$	115, 210
$\langle \boldsymbol{v}, \boldsymbol{w} \rangle$	117, 210
$W^\perp$	119
$W(\lambda)$	168
$W_e(\lambda)$	224
$W[\boldsymbol{v}_1, \ldots, \boldsymbol{v}_r]$	102

ア

(i,j) 成分	16
一次結合	93
一次従属	95
一次独立	95, 113
一葉双曲面	197
1 対 1 写像	141
上三角行列	37
上への写像	141
n 次元数空間	6
エルミート	
——行列	214
——形式	219
——内積	210

カ

解空間	111
階数	69, 74, 98, 99
外積	231
階段行列	68
回転移動	134, 179
解の自由度	85
可換	24
核	240
拡大係数行列	60
型	69
分割の ——	233
基底	104, 113
—— の取り替え行列	149
逆行列	20, 50, 81
逆元	109
逆写像	141, 147
逆転公式	53
行基本変形	66
行ベクトル	7
共役複素数	204
行列	
$m \times n$ ——	16
(m,n) 型の ——	16
行列式	26
極形式	205
極表示	205
虚軸	203
虚数	
—— 単位	203
虚部	203
クラーメルの公式	63
グラム・シュミットの直交化法	125
係数行列	60
ケーリー・ハミルトンの定理	176
広義固有空間	224
広義固有ベクトル	224
合成写像	139, 147
交代行列	58
恒等写像	141, 147
固有空間	168, 224
固有多項式	163
固有値	162
固有ベクトル	162
固有方程式	163

サ

差	2
サラスの方法	27
三角化	185
三角行列	38
三角不等式	115
次元	105, 114
無限 —	114
次元公式	130
像と核に関する —	244
下三角行列	38
実軸	203
実部	203
自明な解	64
写像	136
自由度	85
主軸	277
— 変換	277
主小行列	190
— 式	190
シュワルツの不等式	118
純虚数	203
小行列式	73
消去の原理	64
ジョルダン	
— 行列	223
— 細胞	223
— の標準形	229
シルベスターの慣性則	191
垂線の足	23
随伴行列	213

数ベクトル空間	6, 7, 8
スカラー	2, 110
— 三重積	232
— 倍	7, 17, 109, 208
正規行列	216
正規直交基底	120, 180
正射影	122, 129, 135
正則	20, 53, 61
正定値	189
正方行列	16
絶対値	205
線形結合	93
線形写像	137
— の行列表示	144
線形従属	95
線形独立	95
線形変換	157
全射	141
線対称移動	133
全単射	141
像	240
双曲柱面	197
双曲放物面	197

タ

第 i 行ベクトル	16
対角化	167
— 可能	167, 170
対角行列	38
第 j 列ベクトル	16
対称	
— 移動	179
— 行列	183, 212
— 分割	235
代数学の基本定理	164
楕円柱面	197
楕円放物面	197
楕円面	197
縦ベクトル	3, 7
単位行列	20
単射	141
重複度	164, 169, 170
直線の方程式	8
直和	112
直交	4, 119
— 行列	180
— 変換	182
— 補空間	119
点対称移動	134
転置行列	41
転倒数	25
同次	64
同時対角化可能	177
同値	98
ド・モアブルの公式	207
トレース	58

ナ

内積	5, 117
— 空間	117
— を保つ写像	202
2 次曲線	191, 194
— の標準形	194
2 次曲面	191, 199
— の中心	277
— の標準形	199

索　引

2 次形式	186, 188	不定	82	**ヤ**	
── の標準形	188	負定値	189	ヤコビの等式	58
2 次錐面	197	不能	82	有向線分	1
2 点の距離	206	部分空間	102, 110	有心	277
二葉双曲面	197	生成される ──	102	ユニタリ行列	214, 217
ねじれの位置	249	張られる ──	102	余因子	46
ノルム	210	ブロック	233	── 行列	58
誘導された ──	118	(i, j) ──	233	── 展開	47
		── 上三角行列	235	横ベクトル	3, 7
ハ		── 三角行列	235		
掃き出し法	79	── 下三角行列	235	**ラ**	
半正定値	189	対角 ──	235	リーマンのゼータ関数	
半負定値	189	── 対角行列	235		131
標準エルミート内積	210	フロベニウスの定理	202	零因子	21
標準基底	106	平行	3	零行列	18
標準(的な)内積	117	平行六面体	29, 96	零元	109
標準(的な)ノルム	115	平面の方程式	12	零ベクトル	2
標準ノルム	210	平面までの距離	24	列ベクトル	7
標準内積	180	べき零	177, 222	連立 1 次方程式	59
ファンデルモンド		ベクトル	1, 110		
の行列式	251	── 空間	109	**ワ**	
フーリエ係数	131	── 三重積	232	和	2, 7, 17, 109, 208
複素固有値	212	── 積	231	歪エルミート行列	
複素固有ベクトル	212	── の大きさ	4		215, 216
複素次元	209	偏角	205	和空間	112
複素数平面	203	方向ベクトル	9, 11		
複素ベクトル空間	208	放物柱面	198		
符号数	191	法ベクトル	13		

著者略歴

足立俊明（あだちとしあき）

- 1982 年　名古屋大学理学部数学科卒業
- 1984 年　名古屋大学大学院理学研究科博士課程前期課程修了
- 1986 年　名古屋大学大学院理学研究科博士課程後期課程中途退学
- 現在　名古屋工業大学大学院工学研究科 教授，理学博士

山岸正和（やまぎしまさかず）

- 1986 年　東京大学理学部数学科卒業
- 1992 年　東京大学大学院理学系研究科博士課程修了
- 現在　名古屋工業大学大学院工学研究科 教授，博士（理学）

入門講義　線形代数

検印省略	2007 年 11 月 25 日　第 1 版 発行 2008 年 6 月 10 日　第 2 版 発行 2021 年 1 月 30 日　第 2 版 6 刷発行
定価はカバーに表示してあります．	著作者　　足 立 俊 明 　　　　　山 岸 正 和
増刷表示について 2009 年 4 月より「増刷」表示を「版」から「刷」に変更いたしました．詳しい表示基準は弊社ホームページ http://www.shokabo.co.jp/ をご覧ください．	発行者　　吉 野 和 浩
	発行所　　東京都千代田区四番町 8-1 電　話　(03)3262-9166 株式会社　裳 華 房
	印刷製本　壮光舎印刷株式会社

一般社団法人
自然科学書協会会員

JCOPY 〈出版者著作権管理機構 委託出版物〉
本書の無断複製は著作権法上での例外を除き禁じられています．複製される場合は，そのつど事前に，出版者著作権管理機構（電話03-5244-5088, FAX 03-5244-5089, e-mail: info@jcopy.or.jp）の許諾を得てください．

ISBN 978-4-7853-1548-1

© 足立俊明，山岸正和，2007　　Printed in Japan

「理工系の数理」シリーズ

書名	著者	価格
線形代数	永井敏隆・永井 敦 共著	定価（本体2200円＋税）
微分積分＋微分方程式	川野・薩摩・四ツ谷 共著	定価（本体2700円＋税）
複素解析	谷口健二・時弘哲治 共著	定価（本体2200円＋税）
フーリエ解析＋偏微分方程式	藤原毅夫・栄 伸一郎 共著	定価（本体2500円＋税）
数値計算	柳田・中木・三村 共著	定価（本体2700円＋税）
確率・統計	岩佐・薩摩・林 共著	定価（本体2500円＋税）
ベクトル解析	山本有作・石原 卓 共著	定価（本体2200円＋税）

書名	著者	価格
コア講義 線形代数	礒島・桂・間下・安田 著	定価（本体2200円＋税）
手を動かしてまなぶ 線形代数	藤岡 敦 著	定価（本体2500円＋税）
線形代数学入門 －平面上の1次変換と空間図形から－	桑村雅隆 著	定価（本体2400円＋税）
テキストブック 線形代数	佐藤隆夫 著	定価（本体2400円＋税）

書名	著者	価格
コア講義 微分積分	礒島・桂・間下・安田 著	定価（本体2300円＋税）
微分積分入門	桑村雅隆 著	定価（本体2400円＋税）
数学シリーズ 微分積分学	難波 誠 著	定価（本体2800円＋税）
微分積分読本 －1変数－	小林昭七 著	定価（本体2300円＋税）
続 微分積分読本 －多変数－	小林昭七 著	定価（本体2300円＋税）

書名	著者	価格
微分方程式	長瀬道弘 著	定価（本体2300円＋税）
基礎解析学コース 微分方程式	矢野健太郎・石原 繁 共著	定価（本体1400円＋税）

書名	著者	価格
新統計入門	小寺平治 著	定価（本体1900円＋税）
データ科学の数理 統計学講義	稲垣・吉田・山根・地道 共著	定価（本体2100円＋税）
数学シリーズ 数理統計学（改訂版）	稲垣宣生 著	定価（本体3600円＋税）

書名	著者	価格
曲線と曲面（改訂版）－微分幾何的アプローチ－	梅原雅顕・山田光太郎 共著	定価（本体2900円＋税）
曲線と曲面の微分幾何（改訂版）	小林昭七 著	定価（本体2600円＋税）

裳華房ホームページ　https://www.shokabo.co.jp/